EDUCAÇÃO AMBIENTAL PARA O SÉCULO XXI

NO BRASIL E NO MUNDO

Blucher

Rafael Pinotti

Educação ambiental para o século XXI

no Brasil e no mundo

Educação ambiental para o século XXI: no Brasil e no mundo

Editora Edgard Blücher Ltda.

1ª edição – 2009
2ª edição – 2016

Blucher

Rua Pedroso Alvarenga, 1.245 – 4º andar
04531-012 – São Paulo, SP – Brasil
Tel.: 55 11 3078-5366
contato@blucher.com.br
www.blucher.com.br

Segundo Novo Acordo Ortográfico, conforme 5. ed. do *Vocabulário Ortográfico da Língua Portuguesa*, Academia Brasileira de Letras, março de 2009.

FICHA CATALOGRÁFICA

Pinotti, Rafael

Educação ambiental para o século XXI: no Brasil e no mundo / Rafael Pinotti – 2. ed. – São Paulo: Blucher, 2016.

264p.: il.

Bibliografia.

ISBN 978-85-212-1055-9

1. Educação ambiental 2. Meio ambiente 3. Desenvolvimento ambiental 4. Impacto ambiental I. Título.

16-0215 CDD 363.7

Índices para catálogo sistemático:

1. Educação ambiental

À minha filha Júlia,
com muito amor e carinho.

SOBRE O AUTOR

Rafael Pinotti é mestre em Físico-Química pela Universidade Federal do Rio de Janeiro (UFRJ), onde também se graduou em Engenharia Química e cursa doutorado em Astronomia. Desde 1990, trabalha na Petrobras como engenheiro de processamento, atuando nas áreas de controle de processos, hidrorrefino e otimização. É pós-graduado em Automação Industrial e publicou artigos sobre formação planetária, atmosferas planetárias, controle de processos, processos de refino de petróleo e emissões industriais.

AGRADECIMENTOS

A meu pai, Raphael Victório Pinotti (*in memoriam*).

Aos amigos e colegas que leram o trabalho e contribuíram para a sua conclusão: Glenda Rangel Rodrigues, Juarez Barbosa Perissé, Leda Cardoso Sampson Pinto, Eduardo Rabello David, Raul Rawet, Lilia Irmeli Arany-Prado, Sofia D'Ornellas Filipakis, Flávia Pedroza Lima.

Aos colegas e professores do Observatório do Valongo, especialmente à Heloisa Maria Boechat-Roberty, ao Gustavo Frederico Porto de Mello, à Lilia Irmeli Arany-Prado e à Annelisie Aiex Corrêa (*in memoriam*), por mais de duas décadas de amizade e descobertas.

APRESENTAÇÃO

Tive a grata oportunidade de ler *Educação ambiental para o século XXI: no Brasil e no mundo* ainda em fase de revisão, quando da sua primeira edição pela Petrobras, com o título *Os Desafios Ambientais do Século XXI*. Sua abordagem me surpreendeu, pois, apesar de muito abrangente, o livro consegue ter profundidade no desenvolvimento de cada um dos temas. Por ser também de leitura fácil, o leitor acaba por adquirir conhecimento sobre os diversos assuntos abordados ao mesmo tempo que começa a tirar suas próprias conclusões e a desenvolver seu próprio "raciocínio ambiental".

Considerando que a solução dos problemas ambientais e um desenvolvimento realmente sustentável só vão acontecer, de fato, quando houver maior divulgação dos problemas e de suas causas, é muito importante que esse "raciocínio ambiental" esteja desenvolvido em um número maior de pessoas.

Assim, a leitura deste livro, por sua abrangência, clareza e profundidade, é recomendada tanto para profissionais, como gestores ambientais dos diversos segmentos e técnicos de diversas áreas, quanto para estudantes ou pessoas não ligadas à área técnica que queiram aprender mais sobre o meio ambiente, nossos impactos e nossas responsabilidades na garantia do tão desejado desenvolvimento sustentável.

Glenda Rangel Rodrigues

Engenheira de processamento da Petrobras

Consultora master da Gerência de Tecnologia de Refino

PREFÁCIO

Qualquer cidadão da terceira idade que tenha prestado atenção no mundo ao seu redor, à medida que o século XX se desenrolava, não terá dúvidas em afirmar que a humanidade entrou no século novo com o pé direito. Apesar dos inúmeros momentos críticos vividos, culminados pela perspectiva sombria de aniquilação atômica total, a realidade do início do século XXI é melhor do que a maioria das previsões dos futurólogos dos anos 1960 e 1970. A expectativa de vida mundial pulou de 30 para 67 anos de 1900 a 2000; as pessoas têm em geral muito mais liberdade de expressão do que nos tempos da Guerra Fria; a biotecnologia promete milagres que nos permitirão viver ainda mais e melhor; a revolução da informática possibilita o acesso imediato a um manancial de informações impensável até há poucos anos. E, finalmente, o homem aparentemente começou a perceber que a variedade é uma qualidade essencial da vida, não cabendo mais as utopias de uniformidade, embora muitos ainda alimentem sonhos de ditaduras e usem de violência para tentar implantá-las.

Entretanto, tantos anos de aprendizado sobre a Terra tiveram o seu preço: hoje o homem defronta-se com o problema da degradação do meio ambiente, que se revelou tanto perigoso quanto complexo. Já foi o tempo em que as pessoas ligadas a essa questão eram taxadas de românticas. Com mais de 7 bilhões de habitantes, o nosso planeta começa a dar sinais inconfundíveis de que a pressão de nossas atividades cotidianas não é mais absorvida sem nenhuma consequência. As alterações violentas nos regimes sazonais, o derretimento das calotas polares, o buraco na camada de ozônio, a extinção de espécies, o acúmulo de lixo e o desaparecimento das florestas estão aí para qualquer um ver, e o termo "meio ambiente" já aparece com frequência nas reuniões de dirigentes de empresas, políticos e pessoas influentes de forma geral. Por exemplo, as tentativas de controle multinacional orquestrado de emissão de gases de efeito estufa, que vão desde o Protocolo de Kyoto até a COP 21, de Paris, em 2015, mostram claramente que, apesar de todas as dificuldades técnicas e políticas que um empreendimento desse porte traz no seu bojo, a preocupação das sociedades com o meio ambiente vem aumentando.

Mas mesmo uma fração considerável das pessoas que lidam diretamente com o meio ambiente carece de uma visão global e integrada, que envolve inúmeras inter-relações e requer familiaridade com muitas áreas do conhecimento, como a química, a biologia, a geologia, a oceanografia, a geopolítica etc. De um lado, a mídia prima em nos bombardear com fatos, sem se esmerar em explicar conceitos, e de outro, a literatura técnica é às vezes muito especializada e árida para uma pessoa de formação generalista que se interessa em meio ambiente.

O objetivo da organização deste trabalho foi preencher essa lacuna no mercado editorial brasileiro, oferecendo ao leitor a oportunidade de apreender conceitos e fatos, de forma que ele possa apreciar o problema das ameaças ao meio ambiente nos seus mais variados aspectos, principalmente agora, quando questões muito importantes têm sido debatidas em âmbito internacional, como o controle da emissão de gases promotores do efeito estufa, a escassez de água potável, a destruição de áreas ricas em biodiversidade, o uso de transgênicos na agricultura, e muitas outras. Procurei balancear os enfoques jornalístico e didático para que o texto não fosse constituído por uma descrição sistemática de fatos ou por um mergulho profundo no mundo das leis naturais. Assim, qualquer leitor que possua uma boa formação no ensino médio estará apto a absorver todo o conteúdo sem dificuldades.

Nos dois primeiros capítulos, faremos uma viagem no tempo e no espaço para entendermos como o nosso planeta evoluiu, além de nos aventurarmos pelo universo numa procura por planetas similares ao nosso. Essa exploração visa principalmente conscientizar o leitor da preciosidade que é a vida na Terra.

Cada capítulo posterior se detém sobre um problema ambiental específico de relevância mundial, sempre que possível dando ênfase à situação particular do Brasil, que se destaca no mundo por suas riquezas naturais. Os assuntos são explicados da maneira mais clara possível, e o leitor não deve se preocupar com as poucas fórmulas que aparecerão, pois são apenas uma complementação para aqueles que possuem uma formação técnica ou científica e que gostariam de mais detalhes.

É claro que nenhum dos assuntos tratados a seguir é estanque. Por exemplo, não podemos falar de efeito estufa sem discutir também a matriz energética estabelecida no mundo. Da mesma forma, as mudanças climáticas causadas pelo efeito estufa têm consequências na sobrevivência de ecossistemas importantes, que, por sua vez, abrigam a maior parte da biodiversidade etc.

Mas, com o intuito de desenvolver uma estrutura sólida de fatos e argumentações, sem me perder no universo de inter-relações, dividi os capítulos em temas principais, começando com o problema da relação do homem com o clima. O leitor mais ansioso por algum assunto particular pode, em princípio, migrar para o capítulo referente a ele sem prejuízo de continuidade, e, prevendo essa possibilidade, pontuei os capítulos, quando achei pertinente, com referências a outras partes do livro. Esse reducionismo requer, forçosamente, o truncamento na exploração de relações, e espero que o leitor não se sinta lesado pelo uso desse expediente.

Como o enfoque deste livro foi dado às ciências da natureza, decidi não enveredar pelo universo da legislação ambiental, e me desculpo de antemão pelas lacunas que esse truncamento em particular causará em alguns capítulos.

Deve-se ter em mente também que um assunto tão vasto e complexo como o meio ambiente não pode ser esgotado por um único livro, e que uma única pessoa não tem condições de dominar em profundidade todas as suas áreas. Assim, recorri a uma pesquisa extensiva, focalizando os aspectos mais gerais, e obtive a ajuda de profissionais especializados, que leram capítulos e deram sugestões valiosas. No final, deixei as principais referências consultadas. Procurei enriquecer o conteúdo deste livro com dados estatísticos atualizados de fontes confiáveis, mas a velocidade estonteante com que novos estudos aparecem torna obrigatória, ao leitor interessado em se aprofundar num determinado tema, a pesquisa em outras fontes.

O leitor mais cético poderá interpretar a abordagem do livro, que enxerga nos problemas ambientais desafios a serem vencidos, como ingênua ou antropocêntrica demais, não sem razão situando o homem como parte da própria natureza, que por sua vez pode absorver o impacto de nossas atividades e seguir adiante mesmo depois da nossa extinção. De fato, a base da biosfera terrestre, composta de micro-organismos, seria pouco afetada, mesmo com uma guerra nuclear total que eliminasse a humanidade e a maioria das espécies mais complexas. A nossa poluição pode inclusive ser encarada como a influência talvez transitória de uma das incontáveis espécies que já tiveram o seu quinhão de reinado sobre a Terra.

Entretanto, existe uma peculiaridade que nos difere das outras manifestações da natureza. Como já disse Einstein, então em tom de brincadeira, o mais incompreensível na natureza é o fato de ela ser compreensível. E a dádiva da inteligência a nós concedida também recai como responsabilidade por nossas ações, no sentido de garantirmos o bem-estar das gerações futuras, o que passa necessariamente pela manutenção das condições ambientais do planeta. Cabe a nós tentar coexistir com o meio ambiente de forma integrada, e é nesse âmbito que residem os desafios.

Rafael Pinotti

CONTEÚDO

1 O LUGAR DA TERRA

O CENTRO E A ASTRONOMIA

Até o final da Idade Média, a Terra ocupava um lugar especial no Universo aos olhos do Ocidente. A antiga ideia do sistema geocêntrico, sedimentada pelo trabalho de Ptolomeu com o uso de recursos matemáticos que explicavam alguns movimentos não perfeitos, além de boas observações, foi difundida com sucesso. Segundo ela, as estrelas, os planetas, a Lua e o Sol circulavam em torno da Terra, imersos em esferas concêntricas que giravam cada vez mais devagar à medida que se distanciavam de nós, e a última esfera, pertencente ao conjunto de todas as estrelas, era a mais distante e lenta. Parte do peso dessa ideia se deveu à influência de Aristóteles, embora astrônomos gregos antigos, como Aristarco de Samos, afirmassem que a Terra girava em torno do Sol.

Além disso, a essência dos corpos celestes era considerada imutável e incorruptível, ao passo que na Terra tudo era transitório e sujeito à degeneração. Essa teoria começou a se fragmentar depois que Copérnico publicou a sua teoria heliocêntrica no início do século XVI, segundo a qual o Sol era o centro do sistema, girando em torno dele também a Terra. Pouco tempo depois, novidades tecnológicas, notadamente o telescópio, permitiram a astrônomos como Galileu discernir características transitórias e imprevistas nos céus, como as manchas solares e os satélites do planeta Júpiter.

Fenômenos esporádicos como o aparecimento de cometas e a explosão de supernovas (apesar do nome, supernova é o termo dado à morte violenta de uma estrela, cujo brilho aumenta milhões de vezes antes de se transformar em outro tipo de objeto celeste, como uma estrela de nêutrons ou um buraco negro) também desafiavam o conceito de imutabilidade no reino celeste. Embora Galileu tenha sido punido com a prisão pelo seu apoio à teoria heliocêntrica, e outros tenham encontrado um destino mais extremo, como Giordano Bruno, queimado pela Inquisição por defender a ideia de que o Universo abrigava inúmeros mundos girando em torno das demais estrelas, o fato de que a Terra e os planetas giravam em torno do Sol acabou sendo aceito.

À medida que as observações astronômicas foram se tornando mais precisas, descobriu-se também que as estrelas ficavam a distâncias diferentes do Sol, e a noção de que elas não passam de sóis muito distantes foi se fortalecendo. Nos séculos que sucederam Galileu, o tamanho do Universo conhecido se expandiu dramaticamente, tanto que os astrônomos começaram a usar outras unidades para medir distâncias, de forma que os números não se tornassem grandes demais para manipulação. Foi assim que o conceito de ano-luz surgiu.

Figura 1. Sistema de mundo baseado em Aristóteles e adaptado às crenças da Idade Média cristã.

As esferas concêntricas da Lua, dos planetas e do Sol estão contidas na esfera das estrelas, morada de Deus e de seus eleitos.
Esta imagem está no livro *Cosmographia*, do matemático e fabricante de instrumentos Petrus Apianus. A primeira edição apareceu em 1524 e foi seguida de dezenas de outras, e o livro tornou-se uma das obras sobre cosmologia mais populares de todos os tempos.

Fonte: ***Cosmographia*, de Petrus Apianus.**

Um ano-luz equivale à distância percorrida pela luz durante um ano. A estrela mais próxima do Sol, Alpha Centauri, fica a aproximadamente 4,4 anos-luz de distância. Para fins de comparação, vamos transformar essa distância numa unidade conhecida, o quilômetro. Ora, a velocidade da luz no vácuo é de aproximadamente 300 mil km por segundo, e, para sentirmos o gostinho desse valor, vale dizer que uma pessoa dotada dessa velocidade seria capaz de dar sete voltas e meia em torno da Terra em um segundo. Pois bem, para sabermos quantos quilômetros vale um ano-luz, precisamos multiplicar 300 mil pelo número de segundos abarcados em um ano. O resultado final é:

1 ano-luz = 9.460.800.000.000 km

Ou seja, Alpha Centauri fica a 9.460.800.000.000 km vezes 4,4, ou 41.627.520.000.000 km. Vê-se aí a comodidade de trabalhar com a unidade ano-luz!

A Via-Láctea possui cerca de 200 bilhões de estrelas, agrupadas num disco de cerca de 100 mil anos-luz de diâmetro

Até o início do século XX, muitos estudiosos ainda acreditavam que o Sol ocupava uma posição privilegiada, pois, aparentemente, estávamos localizados no centro da Via-Láctea, o aglomerado de bilhões de estrelas em forma de disco que, pensava-se, constituía a totalidade do Universo. Porém, essa visão foi derrubada por Shapley, que em 1918 descobriu que o Sol ficava distante do centro da Via-Láctea, mais precisamente a uns 30 mil anos-luz de lá. Sua correção mostrou também que a Via-Láctea era muito maior do que se pensava, e hoje sabe-se que ela possui cerca de 200 bilhões de estrelas, agrupadas num disco de cerca de 100 mil anos-luz de diâmetro.

Até então a Terra já tinha sofrido um deslocamento considerável, saindo do centro do Universo para orbitar uma estrela comum, que por sua vez se localizava num canto sem importância da Via-Láctea. Mas a astronomia do século XX ainda tinha mais surpresas.

O PRINCÍPIO DA MEDIOCRIDADE

Um dos objetos celestes mais intrigantes, visíveis em profusão com telescópios rudimentares, são as nebulosas, pequenos glóbulos achatados de matéria difusa e brilhante. Até o início do século XX, as nebulosas eram interpretadas como sendo o processo de formação de estrelas pela condensação de gás ou, o que parecia ser muito pouco provável para alguns, outras galáxias parecidas com a Via-Láctea, só que situadas a uma distância tal que suas estrelas não podiam ser discernidas individualmente.

Essa teoria já tinha sido exposta no século XVIII pelo filósofo Kant, que se baseou em outros estudiosos. Ele havia se inspirado no fato de que as órbitas dos componentes do Sistema Solar eram aproximadamente coplanares, o que confinaria todo o sistema numa forma achatada. As nebulosas seriam, segundo a sua extrapolação, um sistema de estrelas como a nossa galáxia, girando em torno do centro de massa. Mas mesmo Shapley, que havia aumentado em muito os limites do Universo conhecido, achava que uma só galáxia já era suficiente.

Figura 2. Galáxia M104 ou Sombrero.

Localizada a cerca de 50 milhões de anos-luz da Via-Láctea, contém cerca de um trilhão de estrelas.

Fonte: European Southern Observatory (ESO).

Eis que, em 1924, o astrônomo Hubble, utilizando o telescópio mais potente da época, provou que muitas das nebulosas eram de fato outras galáxias, e o tamanho do Universo deu um novo salto aos olhos do homem. A partir de então, nem a Via-Láctea era um lugar especial, não passando de um elemento comum em uma coleção de bilhões de galáxias. Hubble também descobriu que as galáxias estão se afastando umas das outras, o que, junto com a teoria da relatividade geral de Einstein, nos trouxe a noção de que o Universo está em expansão e não tem centro.

Hubble também descobriu que as galáxias estão se afastando umas das outras, o que, junto com a teoria da relatividade geral de Einstein, nos trouxe a noção de que o Universo está em expansão e não tem centro

Chegamos à segunda metade do século XX com a ideia de que não há nada de especial no Sol ou na Terra, se confrontados com a vastidão do Universo. Esse é, em essência, o princípio da mediocridade. Uma das consequências lógicas desse princípio é que, sendo o Universo tão vasto e feito dos mesmos elementos do nosso Sistema Solar, sujeitos às mesmas leis da física e química, a vida também não seria um privilégio nosso, e especulava-se que em cada galáxia existiriam milhões de civilizações, mesmo fazendo descontos (estimados, diga-se de passagem) quanto a restrições, como a chance de uma estrela ter planetas, a chance de um planeta ser habitável etc., até o tempo médio de vida de uma civilização. Segundo a visão otimista dos cientistas, sustentada, em boa parte, pelo princípio da mediocridade, o espaço interestelar estaria coalhado de sinais de rádio emitidos por essas civilizações, alguns com a intenção clara de fazer contato com outras civilizações, outros sendo apenas o subproduto de processos de comunicação interna que escapam inevitavelmente para o espaço, como acontece na Terra com as emissões de TV e rádio.

A partir da década de 1960, a princípio de forma esporádica e tímida, e mais tarde sistematicamente e com recursos mais sofisticados, os cientistas começaram a procurar por sinais vindos do espaço com antenas de radiotelescópios.

O UNIVERSO MUDO

Mas até hoje nenhum sinal que possa ser interpretado como proveniente de uma entidade inteligente foi detectado. Muitos argumentaram que o tempo de procura é ainda muito curto para se formular alguma conclusão. Numa frase que ficou famosa a esse respeito, o cientista Carl Sagan disse que a falta de evidência não significa evidência de falta. De fato, mais tempo e esforços devem ser dedicados a essa tarefa que, caso um dia tenha sucesso, irá revolucionar muitos de nossos conceitos. Todavia, à medida que o tempo passa e nenhum sinal é recebido, as estimativas da concentração de civilizações nas galáxias devem naturalmente ser revistas para valores mais baixos. Hoje, há cada vez mais estudiosos que duvidam da existência de civilizações, pelo menos nas vizinhanças do Sol, onde a potência requerida para a emissão de sinais de rádio detectáveis por nossos aparelhos não seria proibitivamente alta, visto que a potência de um sinal cai com o quadrado da distância da fonte. Suas argumentações para a raridade da vida inteligente abarcam uma variedade de evidências, algumas das quais iremos comentar no próximo capítulo.

Uma delas é o fato de que, a partir de 1995, novas descobertas dos astrônomos vieram dar peso à ideia de que sistemas planetários propícios ao aparecimento de vida não devem ser tão comuns quanto se pensava.

A partir de 1995, novas descobertas dos astrônomos vieram dar peso à ideia de que sistemas planetários propícios ao aparecimento de vida não devem ser tão comuns quanto se pensava

OS NOVOS PLANETAS EXTRASSOLARES

Nesta época, em que medimos a expansão do universo, enviamos sondas para planetas do Sistema Solar[1] e estudamos com detalhes a estrutura de galáxias distantes usando telescópios, pode parecer estranho que não tenhamos observado diretamente nenhum planeta do porte da Terra girando em torno de estrelas vizinhas. Mas a realidade é essa, e se deve ao simples fato de que o brilho de uma estrela é bilhões de vezes mais intenso do que o da luz refletida pelos seus planetas.

Isso não quer dizer, entretanto, que eles não possam ser detectados de forma indireta. O primeiro planeta extrassolar girando em torno de uma estrela comum só foi descoberto em 1995, na estrela 51 Peg (51 da constelação de Pégaso). Seus descobridores, Mayor e Queloz, da Suíça, empregaram o método da velocidade radial, que se baseia no fato de que, devido à força mútua de gravidade estrela-planeta, o movimento do planeta em torno da estrela produz um movimento rítmico da própria estrela, que pode ser medido a partir de uma análise temporal da luz que ela emite. Esse método tende a encontrar planetas com altas massas e com período orbital curto – de fato, 51 Peg b, o nome oficial do primeiro planeta, foi o primeiro de uma nova classe de planetas chamados de *Hot Jupiter*, que são corpos com massa similar ao do planeta Júpiter (318 vezes mais massivo que a Terra) orbitando muito próximo de suas estrelas, bem mais próximos que a órbita de Mercúrio em torno do Sol. Alguns dados são inferidos pelo método de velocidade radial, como a massa mínima do planeta e o raio da órbita.

Com o tempo, outro método de detecção foi ganhando destaque, chamado de trânsito. Se observarmos um número suficientemente grande de estrelas, descobriremos que em algumas delas a órbita do planeta será coplanar à nossa linha de visada e, como consequência, o planeta passará periodicamente em frente à estrela, bloqueando parte de sua luz e diminuindo o brilho dela por um período de tempo. A chamada "curva de luz" resultante, que mostra um vale bem-definido na série temporal de medições

1 O rebaixamento de Plutão para a categoria de planeta-anão foi uma decisão polêmica, mas, de qualquer forma, a sonda New Horizons visitou-o em 2015, levando consigo parte das cinzas de Clyde Tombaugh, astrônomo que o descobriu em 1930.

de brilho da estrela, fornece informações valiosas, como o período da órbita, o raio do planeta e a composição de sua atmosfera. O método de trânsito teve seu momento mais frutífero, até o momento, após o lançamento da sonda espacial Kepler, que observou durante alguns anos uma região fixa do céu, tendo descoberto quase mil planetas.

Atualmente, mais de vinte anos depois da descoberta de 51 Peg b, mais de 2 mil planetas confirmados encontram-se catalogados em vária bases de dados[2]. E o quadro geral mostra que muitos dos preceitos dos cientistas sobre formação planetária devem ser revistos. Os *Hot Jupiters*, por exemplo, eram uma impossibilidade teórica até a descoberta de 51 Peg b. O problema é que, para um planeta poder crescer até mais ou menos o tamanho de Júpiter, ele deve ser formado principalmente por hidrogênio e hélio, os dois elementos mais abundantes do universo, muito mais abundantes do que os que formaram a Terra, como ferro e silício. Mas, a distâncias muito curtas das estrelas, a temperatura ambiente é muito alta e os gases de hidrogênio e hélio não teriam como ser aglutinados ao planeta. Isso significa que, provavelmente, tais planetas gigantes migraram de seu local de nascimento, mais distante, até as órbitas curtas, inibindo, nesse processo, o nascimento de planetas habitáveis.

Além disso, outras características comuns aos planetas extrassolares – e incomuns no Sistema Solar – como a alta excentricidade média de suas órbitas e a existência de outra nova classe de planetas chamados de superterras, com massa umas poucas vezes maior que a da Terra, indicam que planetas habitáveis podem não ser tão comuns no universo como se pensava até a década de 1990. A profusão de superterras em relação a planetas com massa similar à da Terra pode significar uma preferência da natureza por esses planetas, os quais provavelmente possuem um oceano global (quando a temperatura o permitir), o que inibiria a evolução de seres muito mais desenvolvidos do que peixes (cetáceos são mamíferos, descendentes de seres terrestres que voltaram ao mar). A excentricidade média alta significa que os planetas estão sujeitos a uma variação periódica acentuada de fluxo de radiação da estrela, o que se traduz em variações sazonais de temperatura muito fortes.

RECEITA PARA UM PLANETA HABITÁVEL

Mas o que seria um planeta habitável? Como só conhecemos vida na Terra, só podemos tecer critérios com base nela. Por exemplo, sabemos que a água é uma substância fundamental para a vida; portanto, um requisito bem razoável é o de que o planeta em questão tenha água líquida e em quantidade. Não adianta muito um planeta coberto de gelo ou um que seja tão quente que a água não possa existir no estado líquido. A atmosfera do planeta Vênus, por exemplo, é tão quente que a água primordial vaporizou-se,

2 Ver, por exemplo, a Enciclopédia dos Planetas Extrassolares. Disponível em: <http://exoplanet.eu/>. Acesso em: 16 fev. 2016.

e aos poucos foi sendo destruída na alta atmosfera. Esse requisito da presença de água líquida é na realidade um requisito de temperatura, que por sua vez se traduz numa faixa de distância não muito extensa entre o planeta e sua estrela. Outro requisito é o de que a estrela seja estável por um período de tempo longo, pois a vida, principalmente a mais evoluída, requer bilhões de anos para se desenvolver, e a luz da estrela, como fonte principal (embora não única) de energia para os organismos, deve ser abastecida continuamente. Esse último critério por si só já elimina uma boa parte das estrelas, a saber, as que têm vida curta (no caso das intrinsecamente mais brilhantes) e as que são pequenas e brilham pouco.

Mas o que seria um planeta habitável? Como só conhecemos vida na Terra, só podemos tecer critérios com base nela. Por exemplo, sabemos que a água é uma substância fundamental para a vida, portanto um requisito bem razoável é o de que o planeta em questão tenha água líquida e em quantidade

O leitor pode pensar que as fracas não seriam um problema, pois bastaria que o planeta ficasse mais próximo, de forma que a temperatura não caísse a ponto de congelar os mares e a atmosfera. Mas entra aí o efeito maré. Quando um corpo orbita outro a uma distância muito curta, ele tende a ficar sempre com uma face voltada para seu astro rei, e outra para a escuridão, como acontece com a Lua em relação à Terra, sempre com a mesma face na nossa direção. Um planeta em que metade de sua superfície fica mergulhada no breu e outra com luz perene não deve ser muito adequado para o aparecimento da vida.

Os fatores mencionados definem o que se chama de zona de habitabilidade, uma faixa de distância não muito grande em torno de uma estrela, que varia principalmente em função de suas características, como idade e massa. Por exemplo, à medida que o Sol envelhece, vai ficando um pouco mais brilhante, e desde que a Terra se formou, há 4,5 bilhões de anos, o seu brilho aumentou em cerca de 30%. As estrelas de maior massa são mais brilhantes e vivem menos.

À medida que o Sol envelhece, vai ficando um pouco mais brilhante, e desde que a Terra se formou, há 4,5 bilhões de anos, o seu brilho aumentou em cerca de 30%. As estrelas de maior massa são mais brilhantes e vivem menos

Outro fator que não pode ser desprezado é que o planeta deve estar razoavelmente seguro contra os impactos de corpos menores que sobraram da formação do sistema planetário, e cuja violência é suficiente para extinguir toda a vida de um golpe só. Esses impactos ocorreram na Terra, com mais frequência conforme voltamos no tempo, e em determinados eventos causaram extinções em massa – há quem especule que a vida na

Terra pode ter começado mais de uma vez por conta de extermínios esporádicos. A presença de Júpiter no nosso Sistema Solar pode ter garantido a nossa existência, pois, com sua massa 318 vezes a da Terra e atração gravitacional violenta, absorveu ou catapultou para fora do Sistema Solar boa parte dos corpos residuais cujas órbitas ameaçavam a Terra. Em 1994, tivemos a rara oportunidade de testemunhar a força de Júpiter em ação, quando o cometa Shoemaker-Levy 9 espatifou-se em sua superfície após se desintegrar em mais de 20 pedaços ainda no espaço. Cada impacto deixou uma marca discernível na alta atmosfera de Júpiter, algumas com diâmetro maior que o da Terra (Figura 3). Em 2009, um cometa ou asteroide desintegrou-se após mergulhar na atmosfera de Júpiter, formando uma mancha que foi descoberta por um astrônomo amador australiano.

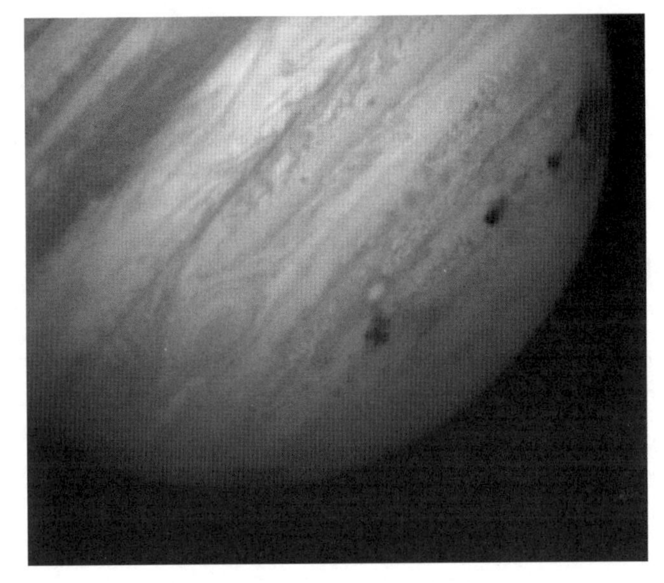

Figura 3. Júpiter bombardeado.

As manchas escuras na superfície de Júpiter marcam alguns dos pontos de impacto dos pedaços do cometa Shoemaker-Levy 9.

Fonte: Space Telescope Science Institute e Nasa.

Nesse sentido, é bom que os sistemas planetários possuam planetas gigantes do porte de ou maiores que Júpiter, desde que estejam em órbitas bem externas, de forma que não atrapalhem a própria formação de planetas habitáveis. Mas os planetas gigantes extrassolares descobertos estão justamente em posições próximas demais das zonas de habitabilidade, o que significa que provavelmente os planetas habitáveis foram destruídos ou nunca se formaram.

Finalmente, a própria posição de uma estrela na galáxia é um fator que deve ser levado em conta na avaliação das possibilidades. O nosso Sol, além de ser adequado em termos de tamanho e durabilidade, fica numa região da Via-Láctea em que a concentração de elementos mais pesados como ferro, silício e oxigênio é suficientemente abundante no gás interestelar para que, durante a formação de um Sistema Solar, planetas rochosos como a Terra possam se constituir.

Ocorre que a abundância de metais – e para os astrônomos a palavra "metais" – significa elementos mais pesados que o hidrogênio e o hélio – varia na Via-Láctea de região para região. Nos limites externos das galáxias, a abundância de metais é pequena demais para a formação de planetas rochosos, sobrando a possibilidade de formação de planetas gigantes gasosos, como Júpiter e Saturno, que são constituídos principalmente de hidrogênio e hélio. Já as regiões centrais da Via-Láctea, que contêm altas concentrações de metais, são, por seu turno, o palco de cataclismos estelares frequentes, que enchem o espaço com radiação letal à vida.

Nos limites externos galáticos, a abundância de metais é pequena demais para a formação de planetas rochosos, sobrando a possibilidade de formação de planetas gigantes gasosos, como Júpiter e Saturno, que são constituídos principalmente de hidrogênio e hélio

DECADÊNCIA PRECIOSA

Nos próximos anos, novos telescópios serão construídos, alguns no solo, como o *Extremely Large Telescope* (ELT), financiado por um consórcio de países europeus e, talvez, com a participação do Brasil. Esse telescópio, que ficará numa montanha do deserto de Atacama, terá capacidade para observar diretamente planetas do porte da Terra na zona de habitabilidade de estrelas próximas, tornando possível o estudo de suas atmosferas, cuja composição pode dar indicações da existência de vida (ver mais sobre isso no próximo capítulo). Outro telescópio que terá capacidade similar será o James Webb, a ser lançado no espaço antes de 2020.

Se descobriremos ou não um planeta parecido com a Terra, em tamanho, composição da atmosfera e órbita, é uma incógnita. Por enquanto, a mensagem que os caçadores de planetas têm tirado de suas pesquisas é a de que o universo é muito mais imprevisível e diverso do que supunham e que as novidades não são muito alvissareiras para os que sonham com uma galáxia pululando de vida.

É possível, portanto, que a aparente simplicidade de um pinto saindo de um ovo seja um evento inigualável em milhares de anos-luz de distância. Galileu, ao escrever o seu *Diálogo sobre os dois principais sistemas de mundo*, no qual defende o sistema copernicano de forma disfarçada para não atrair a ira da Igreja, escreve, por meio de um dos interlocutores imaginários, uma defesa apaixonada da natureza da Terra e de seus constituintes, preocupado com o choque que suas ideias poderiam causar nas mentes de quem acreditava piamente que ocupávamos o centro (ironicamente, decadente e mutável) do Universo, cercado por objetos celestiais eternos e cristalinos:

Da minha parte eu considero a terra muito nobre e admirável precisamente devido às diversas alterações, mudanças, gerações, etc., que ocorrem nela incessantemente. Se, não sendo sujeita a quaisquer mudanças, ela fosse um vasto deserto de areia ou uma montanha de jaspe, ou se no tempo do dilúvio as águas que a cobriram tivessem congelado, e ela tivesse permanecido um enorme globo de gelo onde nada jamais nascesse ou se alterasse ou mudasse, eu a julgaria como um torrão inútil no universo, destituído de atividade e, em uma palavra, supérflua, e em essência inexistente. Esta é exatamente a diferença entre um animal vivo e um morto; e eu digo o mesmo da Lua, de Júpiter e de todos os outros mundos. [...] Que maior estupidez pode ser imaginada do que chamar joias, prata e ouro de "preciosos" e a terra e o solo de "ordinários"? As pessoas que assim o fazem devem lembrar-se de que, se houvesse uma escassez de solo tão grande quanto a de joias ou metais preciosos, não haveria um príncipe que não gastasse um alqueire de diamantes e rubis e uma carroça cheia de ouro apenas para ter terra suficiente para plantar um jasmim num pequeno pote, ou semear uma semente de laranjeira e vê-la germinar, crescer e produzir suas folhas formosas, suas flores fragrantes e frutas primorosas.

Figura 4. Terra e Lua.
Fotografia obtida pela sonda Galileo.

Fonte: Nasa/JPL/Caltech.

2

A EVOLUÇÃO DA VIDA

TERRA PRIMORDIAL
TAXONOMIA E DIVERSIFICAÇÃO
COMPETIÇÃO, MUTAÇÃO E EXTINÇÃO
O EFEITO ESTUFA
Os ciclos glaciais e o efeito estufa
Aleatoriedade *versus* coordenação

TERRA PRIMORDIAL

O nosso céu nem sempre foi azul. Essa cor se deve ao oxigênio (O_2), que responde por 21% do volume da nossa atmosfera, e quase todo ele foi produzido, ao longo de bilhões de anos, por micro-organismos que viveram no mar. Para um suposto viajante no tempo, a Terra primordial vista do espaço seria um globo quase totalmente coberto por uma espessa camada de nuvens alvas, formadas pela totalidade da água dos oceanos, já que a superfície de rocha derretida era quente demais para abrigar água no estado líquido. Junto com o vapor d'água havia, provavelmente, o gás carbônico (CO_2), hoje famoso pelo efeito estufa, o nitrogênio (N_2), que compõe os 79% restantes da atmosfera atual, e outras substâncias.

Da superfície da Terra, a visão seria a de um mundo assolado por vulcanismo constante, impactos frequentes de corpos celestes que ainda enxameavam o espaço interplanetário, e um céu cinzento, que, nos poucos trechos livres de nuvens, apresentava provavelmente uma coloração avermelhada. O dia era mais curto, o Sol mais fraco, e a Lua mais próxima e ocupando uma porção maior do céu.

Há 4,5 bilhões de anos esse era o cenário, não muito alentador, do nosso planeta. À medida que o tempo foi passando e a superfície foi esfriando, os oceanos começaram a se formar, embora o impacto de alguns corpos maiores (algumas centenas de quilômetros) tenha provavelmente revaporizado toda a água em mais de uma ocasião. Uma vez estabelecida, a água líquida tomava quase todo o globo, pois as massas continentais ainda não existiam.

Quando e como exatamente a vida começou ninguém sabe, mas fósseis de micro-organismos comprovam que ela estava presente há 3,5 bilhões de anos, e evidências indiretas apontam para a possibilidade de que já existissem 300 milhões de anos antes disso, no fim do período em que a Terra sofria um bombardeio maciço de corpos celestes.

TAXONOMIA E DIVERSIFICAÇÃO

Até há poucos anos, pensava-se que os primeiros organismos fossem fotossintetizantes, ou seja, utilizavam a energia da luz solar para poder viver, como as plantas. O sistema de classificação hierárquica da vida, chamado de taxonomia, é baseado no agrupamento de espécies que têm um ancestral comum. O nível mais alto de agrupamento chama-se reino, que, antes da invenção do microscópio, era composto pelos reinos animal e vegetal (*Animalia* e *Plantae*). Dos reinos derivam os outros grupamentos, que, em ordem decrescente de nível, chamam-se filo, classe, ordem, família, gênero e espécie.

*O nível mais alto de agrupamento chama-se reino, que, antes da invenção do microscópio, era composto pelos reinos animal e vegetal (*Animalia e Plantae*). Dos reinos derivam os outros grupamentos, que, em ordem decrescente de nível, chamam-se filo, classe, ordem, família, gênero e espécie*

O uso do microscópio revelou a existência de micro-organismos, que acabaram alterando o esquema de classificação, e na década de 1970 foram instituídos mais três reinos para acomodá-los: *Bacteria*, *Protista* e *Fungi*. O reino das bactérias era peculiar, pois esses seres unicelulares não contêm um núcleo que guarda o material genético, ao contrário dos outros seres, unicelulares ou não, pertencentes aos outros reinos.

Entretanto, a recente técnica de análise de DNA revelou nos anos 1980 e 1990 uma nova categoria de organismos, chamada *Archaea* (que significa antigo em latim). Assim como as bactérias, esses seres são unicelulares e não contêm núcleo, mas apresentam características únicas: habitam ambientes altamente inóspitos à vida normal, como as fontes hidrotermais submarinas, no breu total e a temperaturas de mais de 100 °C, ou no subsolo a quilômetros de profundidade. O seu material genético é antiquíssimo, e são quimiossintetizantes, retirando a energia necessária para viver de substâncias químicas em rochas ou diluídas na água.

Embora a estrutura de cinco reinos ainda seja ensinada, os pesquisadores já adiantam avanços na taxonomia. Em uma das estruturas propostas, por exemplo, existem três *domínios* como divisões fundamentais da vida:

- O domínio *Eucarya*, ao qual pertencem todos os organismos que contêm núcleo em suas células; portanto, a ele pertencem os seres dos reinos *Plantae*, *Animalia*, *Protista* e *Fungi*;
- O domínio *Bacteria*;
- O domínio *Archaea*.

As bactérias e os arqueanos são conjuntamente denominados de procariontes, organismos unicelulares sem núcleo, e que até cerca de 2 bilhões de anos atrás dominavam a vida na Terra, sobrevivendo de fotossíntese (e enriquecendo a atmosfera com oxigênio – ver Quadro 1) e quimiossíntese. Só então os eucariontes (pertencentes ao domínio *Eucarya*) começaram a aparecer, e com eles os organismos multicelulares.

Quadro 1. Reação de fotossíntese

A fotossíntese faz uso da energia luminosa e da disponibilidade de dióxido de carbono e água para produzir matéria orgânica, que inicialmente toma a forma de açúcares. Existem muitas etapas intermediárias nessa reação, mas ela pode ser resumida na seguinte equação:

$$\mathbf{Luz + CO_2 + H_2O \rightarrow CH_2O + O_2}$$

Nela, $\mathbf{CO_2}$ representa a substância dióxido de carbono, também chamada de gás carbônico (formada por dois átomos de oxigênio e um de carbono), $\mathbf{H_2O}$ representa a substância água (formada por dois átomos de hidrogênio e um de oxigênio), $\mathbf{CH_2O}$ representa a matéria orgânica formada, e $\mathbf{O_2}$ representa a substância oxigênio (formada por dois átomos de oxigênio).
O processo de respiração pode ser entendido como a reação reversa: matéria orgânica é oxidada (queimada), produzindo energia, dióxido de carbono e água.

Se o primeiro organismo unicelular foi uma bactéria ou um arqueano, ninguém sabe, mas a visão de que a vida começou à luz do Sol num corpo d'água passou a ser seriamente ameaçada pela possibilidade de ela ter começado no escuro, a quilômetros de profundidade no mar ou na terra, onde existe a vantagem da relativa proteção contra os já mencionados detritos da formação do Sistema Solar, que, ao colidirem com a Terra, esterilizavam uma quantidade razoável de sua superfície.

Embora os eucariontes já estivessem presentes há 2 bilhões de anos, os seres vivos macroscópicos (que podem ser vistos a olho nu) só apareceram em abundância nos registros fósseis há menos de 600 milhões de anos. Nessa época, chamada de Período Cambriano, houve uma rápida (em termos paleontológicos) diversificação da vida, e os mares ficaram cheios de animais invertebrados, cujos descendentes povoaram os continentes, até então estéreis.

Os mamíferos só floresceram após o fim da era dos dinossauros, há 65 milhões de anos. Vê-se então que a maior parte da história da vida na Terra é uma história de organismos simples que poderiam não ter evoluído na direção do homem, ou ter sido extintos completamente no caminho.

Os mamíferos só floresceram após o fim da era dos dinossauros, há 65 milhões de anos

Esse percurso acidentado é usado também como argumento pelos cientistas que consideram a vida, pelo menos na forma complexa, um evento raro no universo.

COMPETIÇÃO, MUTAÇÃO E EXTINÇÃO

A teoria de Darwin da evolução prega que as novas espécies surgem pela existência da competição num ambiente dinâmico, aliada ao aparecimento de mutações, que são aleatórias e, na maioria das vezes, produzem deficiências em vez de melhorias. Quanto aos deficientes, a natureza é implacável, e o seu destino é o desaparecimento. Quanto aos dotados de melhorias, seu destino é aos poucos dominar o seu nicho. A história da vida na Terra está repleta de evidências fósseis das espécies que dominaram seu ambiente por muito tempo, até uma nova condição ambiental se estabelecer e elas serem extintas e substituídas por novas espécies, que se adaptaram melhor. Darwin tinha certeza de que as mutações eram reais, mas nunca pôde saber como elas operavam.

Hoje sabemos, e o DNA, uma macromolécula residente no núcleo das células, é a chave. Nele estão codificadas todas as instruções para a construção de um organismo idêntico. Sempre que uma célula se divide, o DNA é duplicado, e esse processo tem um índice de confiabilidade que beira a perfeição.

Quando um erro de cópia ocorre, produz um DNA novo com alteração, que se propagará à medida que as novas gerações de células forem aparecendo. O mesmo acontece quando o DNA é atacado por um agente químico (substâncias mutágenas) ou físico (radiação, que está presente no ambiente pelo decaimento de elementos radioativos da crosta e pela influência dos raios cósmicos).

O resultado é a mutação, que pode ou não ser confinada a um organismo. Se ele for unicelular, a reprodução do organismo propaga necessariamente a alteração para a nova geração. Se o organismo for multicelular e se reproduzir por via sexual, a mutação só se propaga a novas gerações se o DNA das células reprodutoras contiver a alteração. O câncer é uma doença degenerativa que começa devido à mutação de um determinado tipo de célula (da pele, do fígado etc.) – por exemplo, a mutação da célula da pele é frequentemente provocada pela radiação ultravioleta do Sol, ao passo que a da célula do pulmão é provocada por agentes químicos, que o cigarro contém em quantidade. Mas um indivíduo com câncer pode gerar filhos que não apresentam a doença.

Apesar de acontecerem muito raramente, há mutações que produzem novos organismos dotados de alguma vantagem que facilitará a sua sobrevivência. Com isso, irá também reproduzir-se mais facilmente, e no devido tempo ele dominará o seu ambiente ou o dividirá com a espécie antecessora até que uma nova condição ambiental elimine uma delas.

Nesse ponto cabe salientar que a mutação não é o único processo capaz de alterar a estrutura genética dos seres vivos. O chamado processo de transferência lateral, embora raro nos eucariontes, é comum nas bactérias, e faz uso de vírus como agentes carreadores de genes, levando novas cargas de informação de uma espécie a outra, o que proporciona uma alternativa bem mais rápida do que o processo de mutação e adaptação. Esse processo pode parecer bastante exótico, mas as bactérias o usam, por exemplo, para ganhar resistências aos antibióticos.

Todos esses conceitos induziram os evolucionistas a imaginar que a evolução das espécies é um processo lento, contínuo e voltado para a criação de seres cada vez mais complexos. Recentemente, porém, essa visão tem sido atacada devido às evidências fósseis de que a vida na Terra experimentou episódios de explosões de diversidade, quando, em um período de tempo curto (para os padrões evolutivos), o número de espécies aumentou numa taxa altíssima. O evento mais dramático de explosão de diversidade é a chamada "explosão do Cambriano", já mencionada anteriormente. Os fósseis desse período, que mostram uma variedade impressionante de formas de vida, frequentemente com um aspecto tão exótico que parecem seres extraterrestres tirados da imaginação, são encontrados principalmente em dois lugares: no Folhelho de Burgess, no Canadá, e nos sítios de Chengjiang, na China.

O evento mais dramático de explosão de diversidade é a chamada "explosão do Cambriano"

Esses episódios mesclam-se com períodos de normalidade e eventos de extinção em massa, tudo isso sugerindo um alto grau de aleatoriedade no processo evolutivo. Apesar de a era do chamado "bombardeio pesado" ter acabado há muitos bilhões de anos, o espaço interplanetário contém até hoje uma quantidade considerável de asteroides e cometas que, ao colidirem com a Terra, produzem danos de graus variados, dependendo de seu tamanho. O potencial destrutivo desses corpos, mesmo os de dimensões modestas e mais numerosos, foi-nos lembrado em duas ocasiões em um intervalo de pouco mais de um século. A primeira foi o provável pedaço de cometa que caiu, em 1908, em Tunguska, uma região não habitada da Sibéria, devastando uma área de cerca de 2 mil km^2. A teoria do pedaço de cometa vem do fato de que não foi encontrada uma cratera na região, pois cometas são compostos principalmente de gelo, não de rochas, e o pedaço em questão deve ter se vaporizado antes de atingir o solo. Na segunda ocasião, em 2013, na cidade de Tcheliabinsk, também na Rússia, um asteroide de cerca de 20 m de comprimento cortou o céu a cerca de 60 mil km/h, tornando-se mais brilhante que o Sol no processo de sua desintegração na atmosfera e liberando dezenas de vezes a energia da bomba atômica de Hiroshima. O evento foi filmado e rapidamente disponibilizado na internet.

Felizmente, o ângulo de entrada do asteroide era tal que apenas alguns de seus pedaços chegaram a atingir o solo; entretanto, a onda de choque produzida danificou milhares de prédios em seis cidades da região e feriu cerca de 1.500 pessoas. Há hoje muitos programas de busca e acompanhamento de asteroides e cometas com órbitas que oferecem risco de colisão com a Terra, também chamados de objetos próximos da Terra (NEOs, *near Earth objects*, em inglês). No Brasil, há um programa em andamento no Observatório Nacional, chamado IMPACTON, que utiliza um telescópio instalado no Nordeste. Também digna de nota é uma iniciativa particular, o observatório SONEAR, em Oliveira, Minas Gerais, cujas pesquisas já lhe trouxeram reconhecimento internacional.

O corpo que caiu há 65 milhões de anos eliminou não apenas os dinossauros, mas 60% de todas as espécies de seres vivos, daí o nome extinção em massa. Ele tinha entre 10 km e 16 km de diâmetro e causou uma explosão com energia 10 mil vezes maior que a explosão simultânea de todo o arsenal atômico mundial. A nuvem de poeira que foi levantada na atmosfera cobriu todo o planeta, bloqueando a luz do Sol e causando baixas temperaturas por meses. As plantas morreram, bem como os herbívoros que delas se alimentavam, e os carnívoros que os caçavam. Sem os dinossauros, os pequenos mamíferos, que viviam sob o seu jugo, tiveram a chance de dominar o planeta.

Essa não foi a primeira das extinções em massa causadas por impactos de corpos celestes (e provavelmente nem a última), porém foi a mais recente. E, como esses impactos têm uma natureza aleatória, pode-se deduzir que a presença do homem no planeta está longe de ser uma consequência inevitável da evolução. Existiram também outros fatores ambientais que causaram extinções em massa. O mais comentado recentemente é a teoria da "bola de neve", baseada em evidências geológicas, e que afirma que a Terra passou por uma sequência de ciclos glaciais violentos. Os ciclos glaciais são um fato há muito conhecido e ocorrem com uma determinada frequência. O último período atingiu o ápice há 20 mil anos, quando geleiras de 2 km de altura cobriam boa parte da América do Norte e Europa.

Mas os ciclos glaciais postulados pelos defensores da teoria da "bola de neve", ocorridos entre 750 e 580 milhões de anos atrás, teriam congelado todos os oceanos e continentes, até os trópicos, erradicando a vida na superfície da Terra e limitando-a ao fundo dos oceanos, onde o calor do centro do planeta impedia o congelamento da água. Mais uma vez, a vida teria que depender de mecanismos quimiossintetizantes propiciados pelas fontes hidrotermais, já que os organismos marinhos não podiam contar com a luz do Sol, bloqueada por uma camada de gelo de 1 km.

Os ciclos glaciais postulados pelos defensores da teoria da "bola de neve", ocorridos entre 750 e 580 milhões de anos, teriam congelado todos os oceanos e continentes, até os trópicos, erradicando a vida na superfície da Terra e limitando-a ao fundo dos oceanos, onde o calor do centro do planeta impedia o congelamento da água

O EFEITO ESTUFA

A temperatura média da superfície terrestre, que vale cerca de 15 °C, é definida por dois parâmetros básicos: as fontes de energia térmica que a aquecem e os processos de perda dessa energia. Uma fonte de energia óbvia é a luz do Sol; a outra, mais sutil, embora não menos importante para a manutenção da vida, é a energia do interior da Terra, gerada por elementos radioativos (que na superfície são minerados e purificados para servir de combustível nas usinas nucleares) e pela energia mecânica remanescente do processo de formação planetária, que em conjunto produzem o vulcanismo e o fenômeno da deriva continental. A perda de energia térmica é ocasionada pela diferença de temperatura entre a superfície da Terra e o espaço sideral, que, por sua vez, está a cerca de –200 °C, próximo do zero absoluto (–273,15 °C). O balanço dinâmico entre as fontes e os sorvedouros de energia térmica define a temperatura de equilíbrio.

Sem o Sol, a Terra se transformaria rapidamente numa bola de gelo. Mas nem toda a sua energia é aproveitada para o aquecimento; parte é refletida para o espaço (o que torna a Terra e os outros planetas visíveis de longe); outra parte advém do seguinte processo: a atmosfera, sendo razoavelmente transparente à luz solar visível, permite que a superfície da Terra seja atingida por eles e aquecida. Só que a radiação da superfície aquecida (invisível aos olhos humanos e chamada de infravermelha), que tenderia a seguir de volta ao espaço, sofre uma contenção da atmosfera por causa da presença de moléculas de água (H_2O), gás carbônico (CO_2) metano (CH_4) e outras. Esse efeito de represamento de energia térmica é fundamental para o equilíbrio dinâmico e a manutenção de uma temperatura média acima do ponto de congelamento da água, e chama-se comumente efeito estufa, devido ao efeito similar que se obtém com uma casa de vidro contendo plantas. Fazendo uma comparação, o vidro, transparente à luz solar, funciona como a atmosfera, permitindo o aquecimento do interior, mas, tendo certa opacidade à radiação térmica, mantém no interior uma temperatura alta para as plantas se sentirem mais confortáveis.

Sem o Sol, a Terra se transformaria rapidamente numa bola de gelo. Mas nem toda a sua energia é aproveitada para o aquecimento; parte é refletida para o espaço (o que torna a Terra e os outros planetas visíveis de longe); outra parte advém do seguinte processo: a atmosfera, sendo razoavelmente transparente à luz solar visível, permite que a superfície da Terra seja atingida por eles e aquecida

A eficácia do nosso cobertor atmosférico, que, por exemplo, evita a diminuição brusca de temperatura no lado noturno da Terra, depende da composição dos gases que formam a atmosfera, dos quais o gás carbônico tem um papel primordial.

Como vimos anteriormente, o gás carbônico é usado pelos organismos fotossintetizantes para a produção de matéria orgânica, que volta à atmosfera pelos processos de respiração, queima e decomposição, comuns aos ciclos biológicos. Dessa forma, mais matéria orgânica sendo sintetizada significa mais CO_2 sendo retirado da atmosfera.

Entretanto, a manutenção do nível de gás carbônico atmosférico está também intimamente ligada ao vulcanismo terrestre, que ejeta grandes quantidades de CO_2 na atmosfera, e à formação de carbonatos, que retira CO_2 da atmosfera.

A manutenção do nível de gás carbônico atmosférico está também intimamente ligada ao vulcanismo terrestre, que ejeta grandes quantidades de CO_2 na atmosfera, e à formação de carbonatos, que retira CO_2 da atmosfera

A existência do vulcanismo se deve ao calor do interior da Terra. A formação de carbonatos ocorre quando o CO_2 é absorvido pela água do mar, precipitando principalmente como carbonato de cálcio, cujo sedimento se transforma em minerais calcários ao longo do tempo. Além disso, a água de chuva, à qual o CO_2 atmosférico foi incorporado na forma de ácido carbônico, ataca as rochas formadas por silicato, levando mais carbonato de cálcio para o mar através dos rios e deixando para trás sílica. O Quadro 2 mostra as reações de formação de calcário.

Esse processo de retirada e injeção de CO_2 é autossustentado devido à existência da deriva continental. Toda a crosta terrestre é formada por placas sólidas, que se movimentam lentamente (alguns centímetros por ano) sobre um leito fluido e quente chamado de manto.

Quadro 2. Principais processos inorgânicos de retirada de CO_2 atmosférico

O **CO_2** reage com a água do mar, formando ácido carbônico (**H_2CO_3**), e os íons bicarbonato (**HCO_3^{-2}**) e carbonato (**CO_3^{-2}**), segundo esta sequência:

$$CO_2 + H_2O \leftrightarrow H_2CO_3 \leftrightarrow H^+ + HCO_3^- \leftrightarrow 2\,H^+ + CO_3^{-2}$$

O carbonato, dissolvido na água do mar, rica em cálcio (**Ca**), acaba sendo precipitado como sólido (**$CaCO_3$**), formando depósitos calcários:

$$Ca^{+2} + CO^2{}_3 \rightarrow CaCO_3$$

A água das chuvas também contém ácido carbônico, que ataca as rochas de silicato (**$CaSiO_3$**), formando mais carbonato e deixando sílica (**SiO_2**):

$$CaSiO_3 + H_2CO_3 \rightarrow SiO_2 + H_2O + CaCO_3$$

Quando uma placa vai de encontro a outra, a fronteira entre elas transforma-se numa zona de intensa atividade vulcânica e sísmica. Uma das placas acaba sendo pressionada em direção ao manto, ao passo que a outra se eleva, formando novas cadeias de montanhas.

Ora, a formação de novas montanhas expõe continuamente novas rochas ricas em silicato, permitindo a manutenção do processo de retirada de CO_2 atmosférico, e a placa que se dissolve à medida que penetra no manto fornece novo material aos vulcões, inclusive depósitos de carbonato que um dia se formaram. Vê-se, portanto, que o calor do interior da Terra tem um papel primordial na manutenção de um nível de CO_2 na atmosfera e, consequentemente, na sua temperatura.

Caso a Terra fosse um pouco menor, teria se resfriado mais rapidamente (ver no Quadro 3 a explicação matemática). A deriva continental e o vulcanismo cessariam, e, sem um meio de repor a perda de CO_2 ocasionada pela formação de carbonatos, o efeito estufa começaria a enfraquecer, tornando a atmosfera progressivamente mais fria, até que os continentes e mares congelassem para sempre. Esse é um dos cenários usados para explicar o motivo da aparente falta de água em Marte (ver Figura 5). Ela já esteve presente na superfície desse planeta na forma líquida, como evidenciam fotografias de sondas espaciais, que flagraram sulcos e vales, provavelmente formados por rios antigos. Em 2008, a sonda americana Phoenix descobriu uma camada de gelo de água sob o solo marciano ao lado do seu local de pouso, o que corrobora a antiga suspeita dos cientistas de que boa parte da água em Marte encontra-se sob a forma de permafrost, uma camada de gelo sob o solo, comum na tundra.

Quadro 3. Perda de calor de um corpo esférico

A perda de calor de qualquer corpo se dá através da sua superfície, e os corpos esféricos como os planetas têm sua área proporcional ao raio elevado ao quadrado:

$$\textbf{Área} = 4\pi R^2, \text{ em que } \pi = 3{,}1416$$

Mas o seu volume é proporcional ao raio elevado ao cubo:

$$\textbf{Volume} = \frac{4\pi R^3}{3}$$

Logo, a relação entre volume e área de um corpo esférico é proporcional ao seu raio:

$$\frac{V}{A} = \frac{R}{3}$$

Ou seja, a massa de um corpo esférico grande leva mais tempo para esfriar do que a massa de um corpo esférico pequeno, já que, no primeiro caso, há (proporcionalmente) muito menos área para o corpo perder calor. É por isso que, por exemplo, ao mergulharmos em água duas esferas de aço aquecidas a 200 °C, sendo uma com 50 cm de diâmetro e a outra com 10 cm de diâmetro, a maior levará muito mais tempo para esfriar.

Figura 5. Marte visto pelo Hubble.

Marte, em imagem obtida pelo telescópio espacial Hubble, é um planeta seco, com calotas polares compostas principalmente por dióxido de carbono congelado.
Marte pode um dia ter ostentado um aspecto similar ao da Terra.

Fonte: Space Telescope Science Institute e Nasa (http://hubblesite.org/newscenter/newsdesk/archive).

Os ciclos glaciais e o efeito estufa

A paleoclimatologia é um ramo da climatologia que estuda a evolução do clima em eras remotas, a partir de evidências diretas, como depósitos de calcário e sedimentos criados pela movimentação de geleiras, e indiretas, como a estimativa de variação da potência luminosa do Sol ao longo dos milhões de anos.

A teoria da "bola de neve", já mencionada, sugere que o mecanismo que acionou a sequência de ciclos glaciais intensos foi um desbalanceamento forte no efeito estufa. Inicialmente, há 770 milhões de anos, a ruptura do único supercontinente existente em vários pedaços pequenos e próximos do Equador tornou áreas extensas, antes isoladas no interior, suscetíveis à chuva, cujo aumento de intensidade retirou mais CO_2 da atmosfera pela reação com silicatos. A temperatura global caiu, e as calotas polares começaram a aumentar de tamanho.

Então começou um efeito de retroalimentação: o gelo claro refletiu de volta ao espaço mais luz do Sol do que a água do mar, e, como menos energia solar era aproveitada para o aquecimento, a temperatura caiu ainda mais, formando mais gelo. O resultado final foi um planeta totalmente congelado, que só saiu dessa situação devido à atividade vulcânica, a qual produziu um acúmulo gradual de CO_2 na atmosfera até que o processo de derretimento das calotas se iniciasse. O final da era de ciclos glaciais do tipo "bola de neve" coincidiu com a chamada explosão do Cambriano, quando uma miríade de novas formas de vida povoou os mares e posteriormente colonizou os continentes.

O final da era de ciclos glaciais do tipo "bola de neve" coincidiu com a chamada explosão do Cambriano, quando uma miríade de novas formas de vida povoou os mares e posteriormente colonizou os continentes

Aleatoriedade *versus* coordenação

A visão de que a vida na Terra segue um curso errático, com cada espécie e ecossistema tentando sobreviver sob o rigor de condições ambientais aleatórias e tendo como única arma o princípio darwiniano de seleção natural pela sobrevivência do mais apto, foi desafiada nos anos 1970 pelo cientista inglês James Lovelock. Nessa época, ele já era famoso pela invenção de um detector muito sensível de substâncias químicas fabricadas pelo homem, que, entre outras coisas, mostrou que praticamente todos os seres vivos continham resíduos de pesticidas, incluindo habitantes de lugares remotos como os pinguins da Antártida.

A ideia de Lovelock é, em essência, a de que a vida na Terra, abarcando todo o globo, é uma entidade que se autorregula e interfere no ambiente, de forma a tornar ótimas as condições de sua sobrevivência. E não apenas a biosfera faria parte dessa entidade, que foi chamada de Gaia, mas também a atmosfera, os oceanos e as rochas. Na teoria de Gaia, os diversos ecossistemas e os seus componentes agem sem consciência do todo, mas cooperativamente, da mesma forma que órgãos de um ser vivo executam funções específicas que têm por objetivo final o bem-estar de todo o organismo. Nesse espírito, o conceito de atuação no ambiente seria um passo além da tese darwiniana de seleção natural, que pressupõe o ser vivo como um elemento totalmente passivo em relação às condições ambientais. Onde se lia "a seleção natural favorece o mais apto" se passaria a ler "a seleção natural favorece os que transformam o ambiente para uma situação mais favorável à sua prole". Pelo menos para uma fração das espécies.

A teoria se apoia em um número de evidências. Por exemplo, apesar de a potência luminosa do Sol ter aumentado cerca de 30% desde o nascimento do Sistema Solar, a temperatura da superfície da Terra tem se mantido constante num patamar propício ao desenvolvimento da vida. A evolução da atmosfera terrestre teria sido a responsável pela estabilidade do balanço térmico. Já vimos que todo o oxigênio presente hoje na atmosfera tem origem biológica, e que o dióxido de carbono é um potente agente promotor do efeito estufa. A redução do teor de dióxido de carbono atmosférico pela sua acumulação em tecidos vivos e em sedimentos calcários seria expediente para lidar com o aumento da potência do Sol. E o oxigênio, subproduto da fotossíntese, acabou se acumulando na atmosfera e permitindo a existência de organismos mais complexos e dependentes dele por toda a superfície do globo. Num planeta desprovido de vida, o oxigênio, um gás reativo, desapareceria da atmosfera rapidamente (em termos geológicos). Aliás, a ideia da teoria de Gaia ocorreu a Lovelock quando ele trabalhava na concepção de instrumentos que, a bordo das sondas espaciais Viking, pudessem detectar vida em Marte. Lovelock concluiu que a atmosfera marciana, composta principalmente por dióxido de carbono, era quimicamente inerte e, portanto, um indicador fortíssimo de que Marte é um planeta estéril.

Figura 6. Aproveitando o tempo bom.

O efeito estufa, que propicia a existência da vida, é um fenômeno complexo que depende de interações da atmosfera com os oceanos e continentes, e que pode ser controlado a longo prazo pela própria biosfera.

Foto: Rafael Pinotti.

Já vimos que todo o oxigênio presente hoje na atmosfera tem origem biológica, e que o dióxido de carbono é um potente agente promotor do efeito estufa

---

Outro indício de mecanismos autorreguladores em operação se encontra na evidência de que a salinidade do mar se mantém constante em cerca de 3,4% em peso, apesar do fluxo contínuo de sais escoando dos continentes para os mares pela ação das chuvas e dos rios. Sabe-se que a maioria esmagadora das células vivas não suporta ambientes cujo teor de salinidade alcance 6% em peso, e caso esse patamar fosse atingido, o mar, onde metade de toda a fotossíntese do planeta ocorre, se tornaria estéril. Ora, o fluxo de sais dos continentes pode ser calculado com facilidade, e estima-se que levaria apenas 80 milhões de anos para que os oceanos se enriquecessem do teor zero ao valor atual. Mas sabemos que a vida na Terra é muito mais antiga, portanto, um mecanismo regulador deve estar presente.

Todavia, os mecanismos reguladores chegarão um dia a um limite, visto que o esfriamento do interior da Terra eventualmente cessará o vulcanismo e o movimento das placas tectônicas. Além disso, o Sol continuará a aumentar o seu brilho continuamente, até o ponto em que a temperatura da superfície da Terra extinguirá os organismos superiores, em seguida as plantas e, finalmente, os seres unicelulares mais resistentes. Chegará o dia em que os oceanos da Terra terão sido evaporados e perdidos para o espaço, diante de um Sol inchado que sofrerá oscilações e devorará os planetas Mercúrio e Vênus antes de se transformar numa Anã Branca, último estágio da vida de uma estrela com massa solar. Alguns estudos sobre biodiversidade indicam que a vida na Terra atingiu o seu ápice há muitos milhões de anos, e que estamos agora num estágio de degeneração lenta e irreversível.

Alguns estudos sobre biodiversidade indicam que a vida na Terra atingiu o seu ápice há muitos milhões de anos, e que estamos agora num estágio de degeneração lenta e irreversível

A teoria de Gaia foi inicialmente refutada pela maioria dos cientistas; todavia, essa tendência tem se revertido nos últimos anos. Por exemplo, a Declaração de Amsterdã sobre Mudança Global, assinada por mais de 1.500 cientistas de mais de 100 países, em 2001, cita como fato: "O sistema da Terra comporta-se como um sistema único e autorregulado composto de componentes físicos, químicos, biológicos e humanos". Apesar de não existir consenso a respeito do assunto, o debate mostra ao menos que nosso conhecimento sobre o fenômeno da vida, numa perspectiva mais ampla, é rudimentar.

3 O CLIMA E O EFEITO ESTUFA

AS FORÇAS QUE MOVEM O MUNDO
O FATOR HUMANO NA EQUAÇÃO
O QUE SERÁ O AMANHÃ?

AS FORÇAS QUE MOVEM O MUNDO

Apesar de termos ido à Lua, criado computadores e outras tantas maravilhas tecnológicas com o nosso conhecimento científico acumulado, temos muito pouco poder de predição – sem falar na questão de controle – do clima, que pode ser definido como a interação dinâmica entre a atmosfera, os oceanos e os continentes, num processo contínuo de troca de calor e massa. Um sem-número de fatores, como relevo, propriedades diferentes entre os meios sólido, líquido e gasoso, correntes atmosféricas, erupções vulcânicas, iluminação solar diferente para diferentes latitudes etc., torna o clima um sistema tipicamente caótico. Outra variável importante na determinação do clima é a interação das correntes oceânicas com a atmosfera. As correntes superficiais levam calor das regiões equatoriais para regiões que, de outra forma, seriam gélidas e estéreis. A corrente do Golfo, por exemplo, é a responsável pelo clima ameno da Inglaterra, que se situa numa latitude em que as temperaturas são geralmente mais baixas. Uma vez alcançando as regiões polares, as correntes superficiais afundam e voltam para o Equador na forma de correntes submarinas.

O famoso El Niño, um fenômeno que se resume num distúrbio do acoplamento entre a atmosfera e as águas superficiais do Pacífico equatorial, ocorre com certa regularidade, desencadeando alterações climáticas violentas de alcance global, como secas na Austrália e chuvas torrenciais no Peru.

Hoje, mesmo com a espantosa velocidade dos computadores, que processam incansavelmente as fórmulas dos complicados (e ainda incompletos) modelos matemáticos do clima, as previsões do tempo para regiões pequenas – digamos, do tamanho de cidades – só têm confiabilidade para um punhado de dias, tornando-se rapidamente especulação quando a ordem de tempo aumenta para semanas. Vale aqui frisar a diferença entre "clima", que abrange valores médios de temperatura, precipitação etc. para grandes áreas e longos períodos, e "tempo", que geralmente abarca valores pontuais no tempo para áreas pequenas.

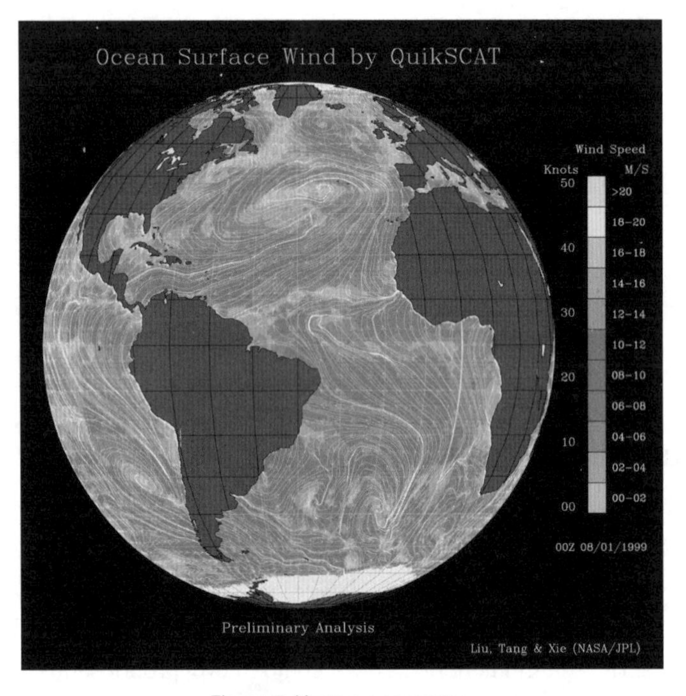

Figura 7. Ventos e correntes.

Imagem do satélite QuikSCAT, cujos instrumentos coletam dados da velocidade dos ventos na superfície oceânica.
As correntes oceânicas seguem frequentemente trajetórias similares às dos principais sistemas de circulação atmosférica.

Fonte: Nasa/JPL.

Já ao longo de um ano, o clima tende a se comportar com certa previsibilidade, se considerarmos vastas regiões e valores médios de temperatura, umidade e índice pluviométrico, pois, nessa escala de tempo, ele segue a batuta do movimento anual da Terra em torno do Sol. À medida que as estações passam, esperamos épocas mais secas ou chuvosas, temperaturas mais altas ou mais baixas. Mas, mesmo nessa escala de tempo, ocorrem frequentemente secas fora de época, chuvas torrenciais e inundações quando apenas chuvas amenas eram esperadas. Eventos esporádicos, como a erupção muito intensa de um vulcão, podem esfriar todo o planeta ao longo de um ano, pois, ironicamente, apesar de os gases expelidos conterem muito dióxido de carbono, promotor do efeito estufa, a erupção lança na estratosfera quantidades gigantescas de poeira e enxofre, que refletem de volta ao espaço parte da radiação solar incidente. No caso do enxofre, o efeito é mais sutil: o dióxido de enxofre lançado pelo vulcão reage com a água presente na atmosfera, formando minúsculas gotas (aerossóis) de ácido sulfúrico, que apresentam característica refletora de luz. O efeito do resfriamento, que dura meses ou anos, dependendo da quantidade que atinge a estratosfera, sobrepuja o efeito estufa, que tem uma dinâmica muito mais lenta. Foi o caso da erupção do vulcão Pinatubo, nas Filipinas, em 1991, que lançou mais particulados na estratosfera do que qualquer erupção anterior desde a erupção do Krakatoa, em 1883 – além de vinte milhões de toneladas de dióxido de enxofre. A camada de aerossóis de ácido sulfúrico, formada pela erupção do Pinatubo, baixou a temperatura média do planeta em meio grau centígrado entre 1991 e 1993.

A existência das estações e suas características principais advém do fato de que o eixo de rotação da Terra, uma linha imaginária que passa pelos polos, tem uma certa inclinação em relação ao plano da órbita da Terra ao redor do Sol, chamada de eclíptica (ver Figura 8). As quatro estações, com duração de três meses cada, estão relacionadas com a posição aparente do Sol em cada hemisfério.

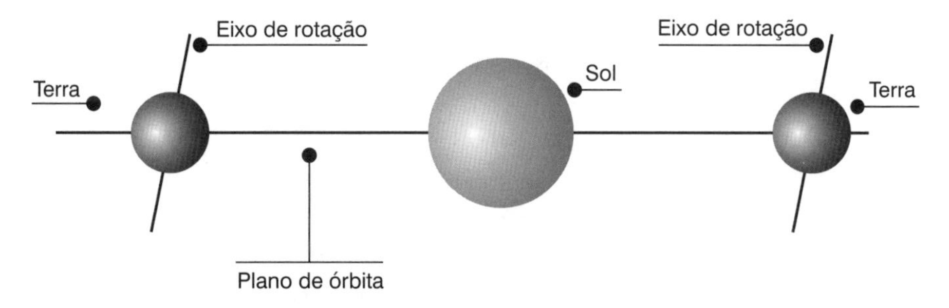

Figura 8. Órbita da Terra em torno do Sol. Esquema bidimensional.

Com a Terra posicionada à esquerda do Sol, temos o hemisfério norte mais exposto à luz do que o hemisfério sul. Seis meses depois (Terra à direita), o hemisfério sul será mais exposto.

Fonte: Elaborada pelo autor.

No entanto, por mais regular que a órbita da Terra possa parecer, alguns de seus elementos também variam, devido à perturbação gravitacional dos outros planetas do Sistema Solar. O astrônomo sérvio Milankovitch estudou quantitativamente essas perturbações nas décadas de 1920 e 1930 (ver Figura 9, para mais detalhes) e chegou às seguintes conclusões:

- O eixo de rotação da Terra gira como um pião, um fenômeno chamado de precessão, num período de aproximadamente 25 mil anos.
- O ângulo entre o eixo de rotação da Terra e o eixo perpendicular ao plano da órbita varia entre 21,5° e 24,5° num período de cerca de 41 mil anos.
- A excentricidade da órbita da Terra em relação ao Sol varia num período de 100 mil anos.

1. Alteração da excentricidade da órbita da Terra

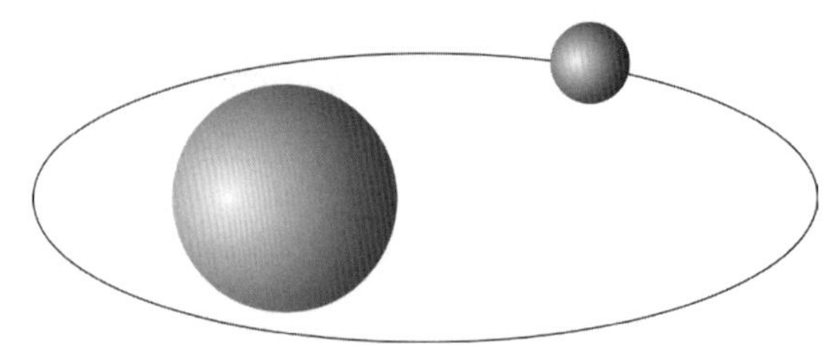

1. Os planetas não "circulam" em torno do Sol. Na realidade, suas órbitas são elipses, e o Sol se situa em uma posição específica denominada foco. Como a distância ao Sol de cada ponto da elipse não é constante, como no caso da órbita circular com o Sol no centro, conclui-se que, à medida que a Terra progride em sua órbita, a intensidade da radiação solar também varia. Hoje o ponto da órbita mais próximo do Sol (chamado de periélio) é apenas 3% mais curto do que o ponto mais afastado, e, como a intensidade de radiação recebida depende do quadrado da distância, isso quer dizer que, no periélio, a Terra recebe cerca de 6% a mais de radiação do que no afélio. Entretanto, a forma da elipse da órbita da Terra muda com o tempo num ciclo de 100 mil anos, durante o qual ela assume formas mais e menos alongadas. A diferença atual de 6% na intensidade de radiação solar entre afélio e periélio chega a atingir, durante o ciclo de 100 mil anos, 20% a 30%.

2. Alteração da inclinação do eixo de rotação da Terra em relação ao plano da órbita

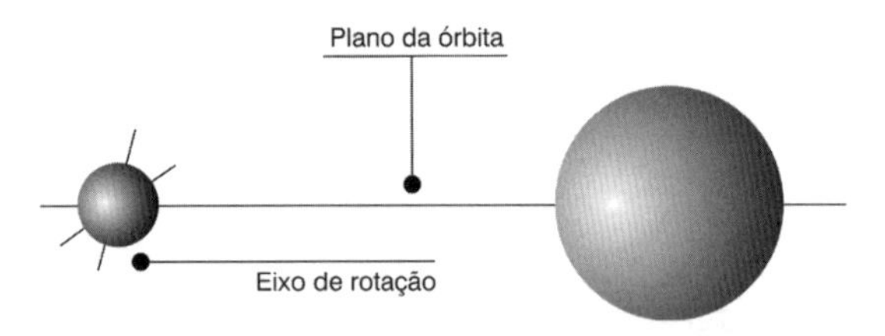

2. O eixo de rotação da Terra fica a 23,5° do eixo perpendicular ao plano da órbita, o que ajuda a preservar as regiões polares da incidência mais direta do Sol. Mas esse ângulo também varia, entre 21,5° e 24,5° num ciclo de 41 mil anos. Nos períodos em que o ângulo é menor, a ação do Sol no verão é mais intensa nos polos.

3. Precessão do eixo de rotação da Terra

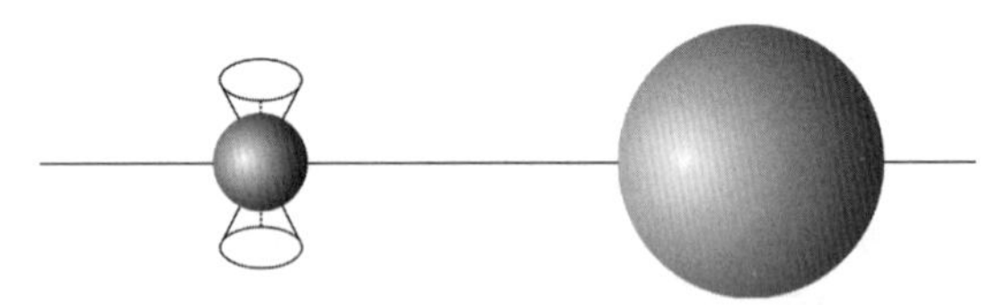

3. O eixo de rotação da Terra apresenta outro movimento cíclico, que é chamado de precessão. Nesse movimento, o eixo de rotação gira em torno do eixo perpendicular ao plano da órbita num período de 25 mil anos. Esse fenômeno é familiar às pessoas que já brincaram de pião; a consequência da precessão para o clima da Terra é que o hemisfério que sofre maior variação anual na luminosidade solar (verão no periélio e inverno no afélio, ou, em outras palavras, Sol mais alto quando está mais próximo da Terra e Sol mais baixo quando está mais afastado da Terra) não é fixo, mas muda entre o hemisfério norte e o sul no decorrer de 25 mil anos.

Figura 9. Variação dos elementos orbitais da Terra.

Fonte: Elaborada pelo autor.

Esses efeitos cíclicos na órbita da Terra, chamados de ciclos de Milankovitch, causariam teoricamente alterações climáticas com períodos similares. E, de fato, o período entre os extremos das eras glaciais, pelo menos durante o último milhão de anos, contados entre os picos de frio ou entre os picos de calor das eras interglaciais, é de aproximadamente 100 mil anos, com oscilações de mais curto prazo medidas em 40 mil e 20 mil anos. Essas conclusões se baseiam no estudo de sedimentos depositados no fundo dos oceanos e na análise de depósitos de gelo na Groenlândia e Antártida. A neve que cai sobre essas massas geladas prende amostras da atmosfera e, à medida que a neve vai se compactando e virando gelo com o passar dos anos, vai criando um registro vertical das condições climáticas do planeta, que pode ser interpretado por meio de análises químicas.

A neve que cai sobre essas massas geladas prende amostras da atmosfera, e, à medida que a neve vai se compactando e virando gelo com o passar dos anos, vai criando um registro vertical das condições climáticas do planeta, que pode ser interpretado por meio de análises químicas

Mas mesmo o regime das eras glaciais não é perfeitamente regular, como também pode ser constatado nas amostras de gelo, que apontam para uma pequena variabilidade, aparentemente errática.

E até a configuração relativa dos continentes e seu relevo, que mudam no decorrer dos milhões de anos devido ao fenômeno de deriva continental, são importantes na determinação de condições climáticas regionais. Novas cadeias de montanhas, como a cordilheira dos Andes, barram a penetração de ar úmido em certas áreas do continente sul-americano, produzindo, por exemplo, o deserto de Atacama, o mais seco do mundo.

Finalmente, extrapolando no tempo para a ordem de centenas de milhões de anos, o clima na Terra ganha novas variáveis, aleatórias (impacto de meteoritos, atividade biológica) ou bem-determinadas, como a intensidade da radiação da luz solar, que aumentou 30% desde a época de formação do Sistema Solar e continuará aumentando.

Nesse ponto cabe uma pequena digressão a respeito da variabilidade da radiação solar a curto prazo. A nossa estrela passa por um ciclo de atividades a cada 11 anos, aproximadamente, durante o qual o seu campo magnético é invertido, e grupos de manchas solares proliferam e então ficam rarefeitas. Esses ciclos afetam a luminosidade total do Sol, mas numa escala muito modesta, de menos de 0,1%. A maioria da comunidade científica já descartou a variação da luminosidade solar como responsável pelo recente aquecimento global (BARD; FRANK, 2006). Mas estudos indicam que o Sol teria sido responsável por uma mini-idade do gelo que afetou a Terra entre os anos de 1300 e 1850, aproximadamente (ver livro de Brian Fagan, listado nas referências), causando, por exemplo, o abandono, pelos vikings, de suas colônias na Groenlândia, cujo nome, aliás, significa "terra verde", pois havia trechos com vegetação quando os vikings a descobriram.

Vemos, então, que o clima é um sistema complexo e pouco sujeito à previsibilidade, seguindo, *grosso modo*, certos padrões que são sensíveis a influências de uma multiplicidade de variáveis. Entretanto, conforme a velocidade dos computadores se agiganta e novos fatores são levados em conta no refinamento dos modelos matemáticos, a capacidade de prevermos as condições climáticas gerais do planeta para os próximos anos aumenta. E hoje já é possível afirmar, embora ainda sem muita precisão quantitativa, que o clima é afetado pela nossa presença maciça no planeta.

Figura 10. Ventos e correntes.

Foto: Rafael Pinotti.

O FATOR HUMANO NA EQUAÇÃO

As forças titânicas que dão vida ao clima da Terra, vistas sob o aspecto global, parecem à primeira vista indiferentes à existência da humanidade, mas, como vimos no Capítulo 2, um fator crucial na determinação do estado do clima é o efeito estufa atmosférico, que especifica quanta energia térmica a superfície terrestre perde para o espaço. Como a magnitude do efeito estufa depende da composição dos gases que formam a atmosfera, qualquer tipo de atividade na superfície que altere a composição da atmosfera irá necessariamente contribuir para uma mudança nas condições climáticas. O efeito "bola de neve", como vimos, teria sido o resultado de um desequilíbrio no nível de gás carbônico na atmosfera, que só foi restaurado graças às emissões vulcânicas.

Existem várias substâncias gasosas que promovem o efeito estufa e que participam dos ciclos biológicos, como o metano (CH_4) e o óxido nitroso (N_2O), mas as principais são o vapor d'água e o dióxido de carbono (que daqui por diante será referido pela sua fórmula química, CO_2), também chamado de gás carbônico.

O CO_2 é intimamente relacionado ao ciclo do carbono, que é bastante complexo e cuja dinâmica só há pouco tempo foi quantificada com certa precisão. Estima-se que a quantidade total de carbono estocado na atmosfera, nos oceanos e continentes seja da ordem de 42 trilhões de toneladas. Como os fluxos entre ambientes costumam ser estáveis e equilibrados, a quantidade total de carbono na atmosfera, nos oceanos e nos continentes tende a ser estável também.

O processo de fotossíntese, por exemplo, retira CO_2 da atmosfera com a ajuda da luz solar, estocando carbono na forma de material orgânico e produzindo oxigênio (O_2). A respiração de plantas e animais segue o caminho inverso, oxidando material orgânico e produzindo CO_2 e calor. O CO_2 também é retirado da atmosfera para formar bicarbonato (dissolvido na água do mar) e depósitos de carbonatos, que eventualmente são retornados à atmosfera pela ação vulcânica.

O processo de fotossíntese, por exemplo, retira CO_2 da atmosfera com a ajuda da luz solar, estocando carbono na forma de material orgânico e produzindo oxigênio (O_2). A respiração de plantas e animais segue o caminho inverso, oxidando material orgânico e produzindo CO_2 e calor

Deve-se ter em mente que, embora o vapor d'água seja intrinsecamente menos eficiente que o gás carbônico na promoção do efeito estufa, a sua concentração muito maior na atmosfera torna-o o principal gás nesse processo. Tal concentração na atmosfera foge ao nosso controle, mas sabemos que um acréscimo na concentração de outro gás, como o gás carbônico, aumenta a temperatura da atmosfera, que irá evaporar mais água, o que, por sua vez, aumentará ainda mais o efeito. Portanto, calcula-se a parte do vapor d'água como efeito indireto, e por isso ele não é normalmente listado entre os gases que promovem o efeito estufa.

Quanto ao CO_2, a história é diferente. Desde a Revolução Industrial, o homem tem alterado o balanço de CO_2 na atmosfera por dois fatores principais: a queima em larga escala de combustíveis fósseis, como carvão, petróleo e gás natural; e a alteração no solo, principalmente com vistas ao cultivo. Os combustíveis fósseis são, em essência, depósitos de material orgânico que sofreram alteração ao longo de milhões de anos (mais detalhes no Capítulo 4), num processo de acúmulo gradual. A ação do homem, ao queimar esse material e devolver CO_2 à atmosfera num ritmo sem precedentes, está levando ao aumento do nível de CO_2 atmosférico e, consequentemente, ao aumento do efeito estufa. O teor de CO_2 na atmosfera cresceu de 280 partes por milhão em volume (ppmv), na era pré-industrial, para 400 ppmv, em 2013.

Quando considerada nos modelos de previsão do clima, essa alteração na composição atmosférica leva invariavelmente a um aumento de temperatura média da superfície do planeta. Um exemplo dramático da realidade do efeito estufa em escala planetária pode ser encontrado no planeta mais próximo da Terra, Vênus. Até o início do século XX, os cientistas acreditavam que ele pudesse abrigar algum tipo de vida, escondida sob uma camada de nuvens que cobre toda a sua superfície e que, acreditava-se, era constituída de condensação de vapor d'água, como as nuvens da Terra. Mas, em 1920, análises espectroscópicas da luz de Vênus revelaram a presença maciça de dióxido de carbono na atmosfera e nenhuma água, levando posteriormente o cientista Carl Sagan a prever, em sua tese de doutorado, que o efeito estufa em Vênus causaria temperaturas superficiais muito altas, fato confirmado pouco depois pelas sondas espaciais soviéticas do Programa Venera, que pousaram lá. Hoje sabemos que a temperatura média da superfície de Vênus é de 380 ^{o}C, envolta em uma camada atmosférica composta quase que exclusivamente de dióxido de carbono e pressão superficial de noventa atmosferas.

Na Terra, um aumento do efeito estufa tem diversas consequências, como a intensificação dos ciclos de evaporação e precipitação, levando aos chamados "extremos de clima". O aparecimento de longos períodos de seca seguidos de chuvas torrenciais é muito ruim para a agricultura, que depende de condições estáveis para seu pleno desenvolvimento.

Outra consequência é o derretimento de parte das calotas polares, causando não apenas o aumento do nível do mar, mas também um efeito de retroalimentação no sentido inverso ao do descrito no Capítulo 2, contribuindo para aumentar ainda mais a temperatura superficial do planeta. Previsões mais sombrias incluem a mudança de outros padrões importantes, como a alteração de correntes oceânicas, que alterariam completamente o clima em regiões extensas, e o derretimento do *permafrost* da tundra, que lançaria na atmosfera quantidades imensas de dióxido de carbono e metano, atualmente estocados sob a superfície num estado de congelamento perene.

Até o início da década de 1990, a maioria das previsões não era levada muito a sério em razão das poucas evidências que as sustentavam, refutadas com base na imprevisibilidade do tempo e na nossa ignorância sobre a sua dinâmica. Em 1995, a ótica já mudava um pouco e o Painel Intergovernamental sobre Mudança do Clima

(IPCC – Intergovernmental Panel on Climate Change, em inglês), um órgão composto de milhares de cientistas de diversas áreas e países, patrocinado pela Organização das Nações Unidas (ONU) e criado em 1988, fazia uma advertência cautelosa sobre o assunto: "O balanço das evidências sugere uma influência humana discernível no clima global". Já o quarto relatório do IPCC, de 2007, era mais incisivo: "O aquecimento do sistema climático é inequívoco".

Finalmente, o quinto relatório do IPCC, emitido em 2013[3], informa que há 95% de certeza de que a ação humana é a causa dominante do aquecimento global. O relatório fornece várias previsões, baseadas em cenários diversos de aumento do teor de dióxido de carbono na atmosfera, por sua vez ligados a cenários futuros de emissões atmosféricas antropogênicas. No lado mais otimista, prevê-se um aumento de temperatura média da superfície da Terra entre 0,3 °C e 1,7 °C de 2010 a 2100, acompanhado por um aumento do nível do mar entre 26 e 55 cm; o pior cenário indica um aumento de temperatura entre 2,6 °C e 4,8 °C e um aumento do nível do mar entre 45 e 82 cm para o mesmo período de tempo.

Embora um aumento do nível do mar de menos de um metro em quase cem anos pareça em princípio não tão relevante em termos de impacto nas nossas atividades, devemos nos lembrar de que muitos países, compostos por ilhas baixas no oceano Pacífico, estão ameaçados de desaparecer. Além disso, haveria um aumento do processo de erosão da costa dos continentes, que abriga ecossistemas únicos como os manguezais e a maioria das grandes cidades do planeta, que passariam a ficar mais vulneráveis a enchentes durante tempestades. Estima-se que 136 grandes cidades costeiras, onde vivem quarenta milhões de pessoas, já esteja em perigo. O refluxo intensificado de água salgada em grandes rios como o Amazonas pode afetar ecossistemas inteiros. Finalmente, o despejo de vasta quantidade de água doce pelo degelo das calotas polares na água salgada dos oceanos tem o potencial de alterar correntes marinhas e consequentemente o clima em regiões distantes do globo.

Em termos de previsões para o aquecimento no Brasil, o primeiro Relatório de Avaliação Nacional (RANI) do Painel Brasileiro de Mudanças Climáticas (PBMC), divulgado também em 2013, prevê um aumento de 3 °C a 6 °C na temperatura média de todas as regiões do país até 2100, em relação à situação do fim do século XX. Além disso, as chuvas devem diminuir até 40% no Norte-Nordeste e aumentar 30% no Sul-Sudeste. A falta de chuvas na Amazônia tem o potencial de alterar todo o ecossistema, causando possivelmente, em conjunto com o desmatamento, a transformação de vastas áreas em savana. Para o relatório, foi usado um conjunto de programas computacionais denominado Modelo Brasileiro do Sistema Terrestre (BESM em inglês), cujos

3 Disponível em: <http://www.ipcc.ch/index.htm>. Acesso em: 16 fev. 2016.

cenários foram incorporados à iniciativa internacional que integra os resultados de 20 modelos globais, inaugurando o Brasil como fornecedor de projeções ao IPCC.

Mas e quanto às evidências de mudança climática? Para quem segue o noticiário científico ao longo dos últimos anos, elas são patentes e, por vezes, alarmantes. Comecemos pelo acompanhamento da temperatura média global da superfície da Terra (ver Figura 11). O ano de 2014 foi o mais quente já registrado desde o início da Era Industrial, e os dez anos mais quentes ocorreram após 1998. A tendência de aumento a longo prazo deve continuar, já que não há sinal de que as emissões de gases de efeito estufa antropogênicas estejam diminuindo – ou irão diminuir – num horizonte próximo (ver mais detalhes no Capítulo 4). Em 2015, Paris registrou recorde de temperatura no verão não alcançado há 60 anos. Em 2014, a mesma cidade bateu o recorde de temperatura vigente desde 1880 para o início de março. Esses extremos climáticos têm assolado muitas partes do mundo: secas e incêndios florestais na Califórnia e na Austrália, recordes de temperaturas altas na Índia e na Rússia. No Brasil, alguns exemplos emblemáticos incluem o furacão Catarina (ver Figura 12) na década passada, o primeiro a ser registrado em território nacional, e a seca de 2014-2015 no Sudeste, que pela primeira vez causou escassez de água no país dos grandes rios.

Do Ártico à Antártica, chegam ininterruptamente informes de derretimento em larga escala. O gelo da Groenlândia, cujo volume total, se convertido em água, elevaria o nível dos oceanos em 7,2 metros, está derretendo a altas taxas, e algumas estimativas indicam 51 bilhões de metros cúbicos por ano, ou quase a vazão do rio Nilo.

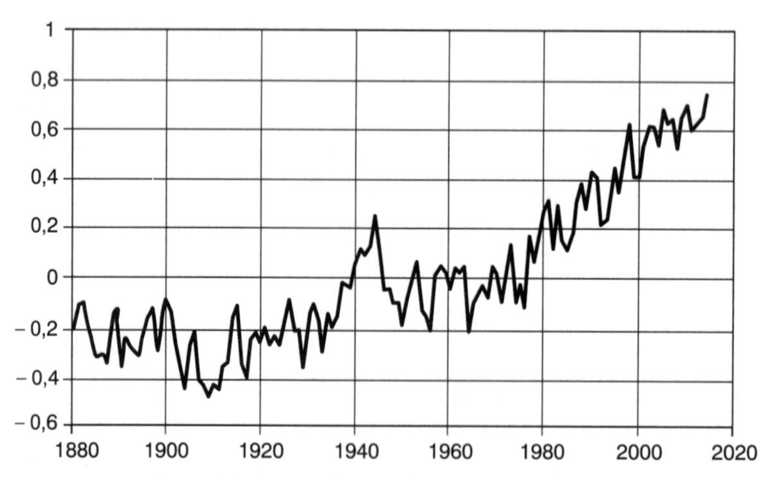

Figura 11. Evolução do desvio da temperatura média da atmosfera na superfície da Terra, em graus Celsius, em relação à média global entre 1951 e 1980, que foi de 14 °C. Os dados vão desde o ano de 1880, quando registros confiáveis passaram a ser feitos, até o ano de 2014.

Figura 12. Furacão Catarina.

O furacão Catarina formou-se no Atlântico Sul e alcançou a costa do Brasil em março de 2004. Foi a primeira vez que um fenômeno desse tipo ocorreu na região.

Fonte: Nasa/Earth Observatory.

A extensão de gelo do Ártico, que é sazonal e se assenta principalmente sobre o oceano, tem sido estudada por décadas com detalhes, via satélite e observação direta. Suas extensões máxima, no inverno, e mínima, no verão, têm caído constantemente, a ponto de suscitarem previsões do IPCC de que o Oceano Ártico poderá estar quase livre de gelo no verão a partir de 2040. De 1979 a 2013, houve 33% de redução na extensão máxima e 80% na extensão mínima. Em julho de 2000, um navio quebra-gelo russo, ao atingir o Polo Norte, deparou-se com uma grande extensão de água, no lugar da camada de gelo de dois a três metros que cobre geralmente aquela região, mesmo na fase mais intensa do verão.

Um possível benefício do derretimento do gelo do Ártico é a abertura de caminhos para áreas ricas em recursos naturais como o petróleo. Estima-se que até 25% do petróleo não explorado no mundo encontra-se sob o Oceano Ártico, o que já faz com que os países com fronteira nessa região (Estados Unidos, Rússia, Canadá, Dinamarca e Noruega) já comecem a disputar direitos de exploração, no que alguns jornalistas já chamam de "Nova Guerra Fria".

Ironicamente, um dos efeitos do derretimento do gelo do Ártico levou recentemente americanos e europeus a pensarem que o aquecimento global não existe. Ocorre que, entre novembro de 2013 e janeiro de 2014, a chamada corrente de jato ártica, uma correnteza global de ventos na alta atmosfera, deslocou-se mais para o sul, causando um inverno muito rigoroso, particularmente no lado leste dos Estados Unidos. Mas esses deslocamentos são causados, ao que indicam estudos, pelo próprio derretimento do gelo do Ártico.

A tundra e as floretas boreais que circundam o Círculo Polar também estão sofrendo alterações: seca e perda de árvores em florestas, a proliferação de arbustos, pragas de insetos que se aproveitam dos períodos quentes mais prolongados.

O grande, misterioso e inóspito continente da Antártida, que só começou a ser explorado por terra no início do século XX, contém a maior quantidade de gelo do planeta, com suas geleiras de 1.900 metros de espessura média, cobrindo cerca de 98% de sua área. Esse ambiente tem sido intensamente estudado, principalmente pelo seu papel importante no clima global. Embora os resultados de estudos sobre degelo na Antártida como um todo sejam ainda pouco conclusivos, a parte oeste, particularmente a Península Antártica, tem sofrido um aquecimento expressivo: em 2002, a plataforma de gelo (que fica sobre a água do oceano) Larsen-B entrou em colapso, desprendendo 2.600 km^2 de gelo das partes norte e central. Em 2015, um estudo indicou que a parte sul restante está prestes a se desprender também. Em 2008, cerca de 570 km^2 da plataforma de gelo Wilkins, na parte sul da Península Antártica, também se soltou. Em 2013, um estudo publicado na *Nature* identificou a região centro-oeste da Península Antártica como uma das áreas que mais rapidamente se aqueceram no planeta.

Da mesma forma que no Ártico, fenômenos aparentemente surpreendentes levam o público a acreditar que o aquecimento global não exista. E a desinformação muitas vezes é incentivada pela mídia tendenciosa, que se apega a qualquer fato, sem a devida contextualização, para "mostrar" que estão corretos. Em 2014, por exemplo, o gelo na Antártida e no oceano em volta atingiu um recorde de máximo no inverno, o que foi explorado pelos sensacionalistas como "prova" de que não há aquecimento global. Ocorre que o degelo da plataforma continental lança ao mar grandes quantidades de água doce, mais leve e gelada que a água salgada, que forma uma camada sobrenadante de grande extensão e que congela mais facilmente quando o rigoroso inverno antártico chega.

Já o derretimento de geleiras em regiões mais conhecidas e habitadas, como no Himalaia e nos Andes, tem sido não apenas dramático, como também fartamente documentado ao longo de décadas, inicialmente por fotografias e, mais recentemente, com a ajuda de satélites em volta da Terra. Na Venezuela, das seis geleiras existentes em 1972, só restam duas. O icônico monte Kilimanjaro, na África, já perdeu a maioria da sua cobertura de gelo e a expectativa é de que ela desapareça em breve. Outras geleiras em processo de desaparecimento incluem a de Colúmbia (Estados Unidos), Upsala (Argentina), Adamelo (Itália) e Trift (Suíça). A lista é extensa.

De fato, o aumento da temperatura da água dos oceanos responde por boa parte do aumento do nível do mar, devido ao fenômeno de expansão térmica (corpos mais quentes em geral se expandem). A outra contribuição vem do volume adicional de água derretida dos polos, principalmente na Antártida e na Groenlândia, cujo gelo se assenta sobre o solo. O gelo sobrenadante, quando derretido, não contribui para aumentar o nível do mar, como é o caso do gelo sobre o Oceano Ártico.

O aumento da temperatura da superfície da Terra se traduz também num aumento da temperatura superficial dos oceanos, tendo repercussão direta na sobrevivência de sistemas biológicos sensíveis, como as barreiras de corais, que estão morrendo em várias partes do mundo. Na Indonésia, por exemplo, a destruição já ultrapassou os 50% devido a uma combinação de temperatura alta da água, poluição marinha e desmatamento – este último devido a um efeito indireto: as áreas desmatadas retêm menos sedimentos durante as chuvas e os rios turvos acabam depositando esse material nas áreas costeiras, onde os corais vivem, matando-os por soterramento.

As barreiras de corais são os ambientes marinhos mais ricos em biodiversidade, abrigando 65% das espécies de peixes do mundo. E, como se não bastasse a temperatura alta, os oceanos estão se tornando mais ácidos. Eles absorvem dióxido de carbono atmosférico e estima-se que cerca de 30% das emissões humanas dessa substância foram parar em suas águas, mitigando o efeito estufa. O outro lado da moeda é que o dióxido de carbono dissolvido na água produz ácido carbônico que, por sua vez, se transforma em bicarbonato e, finalmente, em carbonato, num equilíbrio químico entre essas partes. O resultado "líquido" é o aumento da acidez da água, cujo pH[4] diminuiu nos oceanos cerca de 0,12 pontos desde o início da Revolução Industrial. Como a escala do pH é logarítmica, isso significa um aumento de 30% na acidez, o que tem efeito deletério na reprodução de organismos marinhos, desde o plâncton até as lulas. Um processo de acidificação foi, segundo estudos recentes, o responsável pela maior extinção em massa de todos os tempos (ver mais no capítulo sobre biodiversidade), quando a atividade vulcânica muito intensa emitiu na atmosfera vastas quantidades de dióxido de carbono que, parcialmente absorvido pelas águas, abaixou violentamente o pH e exterminou a maioria da vida marinha.

A biodiversidade, tema específico de um dos próximos capítulos, é ameaçada também em terra pelas secas e queimadas já mencionadas, que forçam espécies a migrar para climas mais amenos. Em 2015, um estudo publicado pela revista *Science* apontou a migração de espécies de peixes tropicais em direção ao Ártico: a água mais

4 Unidade de medida de acidez: quanto mais ácido, menor o seu valor.

quente retém menos oxigênio e as águas do Ártico, mais frias, ricas em oxigênio e nutrientes, oferecem uma alternativa. A migração também implicaria no aumento da disputa com as espécies já estabelecidas nesse ambiente, o que pode custar, segundo os pesquisadores, a extinção de espécies. Outro exemplo bem-documentado de migração é o da borboleta *Euphydrias editha*, que vive do México até o Canadá, e cuja população está se deslocando montanha acima e para o norte. Entretanto, a migração de espécies para locais de clima mais ameno é dificultada pelo fato de que áreas conservadas se encontram isoladas umas das outras por aglomerações humanas, áreas de cultivo e mesmo rodovias. Para facilitar a migração de espécies, os ambientalistas estão criando os chamados "corredores biológicos e de fauna", que consistem em abrir passagens entre reservas naturais para o trânsito de animais e plantas.

Outra consequência importante do efeito estufa é a expansão da área de atuação de doenças infecciosas que se servem de mosquitos como vetores. Os mosquitos são sensíveis às condições meteorológicas e só se proliferam significativamente quando a temperatura se situa acima de um determinado mínimo. Por exemplo, o mosquito *Aedes aegypti*, que transmite a dengue e a febre amarela, só atua em áreas onde a temperatura raramente cai abaixo de 10 °C. A malária, a dengue, a febre amarela e diversos tipos de encefalopatite estão entre as que apresentam maior potencial de avanço. Estudos preveem que, no final do século XXI, a zona de ação potencial da malária, que hoje abrange 45% da população mundial, se expandirá para 60%. E, de fato, a malária vem ganhando terreno para fora da zona tropical, tendo se manifestado, já na década de 1990, em vários estados americanos e chegando a Toronto, no Canadá. Além disso, retornou à península coreana, a partes do sul da Europa, da antiga União Soviética e da África do Sul. A dengue, para a qual não existe remédio ou vacina eficaz, é bem conhecida dos habitantes do Rio de Janeiro e expandiu seu raio de ação no continente nos anos 1990, atingindo Buenos Aires. Em 2015, a dengue chegou a ser considerada como "fora de controle" no estado de São Paulo. Os mosquitos também vêm ganhando terreno em altitudes mais elevadas, onde a temperatura costuma ser uma barreira intransponível. De 1970 ao fim do século XX, a altitude a partir da qual a temperatura é sempre igual ou menor do que a do ponto de congelamento da água subiu cerca de 170 metros nos trópicos.

Para enfrentar o aquecimento global, a ONU, além de ter patrocinado o IPCC, com as atualmente chamadas "Conferências das Partes", ou COPs, tentou seguidas vezes obter um acordo de redução de emissão de gases de efeito estufa que fosse aceito por todos os paíes-membros. As tentativas fracassadas incluem o Protocolo de Kyoto, de 1998, e a COP-15, na Dinamarca, em 2009. Um acordo foi finalmente obtido em dezembro de 2015, na França, durante a COP-21.

A raiz do problema para se chegar a um acordo efetivo, como veremos em mais detalhes no próximo capítulo, é o fato de que a economia dos países, principalmente a dos mais industrializados, é função direta da queima de combustíveis fósseis e impor uma redução de emissões é, na prática, afetar a economia. Países em regiões mais ricas e com maior emissão *per capita* resistem a reduções impostas com o argumento de que países com alta emissão global, mas baixa emissão *per capita*, como a Índia e a China, deveriam fazer o mesmo. Por outro lado, a China, a Índia e alguns países emergentes resistem a esse argumento lembrando que precisam elevar o padrão de vida de seus povos e que países industrializados já emitiram muito mais no passado, desde o início da era industrial. O caso do Brasil é peculiar, no sentido de que a maior parte de nossas emissões não provém da queima de combustíveis fósseis, mas da queima de florestas.

O mais provável é que países industrializados migrem suas atividades voluntariamente para economias de baixa emissão por meio de desenvolvimentos tecnológicos competitivos economicamente. Se esse movimento será feito a tempo para evitar as piores consequências do aquecimento global, é uma questão em aberto. Mas, ao menos, os governos de todo o mundo já reconhecem a ameaça, o que não era o caso até pouco tempo atrás. Talvez o pronunciamento mais emblemático desta década sobre esse assunto tenha sido feito pelo Papa Francisco, em uma encíclica de 2015 (chamada de *Laudato Si*, ou *Louvado Seja*) na qual afirma a realidade do aquecimento global e exorta pessoas e instituições, principalmente os países ricos, a tomarem medidas concretas.

O QUE SERÁ O AMANHÃ?

As previsões sobre o clima ainda trazem questões até agora não solucionadas ou estabelecidas, como o comportamento futuro da humanidade quanto aos gases de efeito estufa (GEE), já que isso está ligado ao aumento populacional, às mudanças tecnológicas, ao desenvolvimento econômico e às restrições de sua emissão. Outro fator de incerteza está na previsão da evolução da cobertura de nuvens nos modelos climáticos. Com o aumento da temperatura da Terra, haverá mais umidade na atmosfera, formando mais nuvens. Havendo mais do tipo *cumulus* na baixa atmosfera, será refletida mais luz solar para o espaço, o que amenizaria o efeito estufa. A umidade adicional que atinge as camadas mais altas da atmosfera forma preponderantemente nuvens do tipo *cirrus*, causando um efeito estufa adicional, pois a molécula de água é também um GEE. Os modelos atuais não são precisos quanto ao tipo de efeito que seria preponderante.

O ritmo de desmatamento futuro também afeta os resultados e a sua previsão é difícil. Menos vegetação significa menos retirada de dióxido de carbono da atmosfera pela fotossíntese e mais emissão devido à queima das plantas; por outro lado o solo desmatado reflete mais luz solar.

É possível que novas relações de causa e efeito não vislumbradas nos modelos atuais sejam descobertas nos próximos anos, mas acredita-se que o grau de conhecimento embutido hoje já lhes garante uma robustez suficiente para previsões, as quais estão sendo confirmadas pelos fatos. Uma conclusão parece inescapável: o clima no século XXI tenderá a ser mais instável e desconfortável, com inúmeras consequências. O fato de que a vida média de uma molécula de dióxido de carbono na atmosfera é de várias décadas antes de ser reabsorvida pelos processos naturais indica que, mesmo uma redução drástica de nossas emissões, o efeito estufa previsto só seria mitigado, mas não o eliminado no nosso século.

Figura 13. Praia de Camboinhas, em Niterói, e entrada da baía de Guanabara.
O aumento do nível do mar poderá ser acelerado pelo efeito estufa, ameaçando cidades costeiras.
Foto: Rafael Pinotti.

No próximo capítulo, analisaremos em detalhes como o homem vem queimando combustíveis fósseis e estudaremos as alternativas disponíveis para uma possível reversão do presente quadro de intensificação do efeito estufa.

4

COMBUSTÍVEIS FÓSSEIS E ALTERNATIVAS ENERGÉTICAS

O PROTOCOLO DE KYOTO

Em 2001, o governo dos Estados Unidos chocou os ambientalistas de todo o mundo, primeiro em março, ao abandonar o Protocolo de Kyoto, e depois em maio, ao anunciar um plano ambicioso de aumento geral da capacidade de produção de energia americana, com a construção de 1.300 usinas geradoras de energia elétrica em 20 anos (principalmente a carvão, mas incluindo nucleares), e o aumento da produção doméstica de petróleo, incluindo a exploração de áreas protegidas do Alasca.

Esse conjunto de decisões, tomadas pelo país que mais alardeia os benefícios da globalização, foi de encontro aos esforços ora efetuados por todo o mundo para a contenção do efeito estufa e de suas consequências, discutidas no capítulo anterior. Com menos de 5% da população mundial, os Estados Unidos emitem cerca de 16% do total de gás carbônico do mundo pela queima de combustíveis fósseis.

Tabela 1. Emissão de dióxido de carbono por queima de combustíveis fósseis (milhões de toneladas)

REGIÃO/PAÍS	1995	2000	2005	2010	2012
África do Sul	274,5	297,1	329,5	376,3	376,1
Brasil	235,6	303,6	322,7	388,5	440,2
China	3.057,6	3.350,3	5.444,3	7.294,9	8.250,8
Estados Unidos	5.138,7	5.698,1	5.773,5	5.427,1	5.074,1
Europa	3.139,7	3.223,1	3.339,2	3.055,5	2.906,4
Índia	772,5	978,1	1.191,1	1.749,3	1.954,0
Japão	1.136,7	1.170,6	1.208,1	1.134,0	1.223,3
Rússia	1.558,7	1.496,7	1.511,8	1.580,2	1.659,0
Mundo	21.841,1	23.755,6	27.494,0	30.482,1	31.734,3

Fonte: IEA, 2014.

O Protocolo de Kyoto, resultado da Convenção das Nações Unidas sobre Mudanças Climáticas, realizado no ano de 1997 em Kyoto, no Japão, era o primeiro plano de metas internacional de redução da emissão de gás carbônico e fixava para cada um dos 84 países industrializados signatários (incluindo os países do Leste Europeu) um percentual de redução a ser alcançado até 2012, variando de 0% a 8%, podendo alguns países, devido a circunstâncias especiais, até aumentar sua emissão de um dado percentual. O Protocolo entraria em vigor 90 dias após a ratificação de no mínimo 55 países que representassem pelo menos 55% das emissões dos países industrializados em 1990.

O objetivo era conseguir uma redução global de 5% nas emissões em relação ao ano de 1990. Embora o Protocolo tenha sido assinado pela administração do ex-presidente Bill Clinton em 1999, ele só teria valor legal nos Estados Unidos se fosse ratificado pelo Senado. Na ECO-92, oficialmente denominada Conferência das Nações Unidas sobre o Meio Ambiente e Desenvolvimento, sediada na cidade do Rio de Janeiro de 3 a 14 de junho de 1992, já havia sido tentado, sem sucesso, um comprometimento formal dos países quanto a níveis de emissão de CO_2. Um dos argumentos utilizados pelos Estados Unidos foi o fato de que não estavam sendo computadas as emissões de CO_2 causadas pela queima de florestas nas regiões tropicais.

A posição americana do início da década de 2000 era baseada no receio de que maiores restrições no uso de combustíveis fósseis pudessem piorar o rumo de sua economia, que já estava sofrendo um desaquecimento, além de agravar a recente crise de fornecimento de energia, o que causaria apagões no estado mais rico, a Califórnia. E, na lógica fria e imediatista dos políticos, é sempre preferível lutar por resultados a curto prazo, particularmente quando a magnitude das consequências a longo prazo do efeito estufa não pode ser prevista com muita certeza, como vimos no capítulo anterior.

Tabela 2. Emissões per capita por setor em 2012 (kg CO_2 per capita)

REGIÃO/PAÍS	TOTAL	ELETRICIDADE E AQUECIMENTO	INDÚSTRIA DE MANUFATURA E CONSTRUÇÃO	TRANSPORTE
Alemanha	9.220	4.082	1.364	1.797
Brasil	2.216	273	611	1.001
China	6.076	3.044	1.881	522
Estados Unidos	16.145	6.639	1.576	5.305
Etiópia	86	-	35	35
Índia	1.580	844	383	175
Japão	9.591	4.439	1.879	1.691
Mundo	4.510	1.897	918	1.021

Fonte: IEA, 2014.

Outro argumento usado pelos americanos contra o acordo refere-se ao tratamento diferenciado dado a países em desenvolvimento, por exemplo, a Índia, um dos que foram poupados de um percentual de redução de emissão. Mas uma rápida observação das Tabelas 1 e 2 mostra que os Estados Unidos, com cerca de 321 milhões de habitantes, emitem cerca de 2,6 vezes mais que a Índia, que tem mais de 1 bilhão de habitantes. Em outras palavras, a emissão *per capita* americana é quase 20 vezes maior do que a indiana! A China, outro país que ficou de fora do plano de metas, reduziu por iniciativa própria 17% de sua emissão entre 1997 e 1999 para proteger a saúde da sua população de 1 bilhão e 300 milhões de habitantes, que convive com a fumaça de usinas termoelétricas antiquadas. Por outro lado, a China aumentou suas emissões consideravelmente na década de 2000, e hoje é o país com maior emissão do mundo, embora o valor *per capita* seja baixo.

Fica claro, então, que a iniciativa americana de abandonar Kyoto, explorar mais petróleo e construir usinas de geração de energia foi direcionada a interesses internos (a campanha do presidente Bush foi patrocinada pela indústria de petróleo americana), que primam pelo aumento da oferta em vez da melhoria da eficiência, da conservação e da implantação de fontes de energia alternativas e menos poluentes. Ela foi na contramão de um esforço mundial que tenta conciliar duas realidades conflitantes: o aumento da demanda mundial de energia, que deve aumentar ao longo dos próximos anos, e a exigência de diminuição da emissão de gases promotores do efeito estufa, notadamente o dióxido de carbono, resultado da queima de combustíveis fósseis.

Portanto, a declaração do presidente Bush de que o que é bom para os Estados Unidos é bom para o mundo, ao tentar justificar com arrogância a sua posição, não pode ser levada a sério, a não ser, é claro, pelos americanos ultraconservadores.

Felizmente, apesar da retirada dos Estados Unidos, a ratificação da Rússia em novembro de 2004 garantiu a entrada em vigor do Protocolo de Kyoto a partir de 16 de fevereiro de 2005, com a ratificação de 130 países e blocos internacionais. Uma das consequências do Protocolo benéficas ao Brasil foi a criação de um mercado internacional de crédito de carbono, que permite a países industrializados se aproximar de seus objetivos de redução de emissões com investimento em redução de emissões em países em desenvolvimento. Acredita-se que haverá um fluxo considerável de investimento para o Brasil, principalmente visando a conservação da Floresta Amazônica.

Nos últimos anos, mercados de carbono deixaram de ser um simples conceito econômico para se tornarem realidade, em razão de medidas no Protocolo de Kyoto e da Convenção sobre mudanças climáticas da ONU. O Protocolo criou três instrumentos inovadores para uma implementação efetiva:

- O mecanismo de desenvolvimento limpo (MDL): permite que países com compromisso de redução de emissões dentro de Kyoto reduzam seus fardos investindo em reduções de emissão em países em desenvolvimento que são parte do Protocolo, mas não estão obrigados a reduzir emissões;
- Implementação conjunta: permite que países alcancem seus objetivos de redução investindo em projetos que reduzam emissões em outros países também comprometidos com o Protocolo, geralmente aqueles na Europa Oriental e ex-União Soviética;
- Troca de emissões: permite que membros com objetivos de emissão troquem porções de suas cotas nacionais entre si.

Os acordos do Protocolo de Kyoto não tiveram o efeito desejado e, só em 2015, na COP-21, chegou-se a um acordo que pudesse ser efetivo globalmente. As duas gestões do presidente Barack Obama foram mais favoráveis a acordos internacionais sobre redução de emissões, mas permanece o fato de que ações concretas têm sido realizadas por iniciativas próprias de países, como veremos ao longo do restante deste capítulo.

COMO USAMOS A ENERGIA

A energia requerida pela civilização moderna é bastante seletiva e toma a forma de eletricidade, usada num sem-número de aplicações domésticas e nos transportes de massa, e de combustível para movimentar o sistema de transporte, fornecido principalmente pelos produtos do refino de petróleo, como gasolina e diesel.

No que se refere à produção de eletricidade, cada país utiliza o que é possível dentro do seu universo de recursos naturais disponíveis e de suas opções tecnológicas e políticas. Os países ricos em carvão mineral, como os Estados Unidos e a China, utilizam-no em larga escala nas suas termoelétricas. Já o Brasil gera cerca de 69% de sua energia elétrica em usinas hidrelétricas (dados de 2013, segundo o Balanço Energético Nacional), um índice que já foi bem maior no passado, mas que vem perdendo terreno rapidamente para o crescimento da participação de usinas termelétricas a gás e a óleo.

Em 2009, por exemplo, a geração hidrelétrica era cerca de 85% do total. As usinas hidrelétricas, além de não poluírem, constituem uma fonte renovável de energia. A França, pobre em recursos naturais, gera mais de 77% de suas necessidades elétricas em usinas nucleares e ainda exporta excedente para outros países da Europa. Essas diferenças nas matrizes energéticas tornam um país mais ou menos agressivo em relação à emissão de dióxido de carbono.

Em 2009, por exemplo, a geração hidrelétrica era cerca de 85% do total. As usinas hidrelétricas, além de não poluírem, constituem uma fonte renovável de energia. A França, pobre em recursos naturais, gera cerca de 77% de suas necessidades elétricas em usinas nucleares e ainda exporta excedente para outros países da Europa

Nos próximos itens, iremos explorar um pouco mais a fundo o uso de combustíveis fósseis no mundo moderno e as alternativas disponíveis que estão sendo implementadas e estudadas por muitos países, além da situação brasileira nesse contexto.

NOSSA ANTIGA ASSOCIAÇÃO COM A QUEIMA

O homem sempre usou o processo de combustão para obter a preciosa energia térmica, que inicialmente aquecia suas cavernas e lareiras pela queima de madeira. Com a Revolução Industrial e a necessidade de alimentar as primeiras máquinas, o carvão começou a ser explorado intensamente, mas até 1850 o mundo ainda dependia de madeira para suprir 90% de suas necessidades energéticas. Só na última década do século XIX é que ela foi suplantada pelo carvão.

Em paralelo a esse processo, a segunda metade do século XIX viu o petróleo ser produzido em escala crescente, com o intuito original de fornecer querosene de iluminação. Porém, a invenção da lâmpada elétrica por Thomas Edison em 1882 mudou a perspectiva de mercado para o petróleo, que só voltou a ser promissor com o advento do automóvel em 1896.

No século XX, o petróleo passou a ser o combustível para transporte por excelência, suprindo uma parte considerável da demanda de energia mundial e ultrapassando o uso do carvão na década de 1960. A sua escassez (e a consequente elevação no preço) é capaz de deflagrar recessões econômicas mundiais, como as de 1973 e 1979, causadas respectivamente pelo embargo da Organização dos Países Produtores de Petróleo (Opep) aos Estados Unidos, que apoiou Israel na guerra do Yom Kippur, e pela Revolução Islâmica no Irã. Em 1990 tivemos a Guerra do Golfo, na qual os países ocidentais reagiram prontamente à invasão do Kuwait (rico em depósitos de petróleo) pelo Iraque.

No século XX, o petróleo passou a ser o combustível para transporte por excelência, suprindo uma parte considerável da demanda de energia mundial e ultrapassando o uso do carvão na década de 1960

Finalmente, em 1999 o uso de gás natural ultrapassou o de carvão, mas este voltou ao segundo lugar na década de 2000.

A indústria consome cerca de 32% da energia produzida no mundo, sendo metade dessa fatia dedicada à fabricação de materiais altamente dependentes de energia, como aço, produtos químicos, cimento e papel.

Tanto o petróleo quanto o carvão e o gás natural são, na realidade, formas armazenadas quimicamente da energia solar, pois a construção dos compostos orgânicos se dá primariamente pelo processo de fotossíntese já discutido, em que gás carbônico e água se transformam em açúcares com o auxílio da energia contida nos raios solares. Portanto, quando usamos combustíveis, estamos devolvendo ao ambiente gás carbônico que um dia foi retirado do ciclo natural.

Ocorre que essa retirada foi gradual, ao longo de milhões de anos, ao passo que estamos reinjetando na atmosfera o mesmo gás carbônico em uma taxa altíssima (32 bilhões de toneladas de CO_2 em 2012, apenas com a queima de combustíveis fósseis, sem contar queimadas e outras atividades).

Figura 14. Refinaria Duque de Caxias.

A energia do petróleo e do gás natural é, a rigor, energia do Sol estocada há milhões de anos.

Foto: Petrobras (Geraldo Falcão).

Os combustíveis fósseis são o resultado de uma transformação da matéria orgânica que viveu há muitos milhões de anos, e são formados basicamente por carbono e hidrogênio. Por exemplo, no petróleo e no gás natural, podemos encontrar os alcanos, hidrocarbonetos (substâncias formadas por carbono e hidrogênio) que apresentam a seguinte fórmula geral:

$$C_nH_{2n+2}$$

Essa fórmula nos diz o seguinte: todos os alcanos são tais que, para cada n átomos de carbono presentes na substância, teremos 2n + 2 átomos de hidrogênio. O metano, o mais simples alcano, tem um átomo de carbono (n = 1) e, consequentemente, quatro átomos de hidrogênio (2 x 1 + 2). Sua fórmula é CH_4. O etano, com dois átomos de carbono, tem a fórmula C_2H_6.

Podemos definir a composição média de um combustível fóssil como a relação média entre carbono e hidrogênio (expressa em átomos ou em massa). A Tabela 3 mostra essa relação em massa para os quatro combustíveis mais usados pela humanidade. Vemos claramente que, à medida que o teor de hidrogênio aumenta no combustível, ele tende a ser mais "leve", no sentido de que seu estado físico vai passando do sólido para o líquido e, no caso do gás natural, gasoso.

Tabela 3. Composição aproximada dos combustíveis fósseis

TIPO DE COMBUSTÍVEL	RELAÇÃO CARBONO-HIDROGÊNIO (em massa)
Madeira	120
Carvão	24
Petróleo	6
Gás natural	3

Fonte: The Worldwatch Institute, 2001.

Como avaliar o teor energético de cada combustível? Podemos fazer isso, *grosso modo*, avaliando quanto calor o carbono e o hidrogênio fornecem separadamente, e então ponderando o resultado pela composição média.

Para o carbono puro, a reação de queima produz dióxido de carbono e calor, conforme a equação a seguir:

$$C + O_2 \rightarrow CO_2 + \text{calor}$$

O símbolo C representa o carbono; O_2, a molécula de oxigênio atmosférico (formada por dois átomos de oxigênio, cujo símbolo é O); e o CO_2 é o dióxido de carbono, mais conhecido como gás carbônico. A energia térmica da queima (que vale cerca de

7.831 calorias por grama de carbono queimado) é convertida em energia mecânica em máquinas de combustão interna (carros, aviões etc.), ou transformada em outro tipo de energia, geralmente elétrica, em geradores de termoelétricas.

Já a queima do hidrogênio puro (símbolo químico H) produz água e calor, conforme a equação a seguir:

$$2\,H_2 + O_2 \rightarrow 2\,H_2O + \text{calor}$$

Essa equação é análoga à anterior, fornecendo um balanço material da reação. O valor da energia térmica gerada nesse caso é de cerca de 28.670 calorias por grama de hidrogênio queimado, que é bem maior do que a resultante da queima do carbono.

Com essas reações em mente, é possível derivar um princípio de grande relevância para o meio ambiente: quanto maior for a proporção de hidrogênio em relação ao carbono num dado combustível, menos CO_2 será produzido para a mesma necessidade energética. Ele se deve a dois fatores conjugados:

- Para a mesma massa de combustível queimado, o que tiver maior teor de hidrogênio produzirá menos CO_2 (porque o hidrogênio só produz água na queima);
- Para a mesma massa de combustível queimado, o que tiver maior teor de hidrogênio fornecerá mais calor (porque o hidrogênio é mais energético do que o carbono).

Ou seja, combustíveis ricos em hidrogênio, como o gás natural, são mais energéticos (em massa) e contribuem menos para o agravamento do efeito estufa, causado pelo gás carbônico, se comparados aos combustíveis ricos em petróleo. A Tabela 3 também nos mostra que a madeira e o carvão são combustíveis muito ricos em carbono, o que explica, por exemplo, o fato de que as usinas termoelétricas a carvão são consideradas "sujas", ao passo que as termoelétricas a gás são consideradas "limpas".

Hoje vivemos a era do petróleo, com o gás natural ocupando progressivamente mais espaço, o que, do ponto de vista da retenção do efeito estufa, é muito importante. Mas não suficiente. Com a população mundial aumentando e as necessidades energéticas *per capita* também, o efeito líquido continua sendo um aumento das emissões de CO_2. A solução a longo prazo passa não apenas pela substituição de carvão e petróleo por gás natural, mas também pela diminuição da nossa dependência da combustão, com a adoção de fontes alternativas de energia. Esse processo como um todo é chamado de descarbonização da economia.

Um índice que está sendo cada vez mais usado para acompanhar tal processo é chamado de intensidade de carbono, que amarra a relação entre consumo de carbono e valor econômico agregado pelo seu uso (na fabricação de materiais, prestação de serviços etc.). Geralmente expresso em toneladas por milhão de dólares, esse índice vem caindo constantemente, de 250 em 1950 para 150 em 1999, o que demonstra que reduzir os níveis de emissão de CO_2 não significa necessariamente estancar o crescimento econômico, como alardeiam os políticos comprometidos com as indústrias petrolíferas.

O QUE É O PETRÓLEO?

O petróleo é constituído por hidrocarbonetos (substâncias formadas por carbono e hidrogênio) cuja origem remonta a milhões de anos, quando, em circunstâncias especiais, houve o acúmulo de restos de organismos que não sofreram decomposição pelos heterotrófagos. Esse acúmulo se dava em geral no fundo de lagos isolados, oceanos internos ou deltas de rios caudalosos, onde a concentração de oxigênio na água era tão baixa que os heterotrófagos não podiam viver. Com o passar de milhões de anos, os depósitos foram sendo soterrados, as camadas de sedimentos foram se transformando em rocha com a pressão, a qual, juntamente com a temperatura, foi alterando quimicamente os compostos orgânicos, até que esses se transformassem no petróleo.

A composição do petróleo varia de lugar para lugar, e uns, por exemplo, são mais densos que outros, mais ricos em enxofre que outros etc. Essas diferenças se traduzem em rendimentos diferentes de certos produtos do refino, que até certo ponto podem ser contornados por processos especiais de transformação.

Todo o petróleo que entra numa refinaria passa primeiro por um processo de destilação, que o separa em cortes definidos por faixas de temperatura de ebulição. Assim, por exemplo, 90% do volume da gasolina nacional é formado por substâncias com ponto de ebulição entre 70 °C e 220 °C. Esses cortes começam no gás combustível, passando pelo GLP (Gás Liquefeito de Petróleo, usado nos bujões para uso doméstico), gasolina, querosene, diesel e resíduo atmosférico. Esse último passa por um segundo processo de destilação, desta vez a vácuo, que produz gasóleo e resíduo de vácuo.

Todo o petróleo que entra numa refinaria passa primeiro por um processo de destilação, que o separa em cortes definidos por faixas de temperatura de ebulição

A partir daí os processos se multiplicam, de forma que os produtos finais atendam ao mercado nas quantidades e qualidades ótimas. Por exemplo, o gasóleo, que é um produto pesado e de pouco valor agregado, geralmente segue para um processo chamado de craqueamento catalítico, que o transforma em GLP e gasolina mediante reações químicas.

Figura 15. Unidade de craqueamento catalítico da Refinaria Duque de Caxias.

Foto: Rafael Pinotti.

Há processos que visam exclusivamente tratar um produto para que ele atenda às especificações, como o hidrotratamento de diesel, cujo objetivo é reduzir a concentração de compostos de enxofre nesse produto. Esse processo será importante para a discussão sobre a chuva ácida, no Capítulo 5.

Nem todos os derivados do petróleo são usados como combustível. A produção de asfalto e de plásticos é de suma importância na nossa sociedade e requer um elenco específico de derivados. Os plásticos são polímeros, macromoléculas formadas pelo encadeamento de moléculas simples chamadas de monômeros, e que são extraídos do petróleo.

Uma pergunta que tem assombrado companhias e governos nas últimas décadas diz respeito à disponibilidade do petróleo. Até quando a economia mundial pode depender de petróleo abundante antes que a inevitável queda de produção advenha com o esgotamento desse recurso não renovável?

Muitas previsões catastróficas apareceram e foram sendo desmentidas por uma realidade mais benevolente, com novas áreas sendo descobertas num ritmo aparentemente suficiente. O Brasil, por exemplo, que não dispõe de depósitos de petróleo em terra na quantidade exigida pela demanda doméstica, foi sempre um importador de petróleo, mas a partir da década de 1970 a exploração no mar começou a render. Atualmente (2014), a Petrobras retira da bacia de Campos, no litoral fluminense, em lâminas d'água que chegam a quase 2 km, mais de 1,5 milhão de barris por dia (1 barril equivale a aproximadamente 159 litros).

Com uma área de 100 mil km^2, a bacia de Campos responde hoje por 70% do suprimento nacional de petróleo e gás natural.

Em 1999, um campo gigante foi descoberto na bacia de Santos, o que ajudou o País a se tornar autossuficiente em 2006, com a produção de cerca de 2 milhões de barris de petróleo por dia (bpd). A avaliação do potencial petrolífero da região do pré-sal nas bacias do Sul e Sudeste do Brasil indica volumes de óleo e gás que, se confirmados, elevarão significativamente as reservas da Petrobras e do Brasil, colocando-os no seleto grupo de empresas e países com grandes reservas de petróleo. A primeira área avaliada, Tupi, possui volumes recuperáveis estimados entre 5 e 8 bilhões de barris, o que a classificaria como o maior campo de petróleo descoberto no mundo desde 2000. As estimativas apontam que Tupi pode aumentar em mais de 50% as reservas provadas da Petrobras.

Para chegar a esses reservatórios, a Petrobras teve que superar muitos desafios tecnológicos. A camada de sal possui cerca de 2 mil m de espessura, e a profundidade final dos poços chega a mais de 7 mil m abaixo da superfície do mar, em águas ultraprofundas. No início de 2008, mais uma grande jazida de gás natural e condensado, denominada Júpiter, foi descoberta na bacia de Santos. No final de 2007, foi alcançado o recorde de produção superior a 2 milhões de barris/dia, volume alcançado por apenas oito empresas em todo o mundo. Em 2014 e 2015, a produção de petróleo da companhia no País foi, em média, de 2,1 milhões de barris por dia.

Figura 16. Navio de produção P–50.

Navio de produção P–50 a caminho de Albacora Leste. A P–50, que opera no campo de Albacora Leste, na bacia de Campos, contribui de forma significativa para a autossuficiência do Brasil, alcançada a partir de 2006.

Foto: Petrobras (Paulo Arthur).

Para processar esse petróleo, a empresa dispõe de 13 refinarias em território nacional, sendo quatro em São Paulo e uma em cada um dos seguintes estados: Rio de Janeiro, Minas Gerais, Paraná, Rio Grande do Sul, Bahia, Ceará, Amazonas, Rio Grande do Norte e Pernambuco. A Tabela 4 mostra a capacidade de processamento de petróleo de cada uma delas. A Petrobras também possui refinarias no Japão, Estados Unidos e Argentina.

Para processar esse petróleo, a empresa dispõe de 13 refinarias em território nacional, sendo quatro em São Paulo e uma em cada um dos seguintes estados: Rio de Janeiro, Minas, Paraná, Rio Grande do Sul, Bahia, Ceará, Amazonas, Rio Grande do Norte e Pernambuco

No resto do mundo, foram feitas descobertas importantes, como no mar do Norte e no Alasca, o que ajudou a enfraquecer o poder político da Opep, que, ao deflagrar a primeira crise, em 1973, detinha 36% do mercado mundial. Em 1998, as chamadas reservas provadas de petróleo atingiam mais de um 1 trilhão de barris de óleo, e, divididas pela produção do momento, forneceriam petróleo barato por mais de 40 anos. Isso sem considerar que as reservas tendiam a aumentar.

Tabela 4. Refinarias de petróleo da Petrobras e respectivas capacidades

REFINARIA	ESTADO	CAPACIDADE (m^3 por dia)
REPLAN	São Paulo	66.000
RLAM	Bahia	50.100
REVAP	São Paulo	40.000
REDUC	Rio de Janeiro	38.000
REPAR	Paraná	33.000
REFAP	Rio Grande do Sul	32.000
RPBC	São Paulo	27.000
REGAP	Minas Gerais	25.000
RNEST	Pernambuco	11.800
RECAP	São Paulo	8.500
REMAN	Amazonas	7.300
RPCC	Rio Grande do Norte	3.000
LUBNOR	Ceará	1.600

Fonte: Petrobras, 2015.

Mas estudos recentes sugerem que talvez a humanidade tenha que enfrentar a crise final de petróleo bem antes disso. Num artigo da *Scientific American* de 1998, os autores contestam a visão otimista das companhias baseados nos seguintes argumentos:

- As reservas estimadas pelos governos do mundo são, muitas vezes, distorcidas e infladas, visto que o aumento de reservas permite a um país exportador aumentar a sua quota, e saltos suspeitos em reservas têm sido observados;
- A produção não deve ser considerada constante; o consumo de petróleo no mundo cresceu à taxa média anual de 1,2% na década de 1990;
- Nem todo o petróleo de um poço ou bacia pode ser retirado rapidamente. Como regra geral, depois que metade do óleo de um poço foi retirada, sua produção começa a decrescer gradualmente até parar.

Tabela 5. Os dez principais países produtores de petróleo

PAÍS	PRODUÇÃO 2014 (milhares de barris/dia)	PRODUÇÃO EM 2003 (milhares de barris/dia)
Estados Unidos	11.644	7.362
Arábia Saudita	11.505	10.141
Rússia	10.838	8.602
Canadá	4.292	3.003
China	4.246	3.406
Emirados Árabes	3.712	2.722
Irã	3.614	4.002
Iraque	3.285	1.344
Kuwait	3.123	2.370
México	2.784	3.795

Fonte: BP, 2015.

Guiados por essas linhas de pensamento, e considerando, por exemplo, que cerca de 80% do petróleo produzido em 1998 fluía de poços descobertos antes de 1973 e que estavam em declínio de produção, os autores estimaram que a produção mundial começaria a cair antes do final da primeira década do século XXI. Segundo eles, isso não significaria o fim do petróleo, mas o fim da sua abundância, o que levaria o mundo a procurar alternativas. Dentre elas, por exemplo, há o petróleo pesado venezuelano, com reservas de 1,2 trilhão de barris, mais do que toda a reserva de petróleo convencional de 1998, mas o alto teor de enxofre e de metais pesados exigiria um investimento significativo nos processos de refino para adequar os produtos às exigências ambientais cada vez mais rígidas. Há também grandes reservas de *shale oil* e *shale gas*, que começaram recentemente a ser exploradas nos Estados Unidos, a partir da técnica de *fracturing* hidráulico. Isso aumentou consideravelmente a sua produção total (ver Tabela 5), tornou-o o maior produtor mundial em 2014 e contribuiu para a queda vertiginosa do preço internacional do petróleo ocorrida em 2014 e 2015, quando o preço do barril de Brent, um tipo de petróleo que é referência, caiu de cerca de 110 dólares para menos de

50 dólares. A técnica de *fracturing*, entretanto, é agressiva ambientalmente, destruindo e poluindo lençóis freáticos, fontes etc., e não é permitida em muitos lugares, o que limita a sua expansão. Finalmente, há as reservas de óleo do Ártico, que começam a ficar mais acessíveis à medida que o gelo do Oceano Ártico se reduz devido ao efeito estufa, como comentado anteriormente.

O fato é que as chances de novos descobrimentos vão ficando cada vez mais limitadas à medida que exploramos de forma mais completa áreas geologicamente propícias à formação de petróleo. Apesar de podermos eventualmente esbarrar numa ou outra bacia gigante, elas estarão nos esperando em locais cada vez menos acessíveis, como no fundo do mar em lâminas d'água quilométricas, e o custo de produção vai subindo de mãos dadas com tal dificuldade. É o caso, por exemplo, do petróleo do pré-sal, cujo custo de produção se aproximou perigosamente do valor internacional do petróleo na queda de 2014 e 2015, ameaçando os planos da Petrobras de expansão da produção.

O leitor mais alarmado pode pensar que o fim mais ou menos próximo – e inevitável – da gasolina barata iria causar um colapso do sistema de transporte. Mas, como veremos adiante, os carros do futuro poderão ser movidos com outras fontes de energia, e deixaremos o restante do petróleo para ser explorado de maneira melhor, direcionando-o, por exemplo, para a produção de plásticos recicláveis, e não transformando-o em fumaça.

Mas a situação atual não é de crise iminente no fornecimento de petróleo, o que é bom para a base econômica estabelecida, mas não para a expansão de tecnologias alternativas, como as renováveis, e, consequentemente, para o abatimento de emissões de gases de efeito estufa. Do final de 2003 ao final de 2014, o volume total de reservas provadas de petróleo saltou de 1,33 trilhão para 1,70 trilhão de barris e a produção total saltou de 77,64 milhões para 88,67 milhões de barris por dia. No caso do Brasil, para o mesmo período, as reservas cresceram de 10,6 bilhões para 16,2 bilhões de barris e a produção, de 1,548 milhões para 2,346 milhões de barris por dia. Esse vigor da indústria petroleira pode estar driblando projeções pessimistas (para a sua indústria), mas permanece o fato de que o petróleo não é uma fonte renovável e, como tal, começará a declinar, possivelmente ainda na primeira metade desse século.

GÁS NATURAL

O gás natural é composto principalmente por metano, o alcano mais simples. Se somarmos a ele o etano e o propano, o conjunto responde por mais de 90% da composição do gás. Hidrocarbonetos mais pesados e gases como o nitrogênio e o monóxido de carbono perfazem o restante. O gás natural é dividido em duas categorias: associado e não associado. Gás associado é aquele que, no reservatório, está dissolvido no óleo ou na forma de capa de gás. Neste caso, a produção de gás é determinada basicamente pela produção de óleo. Gás não associado é aquele que, no reservatório, está livre ou em presença de quantidades muito pequenas de óleo. Nesse caso só se justifica comercialmente produzir o gás.

O gás natural é composto principalmente por metano, o alcano mais simples. Se somarmos a ele o etano e o propano, o conjunto responde por mais de 90% da composição do gás

O gás natural, após tratado e processado, é utilizado largamente em residências, no comércio, em indústrias e em veículos. Nos países de clima frio, seu uso residencial e comercial é predominantemente para aquecimento ambiental. Já no Brasil, esse uso é quase exclusivo em cocção de alimentos e aquecimento de água. Na indústria, o gás natural é utilizado como combustível para fornecimento de calor, geração de eletricidade e de força motriz, como matéria-prima nos setores químico, petroquímico e de fertilizantes, e como redutor siderúrgico na fabricação de aço. Na área de transportes, é utilizado em ônibus e automóveis, substituindo o óleo diesel, a gasolina e o álcool.

A crise brasileira e as novas termoelétricas a gás

O ano de 2001 mostrou aos brasileiros que a crise mundial de energia não é assunto apenas de países ricos gastadores ou de países muito pobres. A nossa situação, um tanto peculiar por nossa dependência quase exclusiva de energia hidrelétrica, deteriorou-se rapidamente por causa da conjunção de dois fatores. O primeiro foi a patente falta de visão do governo, que não investiu em produção durante anos, seja na geração hidrelétrica, seja na térmica, a despeito do aumento crescente do consumo e dos constantes avisos de especialistas da área. Por exemplo, em 1996 o Ministério das Minas e Energia encomendou um estudo para um consórcio liderado pela extinta Coopers & Librand Consultoria, cujo resultado apontava para o risco muito alto de déficit de eletricidade no final da década de 1990. Na época, a armazenagem média máxima das hidrelétricas já estava caindo paulatinamente. Em 1994 era de 92%, saltando para 87% em 1995 e atingindo 78% em 1996.

O segundo foi um período de seca intensa no país, sem igual em muitos anos, que causou uma queda significativa no nível d'água dos reservatórios das usinas hidrelétricas. Essa situação repetiu-se entre 2013-2015, com níveis de reservatórios chegando a valores próximos ou até abaixo do ponto morto.

Com o programa de racionamento instituído em maio de 2001, sob críticas severas de todos os setores da sociedade, o governo resolveu correr atrás do prejuízo, incentivando por todo o País a construção de dezenas de usinas, principalmente as termoelétricas a gás, que, devido ao tempo de construção bem menor do que o das hidrelétricas, podem auxiliar a curto prazo no aumento de oferta de energia. O plano de aumento da oferta previa ainda importação de energia, basicamente da Argentina, a ampliação das linhas de transmissão (mais 6 mil km), além da construção de pequenas centrais elétricas, usinas de cogeração e a produção de energia eólica.

A Petrobras já tinha alterado desde 2000 o seu posicionamento estratégico, passando de empresa petrolífera para empresa de energia, com a intenção de criar mercados para o gás natural e participar de vários projetos de termoelétricas. As fontes de gás natural que a empresa gerencia englobam desde as áreas de produção domésticas até gás natural vindo de fora, como o da Bolívia, escoado pelo gasoduto Bolívia-Brasil, que ela construiu. Com 3.150 km de extensão e capacidade para transportar até 30 milhões de m^3 por dia, fornece gás para várias indústrias e abastecerá as usinas termoelétricas em fase de construção. A Figura 17 mostra a evolução do consumo de gás natural no Brasil. Entretanto, com a recente política boliviana de nacionalização da indústria e de aumento dos preços de exportação de gás, o Brasil teve que rever a sua estratégia.

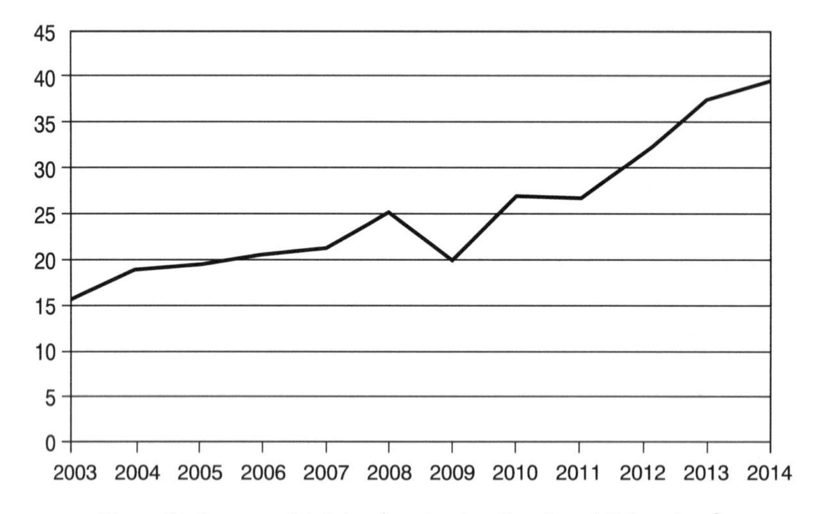

Figura 17. Consumo total de gás natural no Brasil em bilhões de m^3.

Fonte: BP, 2014; 2015.

Uma consequência preocupante desse *boom* de construção de usinas geradoras de energia são as tentativas de flexibilização dos procedimentos para a aquisição de licenças ambientais para economizar tempo. Os estudos de impacto ambiental são particularmente importantes no caso das hidrelétricas por causa da grande área de inundação requerida pelos projetos.

Usos futuros para o gás natural

O transporte de gás natural através de tubulações tem um inconveniente sutil: a sua natureza gasosa faz com que ele tenha uma densidade energética bem menor do que combustíveis líquidos, e o preço a pagar fica na conta do bombeamento, mais caro. Em se tratando de fornecimento para termoelétricas e outras indústrias que o queimam, nada há que fazer a respeito; porém existe um uso potencial do gás natural ainda pouco explorado, mas que num futuro próximo pode ser largamente difundido: a sua transformação em combustíveis líquidos como gasolina e diesel. Esse processo traria vários benefícios, entre eles:

- a redução no desperdício de gás natural associado, que frequentemente é queimado ou então, mais raramente, bombeado para o subsolo nas áreas de produção de petróleo;
- a diminuição da contribuição para o efeito estufa promovido pelas companhias de petróleo que queimam gás natural;
- a diminuição da dependência de petróleo para a produção de combustíveis.

Além disso, os combustíveis líquidos fabricados a partir de gás natural contêm naturalmente teores muito baixos de contaminantes; misturados aos combustíveis produzidos pelo refino de petróleo, geralmente mais carregados com enxofre e nitrogênio por exemplo, auxiliariam na adequação das suas especificações, que tendem a ficar cada vez mais restritivas com a evolução de leis ambientais. O único impedimento para a adoção em larga escala da produção de combustíveis líquidos a partir do gás natural é o custo. Para transformar moléculas pequenas e estáveis como o metano em moléculas maiores, por exemplo, o octano, presente na gasolina, é necessária uma injeção de energia. Para os leitores mais afeitos a processos químicos, o Quadro 4 explica como se dá a produção de combustíveis líquidos.

O único impedimento para a adoção em larga escala da produção de combustíveis líquidos a partir do gás natural é o custo. Para transformar moléculas pequenas e estáveis como o metano em moléculas maiores, por exemplo, o octano, presente na gasolina, é necessária uma injeção de energia

Quadro 4. Produção de combustíveis líquidos a partir de gás natural

Inicialmente o gás natural passa por um processo chamado de reforma a vapor. A mistura aquecida de gás e vapor d'água entra em contato com um catalisador baseado em níquel, que facilita a reação, descrita a seguir para o metano:

$$CH_4 + H_2O \rightarrow CO + 3\,H_2$$

A mistura de monóxido de carbono (**CO**) e hidrogênio (**H_2**) formada chama-se gás de síntese. Esse gás passa então por outro processo, desenvolvido por Franz Fischer e Hans Tropsch em 1923 e conhecido como método Fischer-Tropsch, com base no uso de um catalisador feito de cobalto, níquel ou ferro. Das reações promovidas pelo catalisador, emergem os combustíveis líquidos, e a temperatura da reação dita o tipo de combustível produzido. Por exemplo, temperaturas entre 330 °C e 350 °C produzem principalmente gasolina e olefinas, que são matérias-primas para a fabricação de plásticos. Já a temperaturas menores, entre 180 °C e 250 °C, os produtos são o diesel e a cera.

Esse quadro pode mudar rapidamente, pois, com a tecnologia atual, o custo do combustível produzido por gás é apenas 10% maior que o produzido por refino de petróleo; portanto, não é necessário algo novo ou revolucionário para torná-los competitivos, mas apenas pequenas melhorias nas tecnologias disponíveis.

ABANDONANDO A QUEIMA

Pedir para que a nossa sociedade industrial renuncie aos combustíveis fósseis em prol do meio ambiente soa absurdo em vista de dois fatores principais: a alta taxa de consumo energético *per capita* das nações do dito Primeiro Mundo, num patamar que é visto como referência pelos países mais pobres, e a dificuldade de se encontrarem alternativas tão cômodas (e consequentemente baratas) quanto o petróleo, o carvão e o gás natural. Além disso, as altas taxas de crescimento econômico de países da Ásia e América Latina, acopladas a um crescimento populacional superior ao de outras regiões (ver mais detalhes no Capítulo 9), irá, com certeza, puxar o consumo de fósseis nos próximos anos.

O consumo mundial de carvão passou de 2,61 bilhões de toneladas em 2003 para 3,87 bilhões de toneladas em 2014. Para o gás natural, os valores são de 2,60 trilhões de m^3 em 2003 e 3,39 trilhões de m^3 em 2014. Finalmente, o consumo mundial de petróleo saltou de 80,22 milhões de barris por dia em 2013 para 92,08 milhões de barris por dia em 2014. Esses números ilustram a crescente demanda mundial por combustíveis fósseis, uma tendência que não deve se reverter tão cedo.

Enxergando os combustíveis fósseis como um todo, há três abordagens possíveis ao combate ao efeito estufa: a primeira é o captura e sequestro de CO_2, que pode ser feita via captura na atmosfera (plantação de árvores, por exemplo, mantendo o carbono sob a forma de madeira), ou em importantes fontes como poços de produção de petróleo, seguida de sequestro pela reinjeção nos poços. Outra alternativa, mais viável economicamente nas grandes indústrias e em automóveis, é o aumento da eficiência energética, que permite realizar o mesmo trabalho ou processo com menos queima (e consequentemente menos emissão). Finalmente, há a alternativa de usar outras fontes de energia que não produzem gases de efeito estufa.

Alternativas que não envolvem combustão existem, mas cada uma tem a sua própria limitação, muitas vezes traduzida num custo maior de produção. Entretanto, como veremos, o papel do Estado na concessão ou supressão de subsídios pode contribuir em muito para o amadurecimento de novas fontes de energia, que, uma vez adquirindo certo tamanho, conseguem baratear o seu produto via economia de escala, como acontece em qualquer empreendimento comercial. Em 2015, o grupo do G7, os países mais industrializados e economicamente desenvolvidos, emitiu uma carta de intenções, na qual prometem descarbonizar as suas matrizes energéticas até 2050 e banir o uso de combustíveis fósseis até 2100. Embora seja encorajador, esse passo não pode ser levado muito a sério, pois a história ensina que 85 anos é tempo demais para a previsão confiável de eventos e tendências geopolíticos, econômicos e tecnológicos.

Vamos inaugurar o estudo de fontes alternativas com a mais potente, perigosa e, consequentemente, mais controvertida delas: a energia nuclear.

ENERGIA NUCLEAR

A energia nuclear começou a ser explorada para a geração de energia elétrica na segunda metade do século XX e constitui hoje uma fonte importante para vários países, como a França, onde cerca de 77% da energia elétrica é gerada em usinas nucleares, e os Estados Unidos, que mantêm 104 usinas em operação, produzindo 20% da energia elétrica consumida pelos americanos, que não construíram nenhuma usina nova desde 1978. Contudo, o programa americano de aumento de oferta de energia prevê a construção de novas usinas, e as autoridades já aprovaram os projetos que levam em conta inovações tecnológicas, tornando as novas instalações mais baratas e seguras.

A energia nuclear advém do fato de que certos elementos pesados existentes na natureza em minérios, como o urânio, são instáveis (ou radioativos), transformando-se espontaneamente em elementos mais leves e, nesse processo, emitindo radiação de alta energia. Numa usina nuclear, grandes quantidades de urânio são induzidas artificialmente à quebra (ou fissão) no reator, gerando uma grande quantidade de calor, que produz vapor de alta pressão, o qual, por sua vez, alimenta uma turbina a vapor acoplada ao gerador elétrico.

A energia atômica tem a vantagem de não promover o efeito estufa [...]. O problema é que, além da energia, há a inevitável e contínua geração de elementos mais leves e também radioativos, que não podem ser aproveitados nem expostos ao contato com organismos vivos

Pela perspectiva ambiental, a energia atômica tem a vantagem de não promover o efeito estufa, pois o seu ciclo é fechado – o vapor que gera energia elétrica na turbina volta à fase líquida e posteriormente é realimentado ao reator nuclear. O problema é que, além da energia, há a inevitável e contínua geração de elementos mais leves e também radioativos, que não podem ser aproveitados nem expostos ao contato com organismos vivos. Enquanto parte integrante do sistema de geração, esses elementos oferecem um grande perigo no caso de vazamentos. Uma vez separados do sistema, entram na categoria de lixo radioativo. A potência destrutiva dos elementos radioativos tem três causas básicas:

1. A radiação que emitem é muito forte, o suficiente para penetrar nos núcleos das células dos organismos vivos e danificar o DNA, causando doenças degenerativas como o câncer;
2. Alguns dos elementos radioativos do lixo são isótopos de elementos usados nos processos biológicos. O isótopo de um elemento qualquer se comporta quimicamente de forma idêntica, embora o seu núcleo contenha diferenças. Por exemplo, o iodo, elemento essencial para o organismo humano e cuja falta ocasiona doenças como o bócio, tem um isótopo radioativo produzido pela fissão, chamado Iodo-131, que uma vez solto no ambiente é absorvido pelos organismos, enganados pelo fato de que quimicamente ele é idêntico ao iodo não radioativo. Como consequência, o câncer de tireoide é um dos mais comuns nos eventos de contaminação radioativa. A Tabela 6 mostra os riscos dos principais elementos radioativos;
3. A sua vida é longa e, até que eles desapareçam, transformando-se em elementos estáveis, podem produzir um estrago enorme.

Tabela 6. Substâncias radioativas produzidas nas usinas nucleares

SUBSTÂNCIA	FONTE PRINCIPAL	MEIA-VIDA FÍSICA APROXIMADA	PRINCIPAIS EFEITOS EM SERES HUMANOS
Iodo-131	Reatores	8 dias	Câncer da tireoide
Cobalto-60	Reatores	5 anos	Tumores no fígado, ossos e pulmões
Estrôncio-90	Reatores	28 anos	Câncer de ossos
Césio-137	Reatores	30 anos	Ataca as fibras musculares
Rádio-226	Natureza	1.602 anos	Descalcifica os ossos
Plutônio-238	Reatores e armas nucleares	24.368 anos	Age no organismo inteiro Provoca ainda leucemia e câncer pulmonar
Urânio-235	Reatores e armas nucleares	2 milhões de anos	Age no organismo inteiro

O lixo nuclear é classificado por um padrão internacional em três categorias:

- **Alta radioatividade** – constituído pelo combustível gasto dos reatores. O seu nível de radiação exige que fique isolado do ambiente por milhares de anos;
- **Média radioatividade** – é formado por equipamentos e materiais que retiram impurezas radioativas do circuito fechado de água que passa pelo reator e aciona as turbinas;
- **Baixa radioatividade** – é o que representa a maioria em volume produzido, contribuindo com mais de 80% do total; dessa categoria fazem parte roupas, ferramentas e qualquer coisa que tenha tido contato com material radioativo nas operações rotineiras; depois de algum tempo de confinamento, parte desse material pode ser reaproveitada.

A construção de instalações especiais para o depósito de lixo atômico é uma exigência, e hoje existem centenas delas, projetadas de acordo com condições geológicas, meteorológicas, demográficas etc., de forma que o material não ofereça perigo ao meio ambiente. A maioria esmagadora fica na superfície terrestre ou próxima dela, sendo constituída por prédios ou por valas em terrenos com camada de argila de baixa permeabilidade e/ou baixo índice pluviométrico. São usadas para abrigar o lixo de baixa e média radioatividade. O lixo de alta radioatividade é normalmente estocado em minas antigas de ferro e sal a centenas de metros abaixo da superfície, em cavernas, e mesmo no fundo do mar, em fossas abissais.

O lixo de alta radioatividade é normalmente estocado em minas antigas de ferro e sal a centenas de metros abaixo da superfície, em cavernas, e mesmo no fundo do mar, em fossas abissais

Mas, apesar do perigo potencial do lixo, até hoje não ocorreram eventos de contaminação ligados aos depósitos (pelo menos não que tenham sido noticiados). Já os vazamentos radioativos das próprias usinas têm um passado sombrio, e as marcas do desastre de Chernobyl (Figura 18), classificado como o pior desastre ambiental da história, ocorrido há quase 30 anos, ainda são visíveis.

Figura 18. Usina nuclear de Chernobyl.

Em Chernobyl, após o acidente de 1986, uma área em um raio de até 30 km está abandonada.

Fonte: www.ourtimelines.com.

Chernobyl era uma cidade localizada na Ucrânia, a cerca de 100 km da capital Kiev, que abrigava um complexo de reatores nucleares. Em 26 de abril de 1986, numa conjunção de falhas de projeto e erros humanos, o reator número 4 explodiu, destruindo a estrutura de contenção e expondo ao ambiente, pelos gases do incêndio que se seguiu, uma quantidade enorme de elementos radioativos, avaliada em centenas de vezes a que foi liberada no ataque atômico a Hiroshima e Nagasaki. Os ventos trataram de espalhar o material a milhares de quilômetros de distância, contaminando, além da Ucrânia, a Bielo-Rússia, Polônia, Alemanha, Suécia, Turquia e outros países. Até nos Estados Unidos e Japão a radiação pôde ser discernida no ambiente.

O governo (soviético na época) tentou inicialmente esconder do mundo a tragédia, mas em pouco tempo, já sem esperanças de conseguir controlar o incêndio, revelou o que estava acontecendo e pediu ajuda internacional. A radioatividade causou óbitos por câncer, contaminou áreas de cultivo e pastagens, destruiu colheitas inteiras e estoques de leite. Muitos morreram combatendo o incêndio, e povoados inteiros foram evacuados das cercanias da usina, cujo reator exposto foi selado com uma estrutura de concreto de 10 andares, chamada de sarcófago. Em dezembro de 2000 todo o complexo de Chernobyl acabou sendo desativado.

As estimativas de óbitos relacionados ao acidente são contraditórias, mas giram em torno de 30 mil pessoas, e o número cresce à medida que novos casos de câncer vão surgindo. Hoje, toda a área em um raio de até 30 km de Chernobyl está, em essência, desabitada, e é considerada uma das regiões radioativas mais perigosas do mundo. Ali foram cavadas às pressas cerca de 800 valas, onde material altamente radioativo foi enterrado. Elas são provavelmente o agente responsável pela contaminação dos sedimentos do rio Dnieper e do seu tributário, o rio Pripyat, que suprem de água uma população de cerca de 30 milhões de pessoas.

Os problemas nucleares que a antiga União Soviética deixou para os russos não se limitam aos efeitos do desastre de Chernobyl. Com o afundamento do submarino nuclear Kursk em 12 de agosto de 2000 no mar de Barents, o mundo começou a olhar com mais preocupação as dificuldades financeiras que os russos têm para manter os seus equipamentos de guerra que usam energia atômica. No caso particular da marinha, a maior parte da antiga frota soviética está encalhada em portos, principalmente no de Murmansk, onde, além dos mais variados tipos de navios, encontram-se dezenas de submarinos nucleares desativados. Apesar de os mísseis nucleares terem sido retirados, os reatores nucleares com material altamente radioativo continuam intocados, tornando essa sucata à mercê dos elementos um risco ambiental.

O segundo acidente nuclear mais sério ocorreu recentemente, em 2011, na Central Nuclear de Fukushima, Japão, após um forte terremoto seguido de tsunami. O derretimento de três dos seis reatores da usina forçou a evacuação da população de uma grande área; as pessoas já sofriam com as consequências do terremoto e do tsunami, que deixaram um saldo de 13.333 mortes confirmadas e 16.000 desaparecidas. Apesar disso e de outros acidentes menores no passado, os presidentes americanos George Bush e Barack Obama apostaram na tecnologia nuclear para gerar energia sem emissão de gases de efeito estufa, e a Comissão Reguladora de Energia Nuclear dos Estados Unidos está revendo propostas para a construção de 22 reatores adicionais, além dos 104 já em operação. Estima-se que hoje a energia nuclear forneça um sexto da eletricidade no mundo.

No Brasil, o programa nuclear foi iniciado em 1976 e previa a construção de oito usinas. Hoje administrado pela Eletrobrás Termonuclear S.A. (Eletronuclear), o programa conta com duas usinas instaladas na cidade fluminense de Angra dos Reis, Angra I, inaugurada em 1981, e Angra II, que começou a funcionar em 2000. Os sistemas de geração usados são modernos e não se comparam ao sistema de Chernobyl, mas a questão do lixo nuclear aguarda uma solução definitiva, enquanto tonéis de aço e cilindros de concreto, guardando o lixo de baixa e média radioatividade respectivamente, são estocados em galpões construídos dentro do complexo. O de alta radioatividade é mantido, também a título provisório, em uma piscina revestida de aço inoxidável dentro do prédio do reator de Angra II.

No Brasil, o programa nuclear foi iniciado em 1976 e previa a construção de oito usinas. Hoje administrado pela Eletrobrás Termonuclear S.A. (Eletronuclear), o programa conta com duas usinas instaladas na cidade fluminense de Angra dos Reis, Angra I, inaugurada em 1981, e Angra II, que começou a funcionar em 2000

Com a crise de energia elétrica no Brasil, agravada pela seca de 2013-2015, que comprometeu o sistema hidrelétrico, o projeto de Angra III ganhou força. Além do estímulo da crise, o desempenho de Angra II também contribuiu para animar as autoridades. Planejada para operar numa potência de 1.309 MW, hoje ela superou essa marca, atingindo 1.350 MW. Outro ponto a favor do programa nuclear brasileiro é a posição privilegiada do Brasil quanto às reservas de urânio. Com apenas um terço do nosso território prospectado, ocupamos a sexta posição mundial em reservas, com cerca de 309.370 toneladas de urânio. As Usinas Angra I e II consomem anualmente 50 toneladas de urânio enriquecido, e a usina Angra III, ainda sem previsão de funcionamento pelo governo, consumiria 35 toneladas por ano. Recentemente, a energia nuclear tem sido apontada como uma alternativa importante no combate ao efeito estufa, e pessoas proeminentes como o cientista James Lovelock vão além, argumentando que ela é não apenas importante, mas crucial, para a sobrevivência da civilização. No esteio dessa "reabilitação", projetos de novas usinas estão sendo desenvolvidos em vários países. Há 33 reatores nucleares em construção no mundo para produção de energia elétrica, e 440 em operação.

Imitando o Sol

No início do Universo, há cerca de 15 bilhões de anos, a tabela periódica dos elementos era reduzida a praticamente dois deles: hidrogênio e hélio. O enriquecimento em elementos mais pesados, como carbono, oxigênio, nitrogênio, silício e ferro, todos essenciais para a formação de planetas e da vida, se deve ao processo de fusão nuclear, que ocorre no interior das estrelas.

Uma estrela é essencialmente uma esfera gigante de hidrogênio (o Sol tem um diâmetro de 1.400 mil km, ao passo que o da Terra é de 12,7 mil km), que tende a se contrair por causa da enorme força da gravidade. Essa contração produz altas pressões e temperaturas no interior (200 bilhões de atmosferas e 15 milhões de graus Celsius para o caso do Sol) tão altas que os núcleos de hidrogênio acabam se fundindo e formando núcleos de hélio (ver Figura 19). A fusão produz muita energia, sob a forma de raios gama, que formam uma contrapressão e impedem que a estrela colapse. A massa gasosa acaba atingindo um ponto de equilíbrio e um tamanho definido. Ou seja, uma estrela pode ser vista como uma bomba nuclear sob controle.

Uma estrela é essencialmente uma esfera gigante de hidrogênio (o Sol tem um diâmetro de 1.400 mil km, ao passo que o da Terra é de 12,7 mil km), que tende a se contrair por causa da enorme força da gravidade

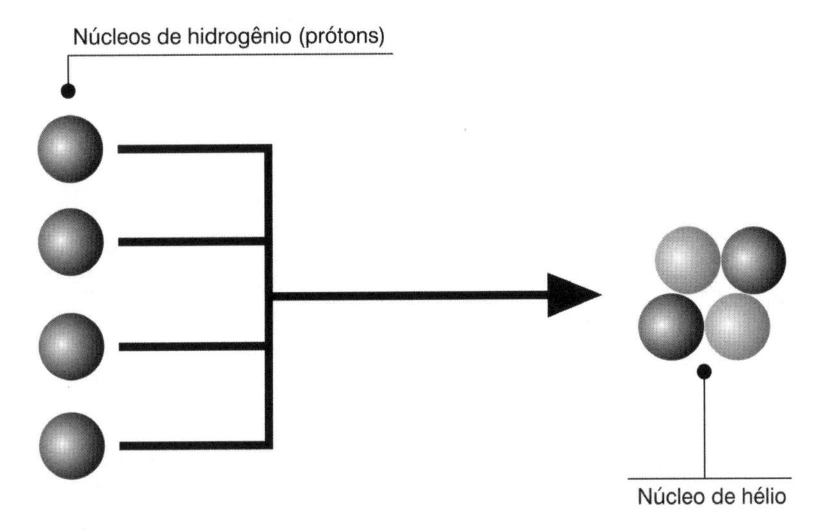

Figura 19. Esquema simplificado da fusão de núcleos de hidrogênio.

As bolas mais escuras representam núcleos de hidrogênio (prótons), e as bolas mais claras representam nêutrons.

A fusão produz, além do núcleo de hélio, grande quantidade de energia e partículas subatômicas (neutrinos e pósitrons); esse processo ocorre no núcleo do Sol.

Os raios gama liberados no núcleo fazem um caminho tortuoso em direção à superfície da estrela, interagindo com muitos núcleos de hidrogênio e perdendo energia nesse processo. Ao chegarem à superfície, perderam tanta energia que deixaram de ser raios gama, tornando-se luz visível, vital para a nossa existência.

À medida que a estrela envelhece, os átomos de hélio se fundem para produzir carbono, que por sua vez se funde com hélio para produzir oxigênio etc. No final da vida da estrela, parte de sua massa é expelida para o espaço interestelar, onde novas estrelas nascerão. Só que essa massa, ainda dominada pelo hidrogênio, possui uma fração de elementos mais pesados. Foram necessárias algumas gerações de estrelas até que o enriquecimento de elementos pesados no espaço interestelar fosse suficiente para formar estrelas com planetas. A Terra e a maioria da massa de todos os seres vivos são, em essência, formadas pelos resíduos de antigas gerações de estrelas.

A fusão de elementos só gera energia até a formação de ferro; os elementos mais pesados que ele consomem energia na fusão, sendo formados basicamente no final violento de estrelas muito grandes. A princípio, portanto, o homem teria duas opções para o uso de energia nuclear: a fissão de elementos pesados ou a fusão de elementos leves.

Ora, hidrogênio é o que não falta na Terra, pois a água é formada por hidrogênio e oxigênio. Além disso, a fusão de hidrogênio traz outro benefício valioso: os produtos da fusão não são radioativos, o que eliminaria a preocupação com o famigerado lixo nuclear. Essa energia nuclear "limpa" seria a solução permanente do problema energético mundial. O problema é que é muito mais fácil quebrar um núcleo pesado e instável como o urânio do que fundir um núcleo leve e estável como o hidrogênio. Basicamente, teríamos que imitar o Sol, que espreme os átomos por conta da pressão e temperatura elevadíssimas no núcleo. Entretanto, ao passo que no Sol a gravidade produz essas condições extremas e necessárias, na Terra precisamos dar outro jeito, já que não sabemos como produzir artificialmente força gravitacional.

Hidrogênio é o que não falta na Terra, pois a água é formada por hidrogênio e oxigênio. Além disso, a fusão de hidrogênio traz outro benefício valioso: os produtos da fusão não são radioativos, o que eliminaria a preocupação com o famigerado lixo nuclear

O artifício tradicionalmente usado nos laboratórios é o confinamento dos núcleos de hidrogênio (preferencialmente de deutério e trítio, isótopos do hidrogênio mais facilmente fundidos), nas máquinas chamadas de tokamak, projetadas pela primeira vez na Rússia. Entretanto, até hoje, apesar de a fusão controlada ter sido obtida nesses aparelhos, eles ainda não se viabilizaram como fonte de energia, já que a energia gasta para criar os campos magnéticos e espremer os átomos é maior do que a energia liberada nos breves momentos em que a fusão ocorre. Um projeto gigantesco denominado International Thermonuclear Experimental Reactor (Iter), criado pela Agência Internacional de Energia Atômica nos anos 1980, está em andamento. Os parceiros atuais são a União Europeia (que arca com 45,5% dos custos), o Japão, a China, a Índia, a Coreia do Sul, a Rússia e os Estados Unidos (o Brasil é sócio minoritário). O Iter será construído no sul da França. Estima-se que a construção termine em 2018 e que os primeiros testes de fusão comecem em 2026. Entretanto, o projeto tem enfrentado obstáculos e seguidas elevações de custos, que já chegaram à casa dos 20 bilhões de dólares.

Outras abordagens estão sendo estudadas. Uma delas é o uso de pulsos de raios *laser* de alta potência para comprimir os núcleos de hidrogênio com a pressão de radiação, o mesmo princípio que impede que o Sol desabe sobre si mesmo sob a influência da gravidade. Mas até agora não podemos contar com essa fonte de energia por excelência, e é possível que ela não esteja disponível por várias décadas.

AS FONTES DE ENERGIA RENOVÁVEL

A fome de energia do mundo está longe de ser saciada. Estima-se que, entre o final dos anos 1990 e 2020, o consumo de energia deverá subir quase 60%, e a maior parte do acréscimo ocorrerá nos países em desenvolvimento. Os combustíveis fósseis deverão suprir a maioria do aumento da demanda, agravando os problemas ambientais já discutidos e tornando tais produtos mais caros e sujeitos à instabilidade no fornecimento. Os estoques de combustíveis fósseis e de material físsil para as usinas nucleares são limitados e, portanto, fadados a desaparecer mais cedo ou mais tarde, dependendo da intensidade de utilização.

Já as fontes renováveis de energia estão à nossa volta desde que o mundo é mundo e detêm um potencial significativo, além da vantagem de poderem ser exploradas com consequências ambientais quase insignificantes, sem a alteração da composição da atmosfera ou a criação de lixo nuclear. Embora a maioria dos recursos gastos anualmente em infraestrutura de energia seja destinada a fontes convencionais, houve avanços consideráveis no campo de energia renovável. Segundo o BP Statistical Review of World Energy 2015, por exemplo, entre 2004 e 2014, o consumo de energia renovável mundial, sem contar a hidroeletricidade, passou de 75,7 para 316,9 milhões de toneladas de petróleo equivalente.

Entre 2004 e 2014, o consumo de energia renovável mundial, sem contar a hidroeletricidade, passou de 75,7 para 316,9 milhões de toneladas de petróleo equivalente

A energia solar, que pode ser convertida diretamente em eletricidade por células fotovoltaicas ou usada para aquecimento, é a mãe de todas as outras fontes de energia, renováveis ou não, com exceção da nuclear, geotérmica e de marés. Afinal, os ventos, as chuvas e as ondas do mar só existem por causa do aquecimento da superfície terrestre pelo Sol, que também forneceu energia para os organismos que se tornaram combustíveis fósseis. No caso das células fotovoltaicas, converte-se energia radioativa diretamente em energia elétrica, e para as outras três a conversão é de energia mecânica (a força do vento, das quedas d'água e das ondas movimenta os geradores elétricos) para energia elétrica.

Apesar de disperso, o montante total de energia solar que alcança a Terra é fabuloso. A cada ano, a superfície terrestre recebe energia solar equivalente a cerca de 10 vezes a contida em todas as reservas conhecidas de carvão, petróleo, gás natural e urânio. Entretanto, a exploração da energia solar direta apresenta alguns inconvenientes, e o maior deles é o preço das células fotovoltaicas, que ainda é alto e torna a geração mais cara do que todas as fontes, convencionais ou não, de energia.

Além disso, requer uma área extensa de coleta, está sujeita aos ciclo do dia e noite e à variabilidade da cobertura de nuvens, e a eficiência depende da latitude em questão, pois, quanto mais alto o Sol, menos energia solar será absorvida pela atmosfera no seu percurso até o equipamento de coleta. Apesar disso, a geração de energia elétrica por células fotoelétricas teve um salto significativo entre 2002 e 2012, segundo o U.S. Energy Information Administration (EIA, 2014) quando o total gerado passou de 1,7 bilhão de kWh para 96 bilhões de kWh. As pesquisas continuam dando impulso a sistemas mais eficientes e baratos. Por exemplo, uma companhia australiana foi a primeira a desenvolver células fotovoltaicas que podem ser incorporadas nas paredes de vidro de prédios. Quando a luz incide sobre o vidro, de qualquer ângulo, gera eletricidade.

A energia hidrelétrica é a mais barata, se comparada às fontes convencionais e renováveis (ver Tabela 7). Consequentemente, é também a energia renovável mais usada, respondendo por cerca de 16% da energia elétrica produzida no mundo. No Brasil, esse valor salta para 68,6% (em 2013, segundo o Anuário Estatístico de Energia Elétrica, 2014), e mesmo com a recente corrida às termelétricas, promovidas para tirar o Brasil da crise energética (a geração elétrica no Brasil usando gás natural atinge o segundo lugar em 2013, com 12,1%), a energia hidrelétrica continuará sendo a nossa principal fonte por muito tempo. Temos uma capacidade instalada de 44,6 mil MW (46 GW) e uma das maiores hidrelétricas do mundo, Itaipu, no rio Paraná, cuja potência de 12,6 GW é em princípio repartida meio a meio com o Paraguai, o outro sócio da empreitada, que na prática necessita de uma pequena fração de sua fatia e acaba exportando o excedente para nós.

A energia hidrelétrica é a mais barata, se comparada às fontes convencionais e renováveis (ver Tabela 7). Consequentemente, é também a energia renovável mais usada, respondendo por 16% de toda a energia elétrica produzida no mundo

Segundo os especialistas, o potencial para grandes centrais hidrelétricas está se esgotando nas regiões Sul, Sudeste e Centro-Oeste, restando a região Norte, onde a exploração esbarra na existência da floresta amazônica e no longo percurso (cerca de 4 mil km até a região Sudeste) de linhas de transmissão para levar a energia aos centros consumidores.

Tabela 7. Custo de geração elétrica (operacional + manutenção + combustível) de companhias geradoras de energia dos Estados Unidos (em centavos de dólar por kWh)

ANO	NUCLEAR	FÓSSIL	HIDRO	GÁS
2004	18,93	24,31	6,60	51,59
2006	19,57	29,85	6,46	59,56
2008	21,37	35,75	9,67	70,72
2010	23,98	35,76	9,15	48,74
2012	27,42	37,20	11,34	35,67

Fonte: EIA, 2014.

Se, de um lado, a construção de usinas hidrelétricas de pequeno porte não tem um impacto ambiental significativo, de outro, o mesmo não pode ser dito para os grandes projetos, que requerem a inundação de áreas extensas, muitas vezes com vegetação densa, que irá apodrecer sob as águas e liberar muito gás carbônico e metano. Além disso, a perda de biodiversidade, o êxodo de cidades e povoados, a alteração do clima local e a diminuição da população de peixes que migram e deparam com barragens intransponíveis são fatores que vêm levando a opinião pública a se posicionar contra novos megaprojetos de hidrelétricas. O caso mais criticado no momento é o da hidrelétrica chinesa de Três Gargantas, no rio Yang-Tsé, que se tornou a maior hidrelétrica do mundo, com capacidade de geração 50% superior à de Itaipu. O lago da usina tem cerca de 600 km de comprimento e submergiu várias cidades e vilarejos, obrigando à remoção de milhões de pessoas.

As obras da usina de Belo Monte, um projeto gigantesco no rio Xingu, também são cercadas de controvérsias. Elas chegaram a ser suspensas em 2001 em razão de irregularidades e, mesmo em 2015, muitos setores apontam falhas nas obras, que ainda não terminaram. Em junho de 2015, por exemplo, o Instituto Socioambiental lançou um dossiê apontando erros e equívocos no planejamento e construção.

Estima-se que 0,25% da energia solar que alcança as camadas mais baixas da atmosfera é convertida em energia eólica. Essa foi a energia renovável que mais cresceu nos anos 1990, com 24% de aumento anual, graças principalmente à queda do custo das turbinas a vento e à política de países europeus, que vêm apoiando essa indústria. Portanto, não é coincidência que, dos dez países que mais usam energia eólica, seis sejam europeus. Segundo a World Wind Energy Association (WWEA, 2015), no final de 2013, esses dez países foram: China, com 91 gigawatts (GW); EUA, com 61 GW; Alemanha, com 35 GW; Espanha, com 23 GW; Índia, com 20 GW; Reino Unido, com 11 GW; Itália, com 9 GW; França e Canadá, com 8 GW cada; e Dinamarca, com 5 GW. O Brasil vem em décimo terceiro, com 3,4 GW que responderam por 1,2% da geração total de energia elétrica no país. O total mundial foi de 319 GW (ver Figura 20). Segundo o Atlas do potencial eólico do território brasileiro, lançado em 2001 pelo Ministério de Minas e Energia e Eletrobrás, o potencial eólico de todo o território nacional é da ordem de 143 GW, com as melhores áreas no interior da Bahia e de Minas Gerais, no litoral do Ceará ao Rio Grande do Norte, litoral sul, e norte de Roraima. Ou seja, ainda realizamos menos de 3% do nosso potencial, o que representa um nicho de oportunidade diante da estagnação da energia hidrelétrica. Devemos nos lembrar de que esse potencial é em terra, onde a instalação de turbinas é mais barata.

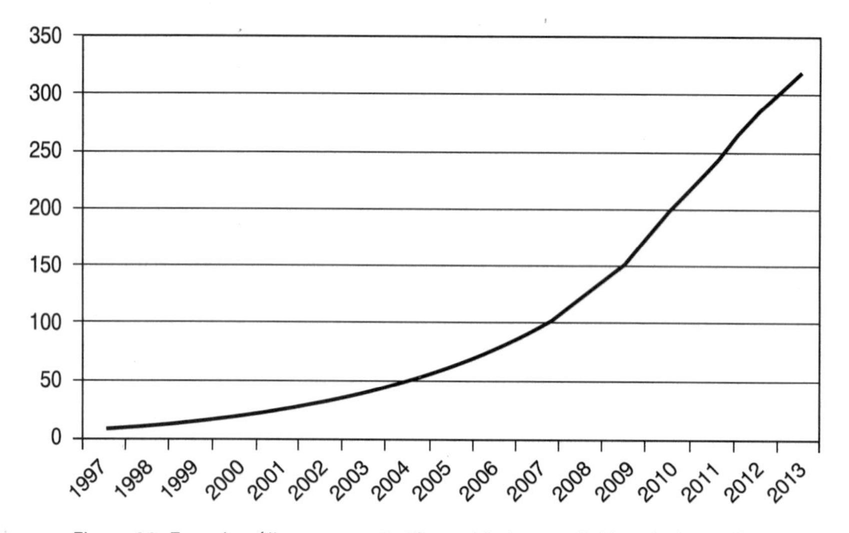

Figura 20. Energia eólica no mundo (Capacidade mundial instalada em GW).

Fonte: World Wind Energy Association.

Somando-se a essas fontes, existem ainda a geotérmica, produzida pelo calor do interior da Terra, e a de biomassa, que aproveita gases produzidos pela decomposição orgânica, como o metano, para aquecer caldeiras, ou então, numa via mais direta, porém menos eficiente, queimar o material orgânico.

O leitor pode, nesse ponto, pensar que a energia de biomassa não se enquadra na categoria de renováveis, já que vai queimar o metano ou matéria orgânica e produzir o famigerado dióxido de carbono. Todavia, é preciso lembrar que a decomposição orgânica faz parte do ciclo biológico do carbono, e que o carbono nela contido estava na forma de dióxido de carbono antes de ser retirado da atmosfera pelo processo de fotossíntese.

Raciocínio semelhante pode ser estendido, por exemplo, ao álcool nacional produzido como um complemento para a gasolina. O carbono contido no álcool foi retirado da atmosfera pelo processo de fotossíntese da cana-de-açúcar; portanto, ao queimá-lo, estamos só fechando um ciclo natural. O problema ambiental do Proálcool brasileiro reside no fato de que a grande quantidade de cana necessária para a produção de combustíveis ocupa um espaço de plantio enorme, muitas vezes devorando áreas ecologicamente sensíveis e importantes, como a Mata Atlântica. Além disso, conflitos políticos em torno do preço do álcool levaram essa opção a um nível baixo de aceitação pública. Nos Estados Unidos, a iniciativa de produção de álcool combustível a partir do milho ganhou impulso com a determinação do governo de suprir 10% dos veículos de passageiros, tendo a produção aumentado de 190 milhões de litros em 1979 para 50 bilhões de litros em 2010. Mas na década de 2010, muitas iniciativas de biorrefinarias, algumas produzindo álcool a partir de celulose, foram malsucedidas. Apenas o etanol de milho atingiu escala comercial lá, em parte graças a subsídios da ordem de 5,68 bilhões de dólares apenas em 2010. O fato é que a produtividade da cana-de-açúcar ainda é insuperável (6.800 litros de etanol por hectare, contra 3.100 litros por hectare de etanol de milho), o que torna o Brasil um país privilegiado nesse aspecto.

O programa do Biodiesel, que usa como fonte primária uma variedade de produtos agrícolas oleaginosos, como a soja e a mamona, também entra nessa categoria e está sendo implementado no Brasil com boa repercussão internacional. Vários países, como França, Alemanha e Estados Unidos, também passaram a desenvolver seus programas de biodiesel. Em termos de produção, o Brasil tem vantagens competitivas sobre os demais países: clima favorável e 90 milhões de hectares de áreas disponíveis para ampliar a produção agrícola sem impacto nas florestas.

Além de representar economia de petróleo e apressar o fim das importações de diesel, o uso do biodiesel diminui as emissões de gases de efeito estufa, de enxofre e de material particulado (fumaça negra), ao mesmo tempo que melhora a lubrificação dos motores. Atualmente, há uma grande polêmica internacional envolvendo os biocombustíveis, que, segundo os seus críticos, competem com a produção de alimentos, deixando-os mais caros, e podem vir a deixar de ser um empreendimento sustentável se o seu cultivo for feito às expensas de áreas florestais e ecologicamente sensíveis. Mesmo estudos que concluem que não há, no momento, indícios de que os biocombustíveis causem aumento de preço de alimento cultivável advertem que a opção de biocombustível é necessariamente limitada, pois, olhando apenas sob a ótica de suprimento, mesmo se toda área atualmente plantada para alimentos, mais as áreas de florestas e prados restantes fossem convertidas para a produção de biocombustíveis, o volume não seria suficiente para suprir a demanda por combustível nos transportes.

O programa do Biodiesel, que usa como fonte primária uma variedade de produtos agrícolas oleaginosos, como a soja e a mamona, também entra nessa categoria e está sendo implementado no Brasil com boa repercussão internacional

Recentemente, a crise de energia brasileira estimulou os usineiros a investir na geração de energia de biomassa, mais especificamente pela queima do bagaço de cana, cuja energia já é usada nas usinas. A lógica é simples: cada tonelada de cana produz 240 kg de bagaço, que por sua vez tem potencial para gerar 70 quilowatts-hora, dos quais 30 quilowatts-hora são usados na produção de açúcar e álcool, e os outros 40, na qualidade de excedentes, podem ser convertidos em energia elétrica com a construção de um sistema constituído por uma turbina e um gerador elétrico.

Tirando a energia hidrelétrica, todas as outras formas de energia renovável respondem hoje por menos de 5% da produção de eletricidade no mundo (ver Figura 21), e prevê-se que nas próximas décadas elas ainda se mantenham na categoria de fontes complementares.

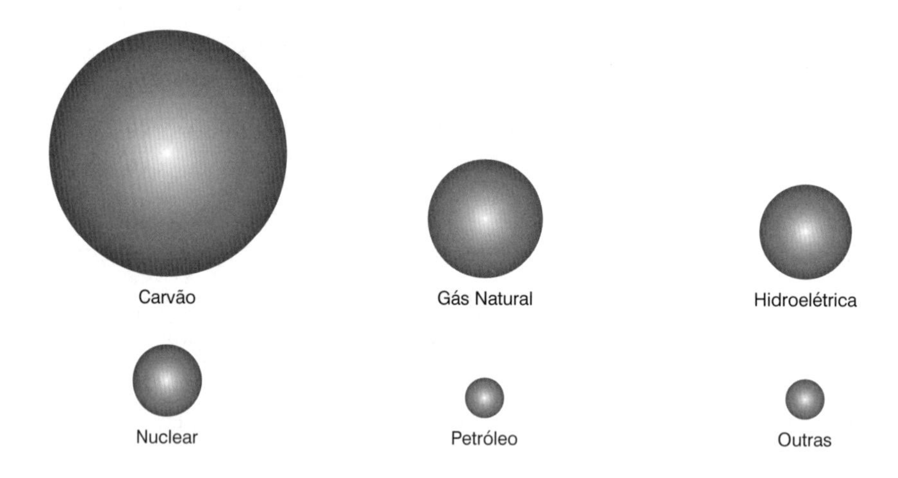

Fontes	2012	% do total em 2012
Carvão	9.166	40,4
Gás Natural	5.105	22,5
Hidroelétrica	3.676	16,2
Nuclear	2.473	10,9
Petróleo	1.139	5,0
Outras	1.139	5,0
Total	22.688	100

Figura 21. Geração de energia elétrica no mundo por fonte (em TWh).

Fonte: IEA, 2014.

Mas qual seria a utilidade dessas fontes renováveis de energia, que produzem eletricidade, para resolver o problema dos automóveis, visto que os motores de combustão interna respondem por uma fatia apreciável do consumo de petróleo e, consequentemente, da emissão de gás carbônico? A resposta pode estar nos carros elétricos, cuja fonte de eletricidade é a chamada célula de combustível a hidrogênio, um aparato eletroquímico que não difere muito da bateria, porém cujo meio eletrolítico não é ácido sulfúrico diluído em água, mas um polímero. Além disso, e o mais importante, a célula de combustível gera eletricidade à custa da oxidação de hidrogênio, um processo que forma água como subproduto. O hidrogênio pode facilmente ser obtido pela eletrólise da água, e a energia elétrica necessária para efetuar essa operação pode advir justamente das fontes renováveis discutidas.

Oxidação do hidrogênio

Descoberto pelo físico inglês William R. Grove em 1839, o processo eletroquímico de oxidação do hidrogênio permaneceu em essência uma curiosidade de laboratório, até que, na década de 1960, a Nasa começou a usá-lo para gerar eletricidade nas suas missões espaciais tripuladas, costume que perdura até hoje. No entanto, o seu uso comercial era barrado pelo alto preço, basicamente porque as células precisam de um catalisador, ou seja, uma substância que acelera a velocidade da reação, de forma que a geração de eletricidade se mantenha num nível razoável. Ocorre que o único catalisador conhecido para esse processo é a platina, um metal caro.

Descoberto pelo físico inglês William R. Grove em 1839, o processo eletroquímico de oxidação do hidrogênio permaneceu em essência uma curiosidade de laboratório, até que, na década de 1960, a Nasa começou a usá-lo para gerar eletricidade nas suas missões espaciais tripuladas

É verdade que o avanço da tecnologia barateou o processo. Em 1986, eram necessários 16 gramas de platina para cada quilowatt gerado, o que custaria cerca de US$ 180 atualmente, e hoje o mesmo quilowatt sai entre US$ 6 e US$ 8. Mas, a despeito do aumento espetacular na eficiência do uso do catalisador, a quantidade necessária ainda é considerável, em termos da produção mundial do metal. Por exemplo, se apenas 2 milhões de carros com 50 quilowatts fossem produzidos por ano (menos de 10% da produção mundial), consumiriam cerca de um terço da produção mundial de platina.

Outro problema é a alimentação de hidrogênio, um gás inflamável. Para acomodar 3 kg de hidrogênio pressurizado, o suficiente para um carro pequeno rodar 500 km, seriam necessários 180 litros de volume em um tanque. Se considerarmos o hidrogênio líquido para estocagem nos automóveis, os mesmos 3 kg de hidrogênio poderiam ser acondicionados num vaso criogênico de 100 litros e 45 kg de peso, o que é bem mais razoável. Entretanto, o processo de liquefação necessita de 30% da energia do hidrogênio. Além disso, dotar postos de distribuição de hidrogênio líquido seria um desafio tecnológico e tanto.

Todas essas considerações levam a crer que no futuro próximo os carros elétricos usarão um misto de células a hidrogênio e baterias. Considera-se também a produção *in loco* do hidrogênio mediante reforma de gás natural, gasolina ou metanol, mas o benefício econômico e ambiental se tornaria menos importante. De qualquer modo, várias empresas estão apostando nas células de combustível a hidrogênio, tanto para uso no sistema de transporte quanto para sistemas estacionários.

MELHORIAS NO SISTEMA DE TRANSPORTE

A substituição de fontes tradicionais de energia por alternativas mais vantajosas, tanto no campo ambiental quanto no econômico, já poderia ser considerada um grande avanço da civilização; mas existe uma outra estratégia, que requer apenas planejamento e mudança cultural, com grande potencial ambiental e econômico: a alteração do sistema de transporte.

Como sabemos, o transporte é o destino final de quase todo o petróleo processado no mundo, e na nossa sociedade, em que conceitos como autonomia e *status* são quase sinônimos de posse de automóveis grandes e caros, os grandes centros passaram a dedicar boa parte de seu espaço às rodovias e aos grandes estacionamentos, que são hoje uma grande influência, senão a principal delas, nas decisões a respeito de planejamento urbano.

E, à medida que as metrópoles vão sendo moldadas para acomodar o fluxo intenso de veículos, as alternativas como transporte público e pistas de ciclismo vão sendo sufocadas e o cidadão é compelido a adquirir um automóvel para poder alcançar os seus destinos, cada vez mais distantes, como os grandes *shoppings* de periferia, com segurança e rapidez, num processo autocatalítico.

Os problemas decorrentes desse estilo vão da poluição do ar (mais detalhes no próximo capítulo) à perda de *habitats* naturais e de espaço aberto, além da submissão dos motoristas e dos pedestres a uma rotina estressante que inclui engarrafamentos, poluição sonora e acidentes de trânsito. O tráfego aéreo, que no momento é o setor de transportes que mais cresce, também contribui para a emissão de gás carbônico, de poluentes atmosféricos e de ruído.

O tráfego aéreo, que no momento é o setor de transportes que mais cresce, também contribui para a emissão de gás carbônico, de poluentes atmosféricos e de ruído

Os transportes públicos, que são energeticamente menos intensivos, ou seja, gastam menos energia por pessoa por distância percorrida, têm ficado para trás (ver Tabela 8) da expansão de rodovias, e, em muitos países industrializados, notadamente os Estados Unidos, isso tem causado preocupação.

Tabela 8. Rede rodoviária e ferroviária para países selecionados

PAÍS	RODOVIAS (km)	FERROVIAS (km)
Estados Unidos	6.586.610	224.792
China	4.460.000	112.000
Rússia	1.396.000	86.000
Índia	4.865.000	65.808
Brasil	1.751.868	29.303

Fonte: Wikipedia.

O trabalho a distância, propiciado pelo advento da internet e por outras tecnologias, além da pressão por menos horas de trabalho, vem contribuindo para a diminuição do tráfego entre o trabalho e o lar, uma característica típica da sociedade industrial. Alguns estudiosos classificam essas novas tendências como revolucionárias, podendo um dia virem a remodelar a própria estrutura das metrópoles, que foram criadas em seções estanques, consistindo basicamente numa área para lazer, outra para trabalho e outra para o lar. Entretanto, até o momento essa realidade ainda está distante da maioria da população mundial urbana.

A estrutura do sistema de transporte deve ser encarada com mais seriedade ainda pelos países em desenvolvimento, visto que neles há uma parcela maior da população que simplesmente não tem meios de adquirir automóveis, tendo que utilizar os transportes públicos. Ou seja, planejar melhor o transporte, diversificando as opções e favorecendo o transporte público, não traz apenas benefícios ecológicos e econômicos, mas também sociais, o que não é de forma alguma uma coincidência. Como veremos ao longo do livro, e particularmente no Capítulo 9, as condições socioeconômicas e o estado do meio ambiente de uma região estão profundamente ligados. No Brasil, as grandes capitais estão seguindo a tendência de cidades europeias e ampliando o espaço para ciclismo que, além de evitar a emissão de gases de combustão, é um excelente exercício para as pessoas. As maiores extensões de malhas de ciclismo, em 2015, estão em Brasília (440 km), Rio de Janeiro (374 km) e São Paulo (266 km).

Figura 22. Ponte Rio–Niterói.

Tarde típica num dos gargalos mais importantes do trânsito carioca.

Foto: Rafael Pinotti.

Apesar de termos vislumbrado muitas alternativas para o uso de combustíveis fósseis, é consenso geral que eles serão a nossa fonte primária de energia por muito tempo, com o gás natural ganhando terreno. Os recursos renováveis, que ainda precisam se firmar no mercado, têm um futuro incerto em razão de fatores tecnológicos e políticos, que historicamente evoluem aos sobressaltos. Pode ser, por exemplo, que dentro de poucos anos um avanço tecnológico significativo nos permita explorar com facilidade a fusão de hidrogênio. Nesse caso, tanto o problema da falta de energia quanto o da emissão de dióxido de carbono estariam resolvidos. Mas também existe a possibilidade de que alterações no quadro geopolítico tornem o petróleo um produto mais caro, revertendo a queda acentuada de preço em 2014-2015, o que incentivaria ainda mais o desenvolvimento de alternativas. O exercício de extrapolações nessa área é um jogo quase irresistível, mas raramente acerta o alvo. Predições pessimistas e otimistas não faltam na mídia; mas seguro, mesmo, só o famoso ditado: quem viver, verá.

Apesar de termos vislumbrado muitas alternativas para o uso de combustíveis fósseis, é consenso geral que eles serão a nossa fonte primária de energia por muito tempo, com o gás natural ganhando terreno

5 A ATMOSFERA DA ATMOSFERA

UMA VIAGEM INTERESTELAR

Como vimos no Capítulo 3, a atmosfera da Terra é um componente essencial na manutenção da vida, e a sua própria composição reflete a presença de processos biológicos. Para um viajante interestelar que estivesse estudando as atmosferas do nosso Sistema Solar à procura de vida, saltaria aos seus olhos (ou o que quer que use como sentido equivalente!) a presença maciça de oxigênio, um caso único entre os nove planetas.

E uma análise mais detalhada, que revelaria a tênue presença de metano, seria um indício ainda mais forte da presença de vida. Como o metano reage com o oxigênio, formando água e dióxido de carbono, a sua presença em um ambiente rico em oxigênio significa que algum processo, provavelmente biológico, está continuamente suprindo a atmosfera com metano novo. Ocorre que esse metano é produzido por micro-organismos anaeróbicos que ajudam na digestão de herbívoros ruminantes e de cupins, e que vivem em campos alagados. De fato, um dos primeiros nomes atribuídos ao metano foi "gás de pântano".

O metano é apenas um exemplo das chamadas substâncias-traço da atmosfera, ou seja, substâncias que contribuem pouco para o volume total da atmosfera, dominada pelo nitrogênio, oxigênio e vapor d'água (ver Tabela 9), mas com importância às vezes crucial, como no caso do ozônio, para a vida.

Tabela 9. Principais componentes da atmosfera terrestre

SUBSTÂNCIA		CONCENTRAÇÃO	OBSERVAÇÃO
N_2	Nitrogênio	78,08%	Valor referente a uma amostra sem vapor d'água
O_2	Oxigênio	20,95%	Valor referente a uma amostra sem vapor d'água
Ar	Argônio	0,93%	Valor referente a uma amostra
H_2O	Água	0% a 4%	Varia com o nível de umidade local
CO_2	Gás carbônico	400 ppm (280 ppm)	Valores entre parêntesis referem-se à época pré-industrial
CH_4	Metano	1,8 ppm (0,7 ppm)	Oriundo de processos orgânicos anaeróbicos
N_2O	Óxido nitroso	0,3 ppm	Produzido em processos biológicos aeróbicos e anaeróbicos
Ne	Neônio	18,18 ppm	Gás inerte quimicamente
He	Hélio	5,24 ppm	Gás inerte quimicamente
O_3	Ozônio	0,04 ppm (troposfera) 12 ppm (estratosfera)	Produzido naturalmente a partir do oxigênio atmosférico
As unidades, tanto em percentual quanto em ppm (partes por milhão), são baseadas em volume.			

Embora as atividades humanas levem incontáveis anos para alterar significativamente o teor de oxigênio atmosférico, o teor de substâncias-traço é muito mais sensível à nossa presença. Utilizando o gás carbônico como exemplo, sabemos que o seu teor na atmosfera passou de 280 ppm para cerca de 400 ppm desde o advento da era industrial até 2013.

O aumento do teor de metano, de mais de 100% em relação ao valor pré-industrial, deve-se à criação de animais, à cultura de arroz (que cresce em áreas alagadas), à queima de combustíveis fósseis e às queimadas em florestas. Embora pouco mencionado na mídia, o metano é responsável por parte do aumento da temperatura global. Em termos quantitativos, calcula-se que até hoje o seu efeito tenha sido cerca de um terço do efeito do gás carbônico.

O óxido nitroso, também promotor de efeito estufa, ocorre naturalmente como subproduto dos processos biológicos de nitrificação e desnitrificação em ambientes anaeróbicos e aeróbicos, respectivamente. O uso de fertilizantes na agricultura provavelmente responde pela maioria das emissões antropogênicas de óxido nitroso para a atmosfera. O efeito do óxido nitroso no aumento da temperatura da Terra devido à sua acumulação desde o início da era industrial foi de aproximadamente um terço do efeito do metano. Como não existem processos naturais na troposfera para a eliminação do óxido nitroso, ele eventualmente se eleva até a estratosfera, onde é decomposto pelos raios ultravioleta, transformando-se geralmente em nitrogênio atmosférico (N_2) e oxigênio atômico (O).

Nos próximos itens, estudaremos os efeitos de outras substâncias-traço lançadas pelo homem no ar que podem afetar a vida na Terra, e que são comumente chamadas de poluentes atmosféricos.

O BURACO DA CAMADA DE OZÔNIO

Os cientistas que trabalham na Antártida encontram naquele continente características climáticas, geológicas e biológicas únicas, todas objeto de estudos intensivos. Mas, apesar das muitas e fascinantes descobertas ao longo de décadas de pesquisas, foi o estudo da atmosfera que levou ao mundo a notícia de maior impacto. Em 1985, os cientistas do British Antarctic Survey (organismo britânico criado em 1962 para gerenciar as pesquisas na Antártida) publicaram um estudo segundo o qual o nível de ozônio na atmosfera sobre a baía Halley, onde se encontra uma base, tinha caído, nos meses de primavera, mais de 40% entre 1977 e 1984. Outros grupos de pesquisa confirmaram logo em seguida a descoberta, verificando que o "buraco" se estendia por uma área enorme, maior que a do continente antártico, e que a região atmosférica mais afetada se estendia mais ou menos entre 12 km e 24 km de altura. E, apesar de a queda do nível de ozônio ser mais intensa na atmosfera sobre a Antártida, sabe-se que ela ocorre em todo o globo. Por exemplo, entre as latitudes 60° norte e 60° sul, o nível de ozônio caiu cerca de 3% na década de 1980.

*Entre as latitudes 60° norte e 60° sul,
o nível de ozônio caiu cerca de 3% na década de 1980*

Essa descoberta, e as subsequentes pesquisas direcionadas para o entendimento dos processos que levaram ao aparecimento do buraco, culminaram com o banimento mundial da produção dos chamados CFCs, substâncias sintéticas usadas em muitas aplicações, como fluidos de circulação em refrigeradores e em aerossóis.

Nos próximos itens, iremos nos aprofundar na questão da importância do ozônio para a vida na Terra, além de entender como a sua concentração pode ser afetada pelas atividades humanas.

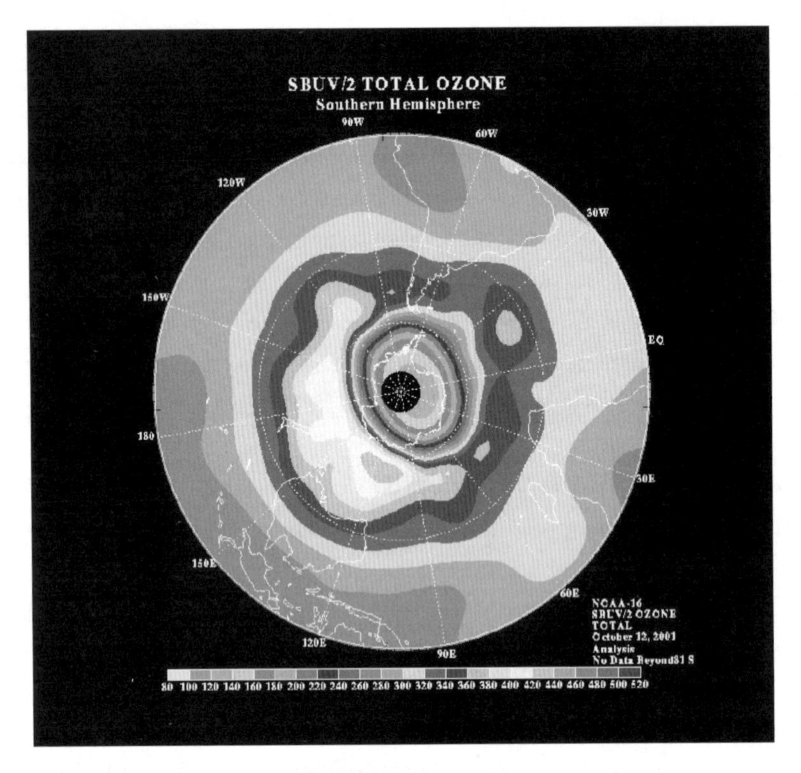

Figura 23. Ozônio atmosférico no hemisfério sul.

Imagem do satélite NOAA-16, de 12 de outubro de 2001.
A gradação de tonalidades mostra claramente o buraco sobre a Antártida, circundado por uma região com maior concentração de ozônio.
O círculo preto centrado no polo Sul significa que aquela região não foi analisada.

Fonte: NOAA.

Nosso guarda-chuva de raios ultravioleta

O ozônio, uma substância presente em toda a atmosfera, é formado diretamente do oxigênio atmosférico (ver Quadro 5). As moléculas de oxigênio, com dois átomos de oxigênio, formam as moléculas de ozônio (com três átomos de oxigênio), numa reação em duas etapas. A primeira exige alta energia, disponível na baixa atmosfera durante a erupção de raios das tempestades. Mas a concentração de ozônio varia bastante com a altura.

A nossa atmosfera é dividida em camadas, sendo a mais baixa chamada de troposfera, que vai do nível do mar até cerca de 15 km de altura e detém 85% da massa de toda a atmosfera. Essa camada caracteriza-se por uma diminuição da temperatura com a altura. Já na estratosfera, a próxima camada, que se estende entre aproximadamente 10 km e 50 km, a temperatura cresce com a altura.

Na estratosfera, as moléculas de oxigênio encontram uma fonte mais eficiente de energia para a produção de ozônio: os raios ultravioleta do Sol. A luz emitida pelo Sol não se resume às cores que enxergamos, ou seja, a luz que vemos decomposta pelo arco-íris – a luz visível é apenas uma parte da radiação eletromagnética que chega à Terra.

Quadro 5. Mecanismo de formação de ozônio atmosférico

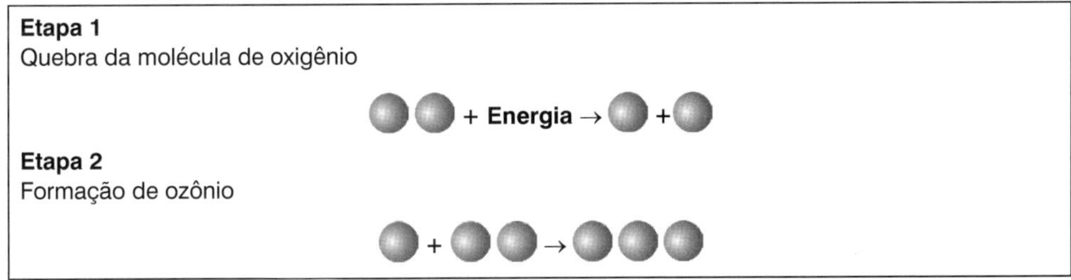

Cada tipo de radiação é definido por uma faixa de comprimento de onda. Assim, a luz visível, que vai do vermelho ao violeta, abrange ondas com comprimento de onda de 750 nm (nanômetros, ou 10^{-9} metros) até 400 nm. Como a energia da radiação cresce com a diminuição do comprimento de onda, a luz violeta é mais energética do que a vermelha.

Fora da região visível existem outras regiões, como a do infravermelho (mais fraca do que a luz vermelha) e a do ultravioleta (mais energética que a luz violeta). E, como no caso da luz visível – que contém várias categorias –, a luz ultravioleta também é subdividida, sendo de interesse nessa discussão os raios UV-A, UV-B e UV-C.

Os mais energéticos são os raios UV-C, que têm energia suficiente para quebrar as moléculas de oxigênio em átomos, os quais reagirão com outras moléculas de oxigênio e formarão o ozônio. Essa reação produz calor, o que explica o fato de a temperatura subir com a altura na estratosfera. E a eficiência desse processo de formação de ozônio faz com que a sua concentração na baixa estratosfera alcance valores 6 vezes maiores do que na troposfera.

A produção dessa "camada" de ozônio na estratosfera é compensada pela sua destruição pelos mesmos raios UV-C e UV-B, que restauram a molécula de oxigênio e lançam um novo átomo de oxigênio, que virá a formar mais ozônio, num ciclo dinâmico e estável denominado ciclo de Chapman.

E vem daí a importância do ozônio para a vida: as radiações UV-C e UV-B são altamente prejudiciais se chegarem à superfície, pois quebram moléculas orgânicas, inclusive o DNA, e provocam câncer de pele, além de afetarem plantações e ecossistemas aquáticos. Suspeita-se inclusive de sua influência deletéria nas populações de anfíbios (ver Capítulo 10). Já os raios UV-A, menos perigosos, alcançam a superfície quase incólumes.

A interação do ozônio e do oxigênio com os raios UV-C impede totalmente a chegada destes à superfície, ao passo que a interação do ozônio com os raios UV-B filtra a maioria (90% a 70%, dependendo da latitude). Portanto, um decréscimo da concentração de ozônio causa maior exposição a raios UV-B na superfície da Terra, o que se traduz, por exemplo, numa taxa mais alta de incidência de câncer de pele. Prevê-se que, a cada 1% de redução de ozônio, haja um aumento de 1% a 2% na incidência de câncer de pele.

Prevê-se que, a cada 1% de redução de ozônio, haja um aumento de 1% a 2% na incidência de câncer de pele

Entretanto, como a camada de ozônio experimentou uma queda a partir do final da década de 1970 e o período entre a exposição e o desenvolvimento de câncer de pele costuma ser longo, abrangendo várias décadas, acredita-se que os seres humanos ainda não estejam experimentando, literalmente na pele, as consequências da exposição aos raios ultravioleta mais intensos.

Como o homem altera o nível de ozônio na atmosfera

O equilíbrio dinâmico entre a formação e a destruição de ozônio na estratosfera pode ser afetado caso algum átomo ou substância participe das reações. Desde a década de 1960, sabe-se que alguns agentes, denominados radicais livres, afetam o ciclo do ozônio (ver Quadro 6).

Quadro 6. Mecanismos de destruição do ozônio por radicais livres

Reação 1	$X + O_3 \rightarrow XO + O_2$
Reação 2	$XO + O \rightarrow X + O_2$
Reação global	$(1 + 2) : O_3 + O \rightarrow 2\ O_2$

Inicialmente, a destruição do ozônio ocorre quando o agente, denominado genericamente como X, ataca uma molécula de ozônio, formando oxigênio e uma molécula de XO (reação 1), que por sua vez remove do ambiente um átomo de oxigênio (reação 2), vital para a formação de ozônio, formando nova molécula de oxigênio e reativando X, que poderá atacar novamente uma molécula de ozônio. A soma das reações 1 e 2, gerando a reação global, significa que um ciclo de ataque de X acaba com uma molécula de ozônio e um átomo de oxigênio.

O fato de que o agente X é regenerado no final do ciclo, o que permite a sua repetição inúmeras vezes, diminuindo o nível de ozônio, confere a ele o título de catalisador, ou seja, ele promove determinadas reações como agente intermediário, sem ser afetado definitivamente.

A estratosfera sempre conteve dois dos principais radicais livres, os átomos de cloro (Cl) e bromo (Br), por causa da decomposição do cloreto de metila (CH_3Cl) e brometo de metila (CH_3Br), substâncias que ocorrem naturalmente. Entretanto, a produção dos CFCs pelo homem aumentou sensivelmente o teor de cloro na estratosfera.

Os CFCs, sigla de clorofluorcarbonos, são substâncias sintéticas que contêm flúor, cloro e carbono, e foram muito aceitas pelo mercado por suas muitas qualidades: não são tóxicos nem inflamáveis, e não reagem com substâncias do meio ambiente. Mas, justamente pelo fato de não serem reativos, alcançam a estratosfera incólumes, onde então são decompostos pelos raios UV-C, liberando cloro.

Apesar de o efeito danoso do cloro ao ozônio ser conhecido muito tempo antes da descoberta do buraco sobre a Antártida, sabia-se também, desde o início da década de 1980, que a maioria esmagadora do cloro estratosférico era inofensivo ao ozônio, pois ele ficava preso em moléculas inertes, chamadas de reservas de catalisador.

Entretanto, o buraco sobre a Antártida ensinou aos cientistas que as reservas de catalisador podem liberar o cloro para a destruição do ozônio em certas condições especiais. Ocorre que a estratosfera sobre a Antártida reúne essas condições.

Em primeiro lugar, durante os meses de inverno, o Sol fica abaixo do horizonte, e a atmosfera sobre a Antártida esfria muito, causando uma queda de pressão que, juntamente com a rotação da Terra, cria um vórtice, uma massa de ar circulante e isolada do restante da atmosfera, cujos ventos podem atingir 300 km por hora. As massas de ar ricas em ozônio provenientes das regiões equatoriais, que em outras épocas do ano alcançam a Antártida, não se misturam ao vórtice. Sem o Sol, o ciclo de produção/destruição de ozônio é interrompido, e a sua concentração permanece mais ou menos constante durante o inverno.

Durante os meses de inverno, o Sol fica abaixo do horizonte, e a atmosfera sobre a Antártida esfria muito, causando uma queda de pressão que, juntamente com a rotação da Terra, cria um vórtice, uma massa de ar circulante e isolada do restante da atmosfera, cujos ventos podem atingir 300 km por hora

Mas, com a temperatura muito baixa, alcançando valores menores do que –80 °C, formam-se no vórtice as chamadas nuvens estratosféricas polares, contendo cristais e gotículas de água, ácido sulfúrico e ácido nítrico. Essas partículas transformam as reservas de catalisador em diferentes moléculas contendo cloro, que, ao contato com os primeiros raios de sol da primavera, liberam átomos de cloro e causam um decréscimo abrupto nos níveis de ozônio que chega a alcançar o sul da Argentina. Só no final da primavera, com a dissipação do vórtice e o enriquecimento da estratosfera com o ozônio proveniente das regiões equatoriais, os níveis voltam a se recuperar.

Já se sabe que a atmosfera sobre o Ártico também sofre um decréscimo de ozônio durante a primavera, embora numa intensidade menor do que na Antártida, em razão das condições menos extremas de temperatura e de isolamento da massa de ar durante o inverno.

Os átomos de cloro não permanecem indefinidamente na estratosfera, mas, até que sejam naturalmente removidos para a troposfera na forma de ácido clorídrico (HCl) e levados ao nível do solo pela chuva, cada átomo de cloro destrói, em média, 10 mil moléculas de ozônio.

Detendo os CFCs

Apesar dos avanços na compreensão do fenômeno da destruição da camada de ozônio, muitas dúvidas ainda permanecem, mas o papel dos CFCs já não é mais questionado.

No passado, as defesas feitas aos CFCs baseavam-se no argumento de que os vulcões e a água do mar emitem muito mais cloro na atmosfera do que os CFCs. Entretanto, tanto o cloreto de sódio dos mares emitido a baixas altitudes quanto o ácido clorídrico emitido pelos vulcões até a baixa estratosfera são solúveis em água – ao contrário dos CFCs –, e, portanto, são "lavados" da atmosfera pela chuva antes de conseguirem causar dano ao ozônio.

Além disso, a quantidade de ácido fluorídrico (HF) encontrada na estratosfera não pode ser explicada por um fenômeno natural, mas sim pela decomposição dos CFCs.

A quantidade de ácido fluorídrico (HF) encontrada na estratosfera não pode ser explicada por um fenômeno natural, mas sim pela decomposição dos CFCs

A proibição do uso de CFCs em aerossóis iniciou-se nos Estados Unidos e em alguns países escandinavos no final dos anos 1970, quando as pesquisas dos químicos Molina e Sherwood (que ganharam o Prêmio Nobel de Química em 1995) advertiram o público sobre os perigos dos CFCs; mas as dúvidas quanto ao perigo real e a falta de indícios de queda nos níveis de ozônio desencorajaram medidas mais rígidas.

A partir da descoberta do buraco sobre a Antártida em 1985, as coisas mudaram, e o Protocolo de Montreal, fruto da conferência de Montreal em 1987, ditou as regras para o banimento da produção de CFCs em todo o mundo. Desde 1995, os países desenvolvidos já não os produzem, e os países em desenvolvimento ganharam um prazo mais longo, até 2010, para atingirem a meta de produção zero. O Brasil reduziu significativamente o consumo dessas substâncias a partir de 2000, como mostra a Figura 24.

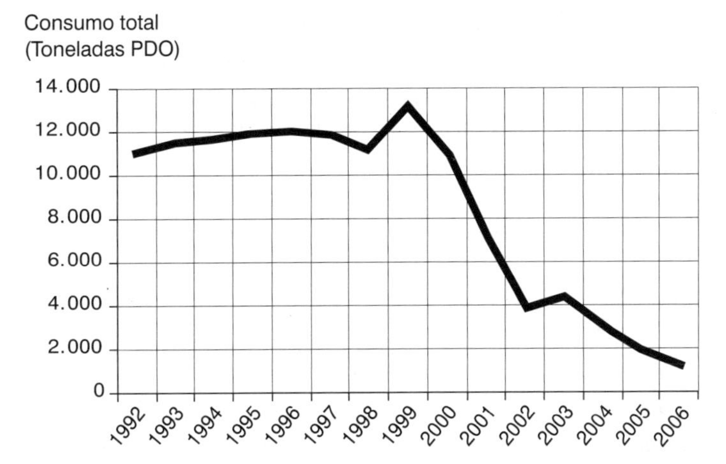

Figura 24. Consumo total de substâncias destruidoras da camada de ozônio, para o Brasil.

Uma tonelada PDO (potencial de destruiçãodo ozônio) equivale a uma tonelada de CFC-11 ou CFC-12 (cloro flúor carbono).

Fonte: IBGE, 2008.

Além dos CFCs, outras substâncias artificialmente produzidas e que promovem a destruição do ozônio estão na lista de banimento e têm prazos variados para o corte de produção.

Mesmo assim, previa-se que o nível de cloro na estratosfera só deveria começar a cair no início desse século, e lentamente, pois os CFCs têm um tempo médio de vida na atmosfera de muitas décadas.

As previsões parecem se confirmar com as notícias recentes de que o tamanho do buraco sobre a Antártida estabilizou-se nos últimos anos. Em 2007, o buraco alcançou um máximo de 25 milhões de km^2 no meio de setembro, comparado com mais de 29 milhões de km^2 nos anos recordes de 2000 e 2006. Em 2013 e 2014, o máximo foi de 24,1 milhões de km^2. Se a tendência à estabilização se confirmar, esse será então o primeiro exemplo de cooperação internacional eficaz contra um problema ambiental de escala global.

POLUENTES DA TROPOSFERA

A química da camada de ozônio é essencialmente uma química da estratosfera, que se inicia a aproximadamente 10 km de altura. Os CFCs só alcançam essa altitude e fazem estrago porque são resistentes ao ataque do oxigênio na camada mais baixa da atmosfera, a troposfera.

Mas esse não é o caso da maioria dos poluentes atmosféricos, que às vezes são oxidados completamente na troposfera e retornam à superfície, num importante processo de “limpeza” do ar.

Os principais poluentes da troposfera podem ser divididos em três categorias distintas
1. Os que participam de reações fotoquímicas (isto é, reações promovidas pela luz do Sol), produzindo a famosa névoa amarelada que paira sobre muitos centros urbanos
2. Os que produzem chuva ácida
3. Os particulados

O *smog* fotoquímico

A palavra inglesa *smog* é uma mistura de *smoke* (fumaça) e *fog* (nevoeiro), que retrata bem a poluição atmosférica dos centros urbanos. Ela envolve centenas de reações químicas, cujos reagentes originais (também chamados de poluentes primários) são o óxido nítrico (NO) e compostos orgânicos voláteis (VOCs em inglês) provenientes, principalmente, da combustão incompleta de hidrocarbonetos em motores.

Outra fonte de VOCs é a evaporação de combustíveis líquidos, solventes e outros compostos orgânicos.

Uma vez liberados na atmosfera, esses poluentes primários reagem com o oxigênio de várias formas, e o produto final é uma mistura de ozônio (O_3), ácido nítrico (HNO_3) e substâncias orgânicas parcialmente oxidadas, coletivamente chamados de poluentes secundários. Pode-se resumir o processo da seguinte forma:

$$\textbf{VOCs + NO + luz solar} \rightarrow O_3 + HNO_3 + \textbf{substâncias orgânicas}$$

Ironicamente, enquanto a poluição da estratosfera retira o ozônio daquele ambiente e nos expõe aos raios UV, na baixa atmosfera a poluição produz um excesso de ozônio, um oxidante poderoso que ataca as plantas e afeta a fotossíntese.

O óxido nítrico é formado no interior de motores em que a chama da queima de combustível alcança alta temperatura (ver reações no Quadro 7), propiciando a reação entre o nitrogênio atmosférico e o oxigênio. O óxido nítrico, por sua vez, é oxidado na atmosfera, transformando-se em dióxido de nitrogênio (NO_2), que dá a coloração amarelada da atmosfera sobre as cidades que sofrem com o *smog*. O óxido nítrico e o dióxido de nitrogênio presentes na atmosfera recebem a denominação comum de NO_x.

O *smog* é frequente em regiões que reúnem certos requisitos, como um tráfego intenso de carros para a produção de NO_x, VOCs em quantidade, luz solar em fartura e temperatura ambiente elevada, e massas de ar estáticas ou com pouco movimento, de forma que os reagentes se mantenham concentrados. Esse último requisito é atendido em cidades onde o relevo montanhoso tende a prender as massas de ar. Cidades quentes e densamente povoadas como Los Angeles, Roma, São Paulo e Rio (ver Figura 25) sofrem com o *smog*, e a Cidade do México, onde existe ainda o problema de matéria fecal no ar, é a mais afetada. O ozônio e o NO_x são produzidos também em queimadas nas zonas rurais.

Quadro 7. Reações de formação de óxido nítrico e dióxido de nitrogênio

Formação de óxido nítrico	
	$N_2 + O_2 \rightarrow 2\,NO$
Formação do dióxido de nitrogênio	
	$2\,NO + O_2 \rightarrow 2\,NO_2$

Figura 25. Tarde de verão sobre o Rio de Janeiro.

A névoa que se estende sobre o oceano revela a presença de NO_x na atmosfera.

Foto: Rafael Pinotti.

O controle da emissão de VOCs se dá pela redução da volatilidade da gasolina e da limitação do uso de produtos com hidrocarbonetos, como solventes. Já o controle da produção de NO é feito principalmente por meio de catalisadores especiais na descarga de automóveis, que transformam o óxido nítrico novamente em nitrogênio atmosférico (ver Quadro 8), além de converterem o monóxido de carbono (outro poluente) em dióxido de carbono.

Quadro 8. Reações dos conversores catalíticos

Primeira etapa Conversão do **NO** usando catalisador de ródio
$2\,NO \rightarrow N_2 + O_2$
Segunda etapa Conversão do **CO** usando catalisador de níquel e/ou platina
$2\,CO + O_2 \rightarrow 2\,CO_2$

A chuva ácida

A água da chuva de um ambiente "limpo" é naturalmente um pouco ácida pela presença de ácido carbônico, oriundo do gás carbônico atmosférico. Mas a emissão em larga escala de NO_x e de dióxido de enxofre (SO_2) para a atmosfera em regiões densamente industrializadas, como os Estados Unidos e a Europa, causa o fenômeno da chuva ácida, que não respeita fronteiras, já que as massas de ar contaminadas formam chuva a muitos quilômetros de distância da fonte. As chuvas ácidas que assolam a Suécia e a Noruega, por exemplo, na segunda metade do século XX, decorrem principalmente da emissão de poluentes em outros países da Europa. Na China, na Rússia e em países que recebem ventos desses dois, o problema da chuva ácida ainda é bem sério.

As chuvas ácidas que assolam a Suécia e a Noruega, por exemplo, na segunda metade do século XX, decorrem principalmente da emissão de poluentes em outros países da Europa

Como o gás carbônico, os óxidos de nitrogênio e enxofre transformam-se em ácidos na presença das partículas de água que formam as nuvens. Entretanto, os ácidos formados, nítrico e sulfúrico (ver Quadro 9), que também constituem poluentes secundários, são mais fortes que o ácido carbônico e causam danos à vegetação, além de corroerem com mais eficiência os prédios e outros artefatos que produzimos.

Quadro 9. Reações de formação do ácido sulfúrico

PRODUÇÃO DE ÁCIDO SULFÚRICO (H_2SO_4)

Primeira etapa
Oxidação do dióxido de enxofre, que se passa em fase gasosa

$$2\ SO_2(g) + O_2(g) \rightarrow 2\ SO_3(g)$$

Segunda etapa
Reação do SO_3 com água na forma líquida encontrada nas gotículas das nuvens

$$SO_3(g) + H_2O(aq) \rightarrow H_2SO_4(aq)$$

Os símbolos entre parêntesis indicam se a substância encontra-se em meio gasoso (g) ou aquoso (aq).

A principal fonte de NO_x, como vimos anteriormente, é a frota de veículos que não contém conversores catalíticos na descarga. O dióxido de enxofre é produzido principalmente na queima de carvão em termoelétricas, uma prática pouco comum no Brasil, mas importante em muitos países industrializados. Dependendo do tipo de carvão minerado, ele pode conter entre 1% e 9% de enxofre, e parte pode ser removida mecanicamente devido à presença de inclusões no mineral, o que é relativamente barato, mas uma parte é ligada quimicamente aos compostos de carbono do carvão, tornando a sua remoção difícil e cara. Recentemente, novas tecnologias têm sido postas em prática no abatimento da emissão de enxofre, tratando o carvão, os produtos de combustão ou mesmo o próprio processo de combustão.

Figura 26. Unidade de Recuperação de Enxofre na Refinaria Duque de Caxias, no Rio de Janeiro, que utiliza o processo Clauss.

Foto: Petrobras (Geraldo Falcão).

Outra fonte de enxofre da civilização moderna é o petróleo – nesse caso, ele pode ser parcialmente removido nas refinarias por processos especiais, como o processo Clauss, que retira compostos de enxofre e produz enxofre sólido. A maioria dos produtos de petróleo, como a gasolina e o diesel, contém enxofre com teores medidos em ppm (partes por milhão), e mesmo assim a legislação vem obrigando à produção de combustíveis com teores cada vez mais baixos. No entanto, o óleo combustível, que possui um teor de enxofre alto (medido em %), é queimado nas refinarias para a produção de energia, constituindo uma fonte importante de emissão de SO_2 industrial.

No Brasil, o combustível de maior consumo volumétrico é o diesel, devido à matriz de transporte nacional, que é formada principalmente pela malha rodoviária. Recentemente, a legislação nacional referente à especificação para enxofre no diesel produzido nas refinarias brasileiras tem evoluído na direção de valores máximos muito baixos para teor de enxofre. O diesel com teor de 1.800 ppm de enxofre conviveu com o diesel de 500 ppm, produzido a partir de 2005, existindo agora apenas o diesel de 10 ppm e o de

500 ppm. O teor de enxofre da gasolina nacional também foi reduzido drasticamente, tendo passado de 1.000 ppm para 50 ppm em 2014. Para alcançar esse objetivo, a Petrobras está construindo dezenas de unidades de hidrotratamento em suas refinarias, que removem enxofre de correntes que formam diesel e gasolina. O princípio do hidrotratamento é a reação de hidrogênio (H_2), produzido em unidades de geração de hidrogênio (UGHs) com moléculas de hidrocarbonetos contendo enxofre presentes nas correntes de diesel e gasolina, sendo a reação efetuada a altas pressões e temperaturas.

Ironicamente, apesar dos esforços dos americanos e europeus nas últimas décadas para reduzir as emissões de dióxido de enxofre, o nível de acidez das chuvas não tem diminuído, e atribui-se essa situação à diminuição da emissão, pelas chaminés das indústrias, de cinzas e de outras partículas sólidas que têm o poder de neutralizar os ácidos formados na atmosfera. Estudos estão apontando também para a importância dos óxidos de enxofre na mitigação do efeito estufa. Ocorre que as gotículas de ácido sulfúrico formadas na alta atmosfera pela reação dos óxidos com vapor d'água têm um grande poder de reflexão da luz solar. Embora esse efeito seja mais transitório do que o do CO_2, pois o tempo de vida das gotículas é bem menor do que o tempo médio de permanência do CO_2 na atmosfera, ele é mensurável. Portanto, a retirada de compostos de enxofre dos combustíveis pode estar acelerando o efeito estufa.

Os efeitos da chuva ácida no solo dependem da sua composição. Se o solo e as rochas são ricos em silicatos, como granito e quartzo, eles são muito vulneráveis, como em vastas regiões do Canadá e da Suécia. Já os que são ricos em carbonato, como os calcários, conseguem neutralizar a acidez eficientemente.

Na Suécia e no Canadá, os lagos têm sofrido muito com a acidez da chuva direta e da água que escorre até eles, inibindo o crescimento de plantas que são agentes primários da cadeia alimentar, o que acaba por afetar todo o ecossistema local. A reprodução de peixes é prejudicada não apenas pelo empobrecimento do ambiente, mas também pela baixa tolerância de peixes jovens à acidez da água.

Além disso, a quantidade de matéria orgânica dissolvida, que fica mais rarefeita, permite a penetração mais intensa dos raios UV na água, os quais, como vimos no item *Nosso guarda-chuva de raios ultravioleta*, estão mais presentes na baixa atmosfera. E o aquecimento global seca correntes que fornecem material orgânico aos lagos. Todos esses fatores conspiram para tornar os grandes sistemas de lagos da Escandinávia e do Canadá mais estéreis.

Acredita-se que a poluição atmosférica também é a causa da morte de árvores, particularmente em locais elevados, onde são expostas à base das nuvens baixas, que contêm alta acidez. A chuva ácida também retira do solo elementos importantes para as plantas, como potássio, cálcio e magnésio. Além disso, a acidez do solo solubiliza alumínio das rochas, um elemento que pode interferir na absorção de nutrientes pelas plantas. Esses fatores, combinados com secas, temperaturas extremas, doenças e ataques de insetos, levam as plantas à morte. A qualidade ruim do ar em cidades chinesas e indianas é uma grande consequência do crescimento rápido e da dependência do carvão. Em Pequim, montanhas próximas já não são quase vistas e atrasos em voos por causa da poluição não são incomuns. Como o carvão contém muito enxofre, o ar da China também está cheio de dióxido de enxofre.

Acredita-se que a poluição atmosférica também é a causa da morte de árvores, particularmente em locais elevados, onde são expostas à base das nuvens baixas, que contêm alta acidez. A chuva ácida também retira do solo elementos importantes para as plantas, como potássio, cálcio e magnésio

Particulados

O termo "particulados" abrange uma gama variada de tamanhos, formas e tipos de partículas microscópicas em suspensão na atmosfera, que podem ser de natureza líquida ou sólida. Embora uma partícula seja invisível ao olho humano, uma alta concentração delas no ar pode ser facilmente discernível, como quando observamos a fuligem de um automóvel movido a diesel.

O tamanho das partículas é medido em milionésimos de metro: as menores se encontram na faixa de 0,002 milionésimos, e as maiores têm aproximadamente 100 milionésimos de metro (0,1 mm). A partir desse tamanho, a partícula deposita-se rapidamente, não sendo mais considerada como suspensão. Já as menores caem tão lentamente que, devido à turbulência da atmosfera, ficariam suspensas indefinidamente não fossem dois fatores: a chuva, que as absorve e leva de volta ao chão, e a agregação espontânea de partículas pequenas em partículas maiores.

As fontes de particulados são variadas. As partículas de maior tamanho são produzidas pela desagregação de rochas e do solo, pelas cinzas de vulcões ativos e pela água do mar, cujo *spray* deixa cristais de sal em suspensão depois que a água se vaporiza. A composição dessas partículas é, portanto, baseada em minerais, exceção feita à fumaça de motores, que produzem partículas de carbono grandes e pequenas.

Já as partículas menores são formadas predominantemente por reações químicas e pela coagulação de partículas ainda menores, incluindo moléculas na fase vapor. A fumaça de automóveis, principalmente dos que usam diesel, contém partículas de carbono. Os óxidos de nitrogênio, ao reagirem com os VOCs, também produzem particulados. Finalmente, os óxidos de enxofre e de nitrogênio, ao entrarem em contato com gotículas de água, transformam-se em ácidos sulfúrico e nítrico respectivamente, formando aerossóis ácidos. Eles acabam reagindo com amônia exalada por material orgânico e produzem sais de sulfato e nitrato, que permanecem em suspensão depois que a água é vaporizada.

Os óxidos de enxofre e de nitrogênio, ao entrarem em contato com gotículas de água, transformam-se em ácidos sulfúrico e nítrico respectivamente, formando aerossóis ácidos

Efeitos dos poluentes atmosféricos na saúde humana

Os poluentes atmosféricos são uma presença no mundo inteiro, em diferentes graus de concentração, desde o início da Revolução Industrial. Extensos estudos estatísticos têm sido realizados correlacionando, por exemplo, a concentração de determinado poluente com a frequência de internações por problemas respiratórios em hospitais.

Embora ainda não exista acordo sobre a influência de determinados poluentes agindo de forma isolada, como o caso de certos particulados, a ação deletéria no sistema respiratório da combinação de poluentes é mais do que estabelecida, principalmente no caso da combinação de particulados com o óxido de enxofre e outros produtos de sua oxidação (ácido sulfúrico, sulfatos). As vítimas preferenciais são idosos com problemas nos brônquios e as crianças.

O caso mais famoso de poluição atmosférica num centro urbano aconteceu em Londres, em dezembro de 1952, quando uma inversão térmica concentrou fuligem e poluição por enxofre na cidade, e o nevoeiro matou cerca de 4 mil pessoas em alguns dias. As grandes cidades do Ocidente industrializado já não sofrem muito com esse problema em razão das medidas de controle de poluição postas em prática. O problema maior nessas cidades é a poluição proveniente do *smog* fotoquímico, principalmente nas de grande densidade populacional e tráfego de veículos intenso. O ozônio, um dos componentes do *smog* fotoquímico, ataca o sistema respiratório tanto de pessoas saudáveis quanto das pessoas com problemas.

O caso mais famoso de poluição atmosférica num centro urbano aconteceu em Londres, em dezembro de 1952, quando uma inversão térmica concentrou fuligem e poluição por enxofre na cidade, e o nevoeiro matou cerca de 4 mil pessoas em alguns dias

Já na Europa Oriental, onde se consome muito carvão rico em enxofre na indústria e nos lares, a qualidade do ar até recentemente era muito ruim. Por exemplo, no início dos anos 1990, de cada cinco crianças que davam entrada em hospitais em determinadas áreas da antiga Tchecoslováquia (agora dividida em dois países), quatro estavam sofrendo de problemas respiratórios. Outras cidades, como Pequim, Cidade do México e Seul, atingem frequentemente valores de concentração de particulados e dióxido de enxofre acima dos padrões definidos pela Organização Mundial de Saúde (OMS).

O Brasil não depende muito de carvão, e seus maiores problemas são os particulados provenientes do tráfego de automóveis e das indústrias (ver Tabela 10). Mesmo assim, a nossa legislação está se tornando cada vez mais rigorosa quanto ao teor de enxofre nos combustíveis.

Tabela 10. Máximas concentrações de particulados inaláveis (PM_{10}) em regiões metropolitanas e anos selecionados. Dados em $\mu g/m^3$*

REGIÃO METROPOLITANA	2004	2011
São Paulo	180	150
Belo Horizonte	140	200
Curitiba	230	270
Salvador	190	80
O símbolo PM_{10} significa matéria particulada (*particulate matter*) com diâmetro menor que 10 milionésimos de metro; o símbolo $\mu g/m^3$ significa microgramas por metro cúbico.		

Fonte: IBGE, 2015.

Poluição em ambientes fechados

Até agora, a atenção foi dada aos poluentes atmosféricos a céu aberto. Mas passamos a maior parte do tempo em ambientes fechados, que têm características próprias quanto à composição do ar. Segundo a OMS, cerca de 3 bilhões de pessoas cozinham e aquecem seus lares usando fogueiras abertas e fornos simples, utilizando biomassa e carvão como combustíveis, o que ocasiona a morte prematura de 4 milhões de pessoas anualmente. Além disso, mais de 50% das mortes prematuras de crianças abaixo de 5 anos se devem à pneumonia causada pela inalação de material particulado proveniente de poluição em seus lares.

Agentes mais perigosos da poluição em ambientes fechados	
Formaldeído (CH_2O)	**Fumaça de cigarro**
Dióxido de nitrogênio (NO_2)	**Asbestos**
Monóxido de carbono (CO)	**Gás radônio**

Formaldeído (CH_2O)

É encontrado na atmosfera em concentrações muito pequenas (cerca de 0,01 ppm) e formado como intermediário estável no processo de oxidação do metano. Entretanto, em ambientes fechados, a sua concentração pode aumentar em 10 ou mesmo 100 vezes, graças às emissões de cigarro e de materiais sintéticos como certas resinas e colas de carpetes. Além de causarem irritação nos olhos, nariz, garganta e na pele, ambientes com alta concentração de formaldeído são prováveis agentes cancerígenos (a propriedade cancerígena, verificada em animais de laboratório, ainda não foi comprovada em seres humanos).

Dióxido de nitrogênio (NO_2) e monóxido de carbono (CO)

O dióxido de nitrogênio, como vimos, é produzido na queima de gás em aquecedores e fogões. Até hoje os estudos do efeito dessa substância na saúde humana, particularmente no agravamento de doenças respiratórias, não chegaram a uma relação causa-efeito. Já o monóxido de carbono, produzido na queima incompleta de combustíveis e presente no gás de síntese encanado distribuído para consumo doméstico, acarreta um sério efeito no organismo, já que tem uma grande afinidade com a hemoglobina do sangue, o que diminui a capacidade desta de transportar oxigênio às células. A exposição a altas concentrações de CO causa dor de cabeça, fadiga, inconsciência e, eventualmente, a morte. O cigarro também contém CO, o que leva os fumantes a apresentarem mais hemoglobina ligada ao CO, o que, segundo estudos, aumenta o índice de mortalidade por doenças cardíacas.

A exposição a altas concentrações de CO causa dor de cabeça, fadiga, inconsciência e, eventualmente, a morte

Fumaça de cigarro

Já reconhecida oficialmente como agente cancerígeno, a fumaça de cigarro contém milhares de componentes (gases e partículas), e dezenas deles são agentes cancerígenos isolados, como o formaldeído e elementos radioativos como o polônio. Além de ser o primeiro responsável por câncer de pulmão, também contribui muito para o desenvolvimento de doenças do coração. Recentemente, muitos países têm restringido drasticamente as áreas para os fumantes, no trabalho e em lugares públicos, pois o problema do fumo passivo também é sério – por exemplo, ele leva à morte súbita milhares de crianças todos os anos nos Estados Unidos.

Asbestos

São minerais de silicato de natureza fibrosa, que eram muito usados pela sua eficiência como isolante de calor até que a sua propriedade cancerígena foi constatada. As fibras de asbestos em suspensão no ar agem em sinergia com a fumaça de cigarro no desenvolvimento de câncer de pulmão.

Gás radônio

Os elementos radioativos que ocorrem naturalmente no ambiente são sólidos, com exceção do radônio, que, como elemento inerte, passa à fase gasosa e tende a aflorar na superfície do solo e ganhar a atmosfera. A radioatividade devida ao radônio é responsável por cerca de metade da radiação natural a que somos expostos, mas, quando o radônio se concentra em prédios, como decorrência de fissuras na base, aliadas a uma ventilação precária e a regiões onde a emissão de radônio é maior, formam-se altas concentrações em ambientes fechados, o que pode contribuir para o surgimento de câncer de pulmão. Isso acontece porque, quando o radônio decai, forma outros elementos radioativos que não são gases e se aderem rapidamente a partículas de poeira, que são inaladas. A Agência de Proteção Ambiental americana (EPA) estima que uma em cada quinze residências no país apresentam níveis de radônio no limite do considerado normal ou acima dele.

A radioatividade devida ao radônio é responsável por cerca de metade da radiação natural a que somos expostos

6 TERRA, PLANETA ÁGUA

ÁGUA POTÁVEL, UM BEM CADA VEZ MAIS PRECIOSO

Água é o que não falta no nosso planeta. Temos cerca de 1.400 milhões de km^3 de água e, desse total, 97% estão contidos nos mares. A água doce é dividida entre geleiras e calotas polares, que imobilizam mais de dois terços do total, e rios, lagos, lençóis freáticos e aquíferos subterrâneos, que perfazem o último terço. Até agora, essa quantidade tem sido suficiente para sustentar a presença da civilização humana, mediante irrigação de plantações, uso doméstico, geração de energia elétrica e uso industrial.

Hoje em dia, a agricultura consome cerca de 70% da água potável utilizada no mundo, a irrigação garante 38% da produção mundial de alimentos, e as usinas hidrelétricas contribuem com cerca de 16% da energia elétrica consumida. A manutenção de um nível individual adequado de higiene também requer uma quantidade substancial de água, e a indústria florescente em países em desenvolvimento exige o seu quinhão para poder funcionar.

Todos esses fatores em conjunto têm, no esteio do aumento populacional e das alterações dos regimes de chuvas devido ao crescente efeito estufa, causado escassez em partes do mundo, e muitos governos estão cada vez mais atentos a uma iminente crise global. Embora o consumo *per capita* mundial tenha se estabilizado nas últimas décadas e até caído ligeiramente na década de 1990, o que revela uma melhoria na eficiência do uso, o aumento populacional previsto para os próximos anos mais do que descompensará esse ganho, e prevê-se que em 2025 cerca de 40% da população mundial sofrerá alguma restrição no fornecimento, segundo os graus de severidade mostrados na Tabela 11. Essas previsões de 2001 foram, *grosso modo*, corroboradas pelo relatório de 2015 das Nações Unidas denominado "*Water for a Sustainable World*", que prevê que a humanidade só terá 60% da água que precisará em 2030.

Tabela 11. Previsão de escassez de água no mundo para o ano de 2025

GRAU DE SEVERIDADE (da população)	DISPONIBILIDADE (m^3 por pessoa por ano)	PRINCIPAIS PROBLEMAS	PAÍSES AFETADOS
Limitada 32,6%	Entre 68,7 e 118,9	Restrições na produção agrícola	Peru, Bélgica, Polônia, Índia, Paquistão, Afeganistão, Irã, Uzbequistão, Coreia do Sul, África do Sul, Lesoto, Zimbabwe, Tanzânia, Uganda, Eritreia, Níger, Nigéria, Togo, Líbano
Escassa 5,3%	Entre 34,3 e 68,7	Restrições persistentes na agricultura e indústria	Somália, Etiópia, Quênia, Ruanda, Burundi, Malawi, Egito, Marrocos, Burkina, Israel
Severa 2,8%	Menor que 34,3	Ameaça séria em potencial à agricultura, indústria e saúde humana	Argélia, Líbia, Tunísia, Jordânia, Arábia Saudita, Iêmen, Oman, Emirados Árabes

Fonte: Gleick. 2001.

Há muitos exemplos de escassez e danos ambientais causados pelo gerenciamento incorreto de recursos hídricos, e o mais conhecido no mundo é o problema do encolhimento do mar de Aral, localizado na Ásia Central, na fronteira entre as Repúblicas do Casaquistão e do Uzbequistão. Ali, a agricultura é altamente dependente da irrigação, que consome água dos dois principais rios que abastecem o mar de Aral. Nas décadas de 1960 e 1970, o consumo de água aumentou muito, quase secando os rios e causando o recuo do mar, cuja área superficial caiu mais de 40% entre 1960, quando era o quarto maior lago do mundo, e 1985. Em 2007, encontrava-se fragmentado e encolhido a 10% do seu tamanho original, formando três lagos, dois deles tão salgados que os peixes desapareceram. O leito do Aral está exposto e seco; o vento leva o sal e substâncias tóxicas para as áreas povoadas. O clima também mudou: hoje os verões são mais quentes, os invernos mais frios, a umidade baixa, o período de plantio mais curto e a seca é mais comum. Uma represa construída pelo Cazaquistão em 2005 ajudou o lago mais ao norte a se expandir rapidamente e diminuir a salinidade – cardumes de peixes e as áreas de terras alagadas estão voltando. Outros lagos no mundo sofrem ameaças similares, principalmente o lago Chade (África Central) e o mar Salton, no sul da Califórnia.

O consequente aumento da salinidade destruiu as espécies de peixe nativas, acabando com a atividade pesqueira, e hoje uma visita à antiga margem do mar de Aral revela vilas abandonadas, assoladas por ventos carregados de sal, e nenhuma água até o horizonte. A então União Soviética chegou a elaborar um plano para desviar rios da Sibéria em direção ao Aral, mas desistiu em virtude do alto custo e das alterações ambientais que tal megaprojeto causaria. Nos Estados Unidos, várias áreas já sofrem escassez, com rios e lagos secando, mesmo em regiões que conviviam com fartura, como cidades que margeiam o lago Michigan, um dos maiores reservatórios de água doce do mundo. No nordeste do Kansas, a situação se deteriorou a tal ponto que se pensa em construir um aqueduto de US$ 200 milhões, que usaria água do rio Missouri para abastecer a região.

O uso de lençóis freáticos e aquíferos, que na maior parte da história foi uma alternativa em regiões onde rios e lagos eram escassos, tornou-se uma fonte importante na nossa civilização de mais de 7 bilhões de habitantes, dos quais cerca de 2 bilhões dependem de água subterrânea para beber (ver Tabela 12). Essa água subterrânea é o material bruto mais extraído pela humanidade, com uma taxa estimada em 982 km³ por ano.

Tabela 12. População mundial que obtém água potável de poços artesianos e fontes artificiais, em 1990 e 2010 (milhões)

	ÁREA URBANA			ÁREA RURAL			TOTAL		
	1990	2010	Variação em %	1990	2010	Variação em %	1990	2010	Variação em %
Poços artesianos	138	255	+84,8	878	996	+13,4	1.016	1.251	+23,1
Fontes artificiais	111	151	+36,0	843	656	-22,2	954	807	-15,4
Total	249	406	+63,1	1.721	1.652	-4,0	1.970	2.058	+4,5

Fonte: National Ground Water Association, 2015.

A denominação de lençol freático refere-se geralmente a depósitos de água fresca próximos da superfície, ao passo que os chamados aquíferos são formações mais profundas e antigas que saturam rochas porosas como o arenito ou rochas altamente fraturadas como o cascalho ou areia.

Cidades inteiras, como Lima e Cidade do México, dependem de aquíferos para sobreviver, sem falar na água de aquíferos usada na irrigação: 38% das áreas irrigadas usam água subterrânea, sendo 60% desta retirada no mundo para uso na agricultura e o restante é dividido quase igualmente entre uso doméstico e industrial. O consumo mundial de água subterrânea superou a taxa de reposição anual em mais de

200 bilhões de m^3 por ano, e o resultado é a diminuição progressiva do nível dos aquíferos, que começam a ser exauridos sistematicamente em um processo predatório. O sistema de satélites espaciais Grace, da NASA, mostrou, em 2015, que mais da metade dos grandes aquíferos do mundo (21 em 37) estão sendo exauridos, incluindo o aquífero Guarani, que será comentado com mais detalhes mais a diante. Na Cidade do México, o uso dessa fonte de água é tão intenso que o solo da cidade está afundando, resultando em um processo de compactação que causa uma perda irreversível na capacidade de armazenamento do aquífero.

Cidades inteiras, como Lima e Cidade do México, dependem de aquíferos para sobreviver, sem falar na água de aquíferos usada na irrigação: 38% das áreas irrigadas usam água subterrânea, sendo 60% desta retirada no mundo para uso na agricultura e o restante é dividido quase igualmente entre uso doméstico e industrial

Ocorre também que a pavimentação de áreas extensas e o desmatamento contribuem para diminuir a taxa de reposição, pois, em ambos os casos, o solo se torna menos permeável. E, com o aumento da temperatura superficial do planeta, a evaporação da água superficial também se intensifica, prejudicando ainda mais a reposição dos reservatórios subterrâneos.

Com o aumento da temperatura superficial do planeta, a evaporação da água superficial também se intensifica, prejudicando ainda mais a reposição dos reservatórios subterrâneos

Como a taxa de reposição e a vazão de água nos rios dependem de fatores climáticos que fogem totalmente ao controle do homem, a única arma de que dispomos é o aumento da eficiência do uso da água em todos os setores, que apresenta um potencial enorme. Existe a alternativa de dessalinização da água do mar, que hoje representa uma fração mínima do uso total de água de fontes naturais, mas que no futuro pode ser intensificada com o desenvolvimento de tecnologias mais baratas, como o uso de membranas especiais através das quais a água salgada, sob pressão, é obrigada a passar, deixando os sais para trás. Atualmente, existem cerca de 17 mil plantas de dessalinização no mundo, produzindo cerca de 80 milhões m^3 de água por dia. Boa parte dessa capacidade concentra-se no Golfo Pérsico e no Oriente Médio.

O fornecimento de água domiciliar, por exemplo, apresenta perdas de 10% a 20% nos sistemas modernos, chegando a mais de 30% nos mais precários. As perdas na irrigação, que toma dois terços da água consumida no mundo, chegam a 50% se levarmos em conta tecnologias modernas e disponíveis. Na técnica tradicional de inundação do solo, via canaletas que cortam as plantações, muita água é desperdiçada por evaporação e pela simples incapacidade de as plantas absorverem tudo o que chega às suas raízes. Assim, boa parte da água atinge os aquíferos, poluindo-os e deixando um solo degradado por erosão, salinização e sua saturação com água, que impede a absorção de oxigênio pelas plantas e as sufoca.

Já o sistema de gotejamento, no qual a água percorre uma rede de tubulação de plástico perfurada, que fica na superfície ou abaixo do solo, reduz o consumo de água em 30% a 70% e ainda aumenta a produtividade das colheitas em 20% a 90% pelo nível de umidade ideal proporcionado às plantas. Os sistemas de aspersores rendem quase tanto quanto o de gotejamento, mas em todo o mundo apenas 10% a 15% dos campos irrigados usam aspersores, e o número cai para pouco mais de 1% considerando o sistema de gotejamento.

Tabela 13. Distribuição da área irrigada (em 1000 ha) por região e método de irrigação

REGIÃO	INUNDAÇÃO	SULCOS	PIVÔ CENTRAL	ASPERSÃO	LOCALIZADA	OUTROS	TOTAL
Sudeste	27,74	28,32	395,59	736,59	192,81	205,69	1.586,74
Sul	923,83	82,55	61,35	108,43	17,65	30,77	1.224,58
Nordeste	69,62	109,71	201,28	407,77	102,97	93,99	985,34
Centro-Oeste	29,24	32,18	173,05	289,89	9,41	15,69	549,46
Norte	34,31	3,9	8,78	30,28	5,02	25,5	107,79

Fonte: Paulino et al., 2011.

Outras alternativas para a agricultura são o planejamento do nível de irrigação necessário, considerando fatores climáticos e a etapa de desenvolvimento da planta, o reaproveitamento da água de rejeito com tratamento adequado, o que já perfaz cerca de 30% do suprimento de água para irrigação em Israel, e o desenvolvimento de agricultura em regiões áridas e semiáridas usando água do mar. Estudos realizados já demonstram o potencial de certas plantas halófitas (plantas tolerantes à água salgada) para a agricultura em larga escala, cuja produção pode ser utilizada na alimentação de animais de corte e na fabricação de óleo comestível. O alto teor de sal de tais plantas, entretanto, limita a sua composição na forragem de animais de corte entre 30% e 50% em peso, mas a qualidade da carne não é afetada pela dieta de halófitas. E, surpreendentemente, os animais parecem se sentir atraídos pela dieta mais salgada proporcionada pela mistura de forragem comum com halófitas.

Estudos realizados já demonstram o potencial de certas plantas halófitas (plantas tolerantes à água salgada) para a agricultura em larga escala, cuja produção pode ser utilizada na alimentação de animais de corte e na fabricação de óleo comestível

Quanto à viabilidade econômica da agricultura com água salgada, o fator mais importante é o custo do bombeamento de água, que é proporcional ao volume bombeado e à altura a que deve ser levantada. Considerando que a água doce para irrigação é bombeada de poços, muitas vezes, com mais de 100 m de profundidade, a agricultura de água salgada em regiões áridas costeiras, onde a diferença de altura entre o mar e as plantações é pequena, torna-se rentável, mesmo considerando que as halófitas necessitam de um volume de água maior do que a agricultura de água doce e rendem menos. Muitas fazendas experimentais foram construídas por companhias na Califórnia, no México, Egito, na Índia e no Paquistão, mas até agora a produção em larga escala não deslanchou em lugar nenhum. O futuro desenvolvimento dessa técnica dependerá de fatores econômicos ligados à agricultura convencional.

Na área industrial, novos métodos disponíveis podem substituir os antigos com larga vantagem em termos de economia. O aço, que antes da Segunda Guerra requeria 60 a 100 toneladas de água por tonelada produzida, necessita de menos de 6 toneladas de água utilizando métodos modernos. O uso doméstico também pode ser otimizado em nível individual, além da melhoria necessária das redes de distribuição. Nos Estados Unidos, antes de 1990, as privadas usavam, para cada descarga, cerca de 23 litros d'água, mas em 1992 o Congresso impôs um novo padrão nacional, segundo o qual as privadas de residências novas seriam do tipo que consome apenas 6 litros por descarga, o que gerou uma economia substancial e auxiliou a cidade de Nova York a evitar uma crise iminente no abastecimento.

Finalmente, devemos considerar que o tipo de dieta das pessoas afeta o consumo de água. É intuitivo que a quantidade de água necessária para produzir 1 kg de grãos seja menor do que a necessária para produzir 1 kg de carne bovina de um rebanho que se alimenta de grãos, mas a diferença é assustadoramente grande. Por exemplo, a água necessária para produzir 1 kg de milho varia, dependendo das condições climáticas e do método de irrigação, entre 835 e 2.090 litros de água. Já a produção de 1 kg de carne bovina usando milho para alimentar os animais requer entre 16.700 e 70.900 litros de água! A Tabela 14 fornece volumes aproximados de água necessários para a produção de proteínas e energia em função do tipo de fonte.

A produção de 1 kg de carne bovina usando milho para alimentar os animais requer entre 16.700 e 70.900 litros de água

Tabela 14. Consumo de água, em litros, necessário para suprir proteína e calorias, para alimentos selecionados

ALIMENTO	ÁGUA CONSUMIDA PARA SUPRIR 10 g DE PROTEÍNA	ÁGUA CONSUMIDA PARA SUPRIR 500 CALORIAS
Batata	67	67
Cebola	118	221
Milho	130	130
Feijões	132	421
Trigo	135	219
Arroz	204	251
Ovo	244	963
Leite	250	758
Aves	303	1.515
Carne suína	476	1.225
Carne bovina	1.000	4.902

Fonte: The Worldwatch Institute, 2004.

Muitas das medidas citadas até agora soam absurdas para o brasileiro, que está acostumado com fartura de água, pelo menos nas regiões mais populosas. De fato, o Brasil é privilegiado pela natureza no que se refere à disponibilidade de água: temos quase 20% da água doce do mundo, graças às nossas bacias hidrográficas gigantescas. Como se isso não bastasse, o maior aquífero do mundo, chamado de Guarani, que ocupa uma área de 1,3 milhão km^2, atinge oito estados brasileiros, além de Uruguai, Paraguai e Argentina. Da área total do reservatório, 71% está no Brasil, 19% na Argentina, 6% no Paraguai e 4% no Uruguai (ver Figura 27). O volume da sua água puríssima, embebida numa camada de arenito que chega a 1.500 m de profundidade, é maior do que o despejado por todos os rios do mundo em 1 ano, perfazendo 50 quatrilhões de litros.

O Brasil é privilegiado pela natureza no que se refere à disponibilidade de água: temos quase 20% da água doce do mundo, graças às nossas bacias hidrográficas gigantescas. Como se isso não bastasse, o maior aquífero do mundo, chamado de Guarani, que ocupa uma área de 1,3 milhão km^2, atinge oito estados brasileiros, além do Uruguai, Paraguai e Argentina

Figura 27. Extensão do aquífero Guarani.

Fonte: Secretaria de Estado do Meio Ambiente de São Paulo.

> *Da área total do reservatório, 71% está no Brasil, 19% na Argentina, 6% no Paraguai e 4% no Uruguai*

Com a fartura, o brasileiro é propenso ao desperdício. As redes de água apresentam perdas de 40% em média, chegando a mais de 50% como no caso de Cuiabá. Metrópoles como o Rio e São Paulo vivem à mercê de racionamento e só poderão atender à demanda futura se a eficiência do fornecimento melhorar. A nossa cultura de desperdício e gerenciamento ineficaz de recursos hídricos deve ser modificada rapidamente, de forma que não aconteça sistematicamente o absurdo de racionamento no país melhor provido de água no mundo, como ocorreu durante a estiagem de 2013-2015 na região Sudeste, que baixou reservatórios a níveis recordes.

Mas nós também temos problemas de falta d'água, principalmente no Nordeste, onde a situação se agrava com o uso crescente de água para agricultura, desmatamento e a expansão urbana. O rio São Francisco, importante para boa parcela da população nordestina, é um dos casos mais alarmantes de degeneração de recursos hídricos no Brasil. O desmatamento nas nascentes e nas matas ciliares (ao longo do leito do rio) causa o assoreamento, e o rio está secando rapidamente. Um projeto do governo federal de transposição, que levaria parte das águas do "Velho Chico" a outros estados do Nordeste, com o objetivo de amenizar o sofrimento da região com a seca, tinha sido engavetado, mas encontra-se agora em pleno progresso, a despeito de protesto de entidades e pessoas proeminentes, argumentando que o impacto ecológico significativo não se justificaria, visto que a água seria usada, em sua maioria, por uma minoria.

A transposição motivou um protesto com duas greves de fome do frei Luiz Flávio Cappio, uma em 2005 e outra em 2007. Também em 2007, a atriz Letícia Sabatella enviou uma carta ao deputado Ciro Gomes, contestando o projeto e alegando que os benefícios para o povo brasileiro seriam mínimos: "quem realmente se beneficiará com esta obra: o povo necessitado do semiárido ou as grandes irrigações agrícolas e indústrias siderúrgicas? Afinal, a maior parte da água (bem comum do povo brasileiro) servirá para a produção agrícola e industrial de exportação e apenas 4% dessa água serão destinados ao consumo humano". Ainda segundo a atriz, alternativas foram propostas por movimentos sociais, compostos por técnicos e estudiosos que há muitos anos pesquisam o semiárido. "Uma dessas alternativas foi proposta pela Agência Nacional de Águas, com o Atlas do Nordeste: o projeto da ANA custaria R$ 3,3 bilhões, metade do custo da transposição, beneficiando com água potável 34 milhões de pessoas, abarcando nove estados". No entanto, o governo não levou em consideração essa opção.

O projeto prevê a construção de dois grandes canais, o Eixo Norte e o Eixo Leste, que vão levar a água do "Velho Chico" para vários municípios de Pernambuco, Paraíba, Rio Grande do Norte e Ceará. É a maior obra hídrica que está sendo construída pelo governo federal atualmente, e vai custar cerca de R$ 6 bilhões, dos quais R$ 4,5 bilhões serão empregados em obras. O Exército está fazendo os canais de aproximação dos dois eixos. As outras obras físicas serão feitas por empresas privadas e foram divididas em 14 lotes. A última estimativa de término das obras, anunciada pelo Ministério da Integração Nacional em 2015, é para 2017.

Na caatinga, onde a água é geralmente escassa, a construção de barragens subterrâneas para o represamento da água de chuva que cai durante quatro meses por ano é uma opção que está sendo explorada pela Empresa Brasileira de Pesquisa Agropecuária (Embrapa) e por ONGs como o Projeto Caatinga de Ouricuri. A água fica presa entre o subsolo rochoso e o muro construído, umedecendo o solo acima e tornando a terra fértil. Já foram construídas mais de mil represas em Pernambuco, que proporcionam colheitas e água para uso pessoal durante os meses de seca.

No Anexo 1 encontra-se a descrição das principais bacias hidrográficas brasileiras para os que desejarem conhecer um pouco mais sobre os nossos recursos hídricos.

Poluindo as fontes

Até aqui a crise mundial da água foi analisada apenas sob o enfoque do aumento do consumo. Há, entretanto, outro fator de importância, que é o processo de poluição das fontes de água. A metrópole de São Paulo, por exemplo, precisa usar água de bacias vizinhas, porque a represa Billings está poluída com esgoto. O fornecimento de água para o Rio tem sido afetado pela poluição da bacia do rio Guandu, principal fornecedor da cidade. Segundo a Associação Brasileira de Entidades do Meio Ambiente (Abema), cerca de 80% dos esgotos do País não recebem nenhum tipo de tratamento e são despejados diretamente em rios, mares, lagos e mananciais. Segundo o relatório *Estado Real das Águas do Brasil* (2003-2004), a contaminação das águas de rios, lagos e lagoas no Brasil aumentou 5 vezes nos últimos 10 anos, e a principal fonte de contaminação é formada pelas atividades agroindustriais e industriais. Esse documento indica também a existência de 20 mil áreas contaminadas, oferecendo riscos à população. Mais recentemente, em 2015, especialistas estrangeiros e atletas se assustaram com o nível de poluição das águas da Baía de Guanabara, a partir do resultado de uma análise encomendada pela Associated Press. A baía será, em princípio, palco de esportes aquáticos na olimpíada de 2016. Essa poluição é reflexo direto da poluição dos rios e canais que a alimentam.

Já estamos acostumados às notícias de rios e lagos poluídos, mas os aquíferos, tidos até há poucas décadas como invulneráveis às atividades humanas por causa da camada de solo que os protege e filtra os poluentes, estão se tornando um motivo de grande preocupação à medida que mais e mais fontes subterrâneas apresentam sinais de contaminação em várias partes do mundo. Os aquíferos estocam 97% de toda a água líquida doce do mundo e alimentam rios e lagos num processo natural de transbordo conforme a água de chuva e de outras fontes os abastecem. Como toda essa dinâmica é quase invisível aos nossos olhos, tendemos a ignorá-la, limitando-nos a usar os poços artesianos sem nos preocupar com o que estamos devolvendo a esses reservatórios com a poluição do solo e da água. E o fato de os aquíferos serem enormes estoques quase inertes d'água, sem sofrer a ação do Sol, da atmosfera ou da maioria dos micro-organismos, sem falar na alta expectativa de vida de muitos compostos sintéticos que os invadem, torna a sua poluição um processo quase sempre irreversível. Nos Estados Unidos existe um trabalho intenso de limpeza de aquíferos contaminados, que consiste em puxar a água para a superfície, tratá-la e injetá-la de volta, mas a limpeza total da maioria deles, segundo especialistas, é uma tarefa quase impossível.

Os aquíferos estocam 97% de toda a água líquida doce do mundo e alimentam rios e lagos num processo natural de transbordo conforme a água de chuva e de outras fontes os abastecem

---

A gama de poluentes é extensa. O poluente mais comum é o nitrato, oriundo da alta concentração de nitrogênio no esgoto doméstico, nos fertilizantes e nos dejetos das atividades pecuárias. Ele afeta mais intensamente certas regiões dos Estados Unidos, China, Índia e Europa Ocidental, onde a alta densidade populacional, aliada ao uso intensivo da terra nas atividades agropecuárias, libera uma grande quantidade de nitrato no ambiente. O limite máximo de nitrato na água potável, estipulado pela Organização Mundial de Saúde, é de 45 miligramas por litro (mg/l), mas no norte da China, por exemplo, os níveis passavam de 50 mg/l na maioria dos locais que foram alvo de testes realizados em 1995. A ocorrência de abortos espontâneos e de cânceres do trato digestivo tem sido ligada à presença de nitrato na água potável.

O pesticida é outro agente poluidor que até há pouco tempo era considerado ameaçador apenas aos habitantes da superfície, mas sabe-se agora que a capacidade de filtração e regeneração do solo não impede que ele atinja os lençóis freáticos e lá permaneça por um longo tempo. O famoso DDT, por exemplo, cujo uso nos Estados Unidos foi banido há mais de 30 anos, ainda é encontrado nas águas de lençóis freáticos. Um levantamento realizado nesse país no meio da década de 1990 concluiu que 60% dos poços analisados em áreas de lavoura continham pesticidas. A variedade de pesticidas em uso é muito grande. Alguns tipos são altamente perigosos para a saúde humana, como os inseticidas baseados em organofosfatos e carbamatos, que atacam o sistema nervoso. Muitos causam câncer, enfraquecem os sistemas imunológicos e interferem no desenvolvimento infantil, e não se sabe ao certo qual o efeito quando se considera a ação conjunta de vários tipos deles.

O famoso DDT, por exemplo, cujo uso nos Estados Unidos foi banido há 30 anos, ainda é encontrado nas águas de lençóis freáticos. Um levantamento realizado nesse país no meio da década de 1990 concluiu que 60% dos poços analisados em áreas de lavoura continham pesticidas

Os chamados compostos orgânicos voláteis (VOCs; ver Capítulo 5) são uma categoria de poluentes potenciais muito difundidos no mundo. Fazem parte dela os solventes clorados (usados na indústria eletrônica, de aviação e na limpeza de plásticos e metais), e os inúmeros produtos da indústria de petróleo e petroquímica, dos quais o mais comum é a gasolina. A conexão entre os VOCs e os lençóis freáticos está no vazamento de tanques subterrâneos usados para estocá-los, como os dos postos de gasolina. Como são de manutenção difícil e geralmente usados muito além da vida útil projetada, os vazamentos acabam sendo considerados perdas normais, e a poluição segue por muito tempo. Em 1993, por exemplo, a empresa Shell informou que um terço dos seus postos de gasolina na Inglaterra tinham contaminado o solo e os aquíferos.

Os efeitos de algumas substâncias pertencentes ao universo dos produtos derivados de petróleo são violentos e bem estudados. O benzeno, por exemplo, causa câncer mesmo em concentrações pequenas. Os solventes clorados causam aumento na chance de abortos espontâneos, além de estarem ligados a casos de cânceres infantis.

A contaminação de aquíferos por material radioativo é rara, e localizada em regiões onde ocorreram acidentes, como o caso de Chernobyl, analisado no Capítulo 4, ou nas cercanias de depósitos de lixo radioativo dos quais houve vazamentos. Já a poluição por substâncias que ocorrem naturalmente no ambiente é mais frequente, como a contaminação por água salgada do mar nos aquíferos perto do litoral. Geralmente, a água desses aquíferos transborda para o mar, mas o uso indiscriminado de poços artesianos causa a queda do nível d'água, o que propicia a invasão da água do mar, a tal ponto que a salinidade da água não mais permite o seu uso para beber ou irrigar plantações.

O arsênio, que ocorre naturalmente no subsolo de Bangladesh e de uma região fronteiriça da vizinha Índia, já matou milhares de pessoas e ameaça a saúde de dezenas de milhões que começaram a consumir água de poços artesianos na década de 1970 incentivadas por agências internacionais de ajuda, preocupadas com as doenças transmitidas pela água corrente. Como os sintomas do envenenamento por arsênio levam até 15 anos para aparecer, só no início dos anos 1990 a tragédia foi identificada.

O arsênio, que ocorre naturalmente no subsolo de Bangladesh e de uma região fronteiriça da vizinha Índia, já matou milhares de pessoas e ameaça a saúde de dezenas de milhões que começaram a consumir água de poços artesianos na década de 1970 incentivadas por agências internacionais de ajuda, preocupadas com as doenças transmitidas pela água corrente

Como reverter esse quadro? Os maiores ganhos devem advir do gerenciamento mais eficiente dos produtos químicos usados na agricultura. Sabe-se, por exemplo, que cerca de 85% a 90% dos pesticidas utilizados na agricultura são desperdiçados, poluindo o ambiente e forçando o consumidor a ingerir substâncias cancerígenas.

Mas a melhor opção ainda seria a eliminação do uso de pesticidas e fertilizantes artificiais com a inserção de predadores naturais das pestes nas plantações e técnicas simples de aumento de produtividade e de proteção. Uma dessas técnicas, por exemplo, é o cultivo de diversas variedades de um grão na mesma área, o que dá ao conjunto uma imunidade superior contra as doenças.

Na província de Yunnan, na China, até 1998 os agricultores usavam dois tipos de arroz híbrido em suas monoculturas, mas, quando passaram a usar múltiplas variedades, o rendimento dobrou e o uso de fungicidas pôde ser eliminado. Na Indonésia, um programa nacional denominado Gerenciamento Integrado de Pestes, iniciado em

1986, no qual os agricultores usam predadores naturais de pestes, intercalam as áreas cultivadas com trechos de plantas que naturalmente repelem os causadores de pestes e utilizam diversas variedades de grãos, cortou pela metade o uso de pesticidas no arroz nos primeiros 4 anos.

Na província de Yunnan, na China, até 1998 os agricultores usavam dois tipos de arroz híbrido em suas monoculturas, mas, quando passaram a usar múltiplas variedades, o rendimento dobrou e o uso de fungicidas pôde ser eliminado

Outros avanços podem ser conseguidos com a reciclagem de materiais na indústria. E em cidades e campos, o já mencionado tratamento de água de rejeito para reutilização tem o potencial de, além de economizar água, evitar que ela seja usada como um meio cômodo de nos livrar de poluentes que, muitas vezes, voltarão.

Métodos de tratamento de água

A água canalizada que é distribuída nos municípios costuma passar por um tratamento composto geralmente das seguintes etapas:

1. Aeração forçada, que remove gases dissolvidos – como o sulfeto de hidrogênio (que produz o cheiro de ovo podre) – e VOCs etc., e produz gás carbônico com a oxidação de compostos orgânicos;
2. Decantação de partículas em lagoas ou piscinas onde a água flui muito lentamente. Para ajudar a precipitação de partículas coloidais, que por si só não decantam, faz-se uso de sulfato de ferro (III), $Fe_2(SO_4)_3$, e de sulfato de alumínio, $Al_2(SO_4)_3$, que na água formam hidróxidos gelatinosos e carregam os coloides para o fundo;
3. Desinfecção, geralmente usando produtos clorados, como o ácido hipoclorídrico (HClO) (ver Quadro 10);
4. Ajuste da acidez da água e adição de fluoreto, esse último para ajudar no combate à cárie dentária.

Quadro 10. Reações de cloração

Para instalações de larga escala, como tratamento de água municipal, o ácido hipoclorídrico é gerado pela dissolução de cloro molecular, **Cl**, em água; com valores moderados de pH, o equilíbrio da reação com água se desloca bastante à direita e é alcançado em poucos segundos:

$$Cl_2(g) + H_2O(aq) \leftrightarrow HOCl(aq) + H^+ + Cl^-$$

Portanto, uma solução aquosa diluída de cloro contém muito pouco cloro. Se o pH da água se tornar muito alto, o resultado será a ionização do ácido hipoclorídrico, formando o íon hipoclorito **ClO**, que não tem tanto poder de penetração nas bactérias por causa da carga elétrica. Uma vez que o procedimento de cloração esteja completo, o pH é ajustado para cima, se necessário.

Dependendo da fonte de água, uma ou mais etapas devem se tornar mais rigorosas, cabendo o uso de outras técnicas complementares. Por exemplo, quando a presença de moléculas orgânicas pequenas é marcante, usa-se carvão ativado, que retém as moléculas em sua rede de poros. A luz ultravioleta é usada às vezes na etapa de desinfecção.

Figura 28. Estação de Tratamento de Água da Refinaria de Capuava, em São Paulo.

Foto: Petrobras (Eliana Fernandes).

O esgoto doméstico geralmente passa por um estágio de decantação, quando também são removidos componentes sobrenadantes, e um estágio de oxidação forçada, catalisada por micro-organismos. Em alguns casos, uma terceira etapa é adicionada para remover substâncias químicas específicas antes de a água ser encaminhada para os rios ou lagos.

O tratamento de água usada em processos industriais incorpora algumas das técnicas empregadas no tratamento de esgoto e da água canalizada, notadamente a aeração forçada.

O MAR, O MAR

Como todo bom mineiro "de Minas", sempre tive um fascínio pela praia e pelo mar, que conheci bem cedo por intermédio do meu pai, um fluminense que, antes de se mudar para Lambari, sempre curtiu velejar pelas águas da Guanabara. A praia de Ipanema acabou sendo o nosso *point* de férias preferido e se tornou uma espécie de referência para mim.

Lembro que ainda na década de 1970 eu costumava encher sacos plásticos com uma miríade de conchas de diversas formas e tamanhos que abundavam naquelas areias. A água transparente com tons de azul e verde era irresistível para mim e para o meu irmão, e nadávamos com uma alegria incontida, muitas vezes próximos do Arpoador, cuja massa imponente de pedras evocava tempos em que as baleias (sim, baleias de verdade!) em suas rotas migratórias passavam por ali à distância de um arpão.

No final da década de 1980 eu já morava no Rio, no bairro do Leblon, e sempre corria ou caminhava até o Arpoador, que já não oferecia as conchas em quantidade, mas cujas águas ainda eram limpas. Mas no final da década de 1990 os banhistas não mais encontravam ali um lugar seguro para o banho de mar, e as ondas frequentemente apresentavam tons escuros não muito convidativos. Foi nessa época que percebi como a degradação ambiental podia passar facilmente despercebida, pois os sinais são sutis (como o nome Arpoador atesta) e às vezes levam tempo para aparecer, muitas vezes um tempo longo demais para ser discernível nas nossas atividades cotidianas.

O mar em particular tem sido vítima desse descaso por causa, principalmente, da falsa noção de que o seu tamanho gigantesco poderia absorver qualquer interferência da sociedade moderna. De fato, o mar é imenso, cobrindo quase três quartos da superfície terrestre (ver Figuras 29 e 30, e Tabela 15), mas seus ecossistemas estão longe de ser invulneráveis à poluição e à exploração predatória. Apesar de a profundidade média dos oceanos ser de cerca de 3.200 m, o grosso da vida marinha está restrito às primeiras centenas de metros, onde a luz do sol ainda se faz presente e possibilita o crescimento do fitoplâncton, conjunto de organismos unicelulares fotossintetizantes que responde por cerca de metade de toda a capacidade fotossintetizante da Terra. Naturalmente, o restante da cadeia alimentar se situa na mesma região, culminando com os grandes peixes e as baleias. Já nas profundezas, onde impera a escuridão total e a fotossíntese não pode ser realizada, os ecossistemas são muito menos luxuriantes, salvo talvez nos raros pontos em que comunidades complexas se baseiam na quimiossíntese, propiciada pelas substâncias emanadas das fontes hidrotermais.

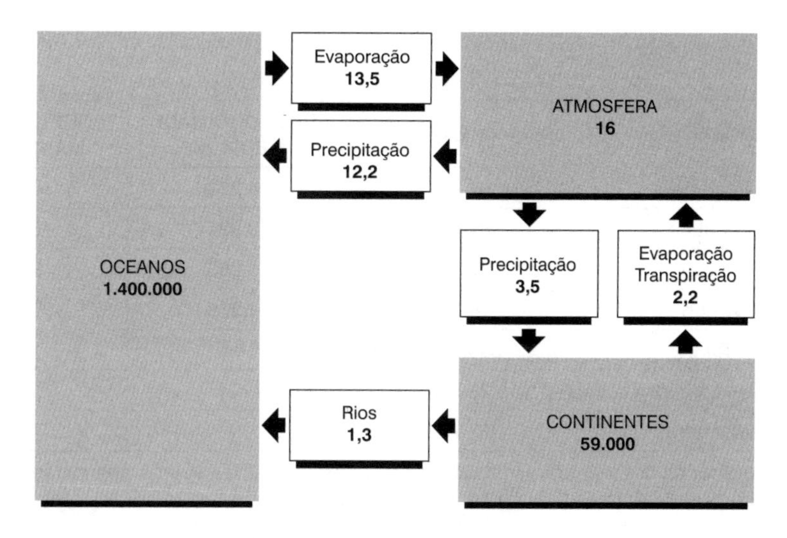

Figura 29. Um mundo de água.

Volume estimado de água nos oceanos, na atmosfera e nos continentes. Volume em 10^3 km^3 e fluxos em 10^6 m^3/s.

Figura 30. A Terra, vista pelo satélite Galileo.

As quatro perspectivas diferentes estão centradas no hemisfério sul.
A Antártida aparece em todas como uma mancha branca rodeada de nuvens. Vê-se que a paisagem é sempre dominada pelo mar (cor mais escura), com uma presença tímida dos continentes.

Fonte: Nasa/JPL.

Tabela 15. Dados sobre oceanos e demais corpos d'água

OCEANO	ÁREA (km)	PROFUNDIDADE MÉDIA (m)	PROFUNDIDADE MÁXIMA (m)
Pacífico	165.245.400	4.283	10.900
Atlântico	82.441.100	3.924	8.381
Índico	73.442.200	3.963	8.050
Ártico	14.090.100	1.205	5.456
Total	335.218.800	–	–
Total de mares, baías e canais	28.536.300	–	–
Total geral	363.755.100	–	–

As águas ao redor do continente antártico até os limites externos dos *icebergs*, chamadas por alguns geógrafos de oceano Antártico, foram consideradas como parte integrante dos oceanos Pacífico, Atlântico e Índico, o que lhes adicionou um total de mais de 62.000.000 km^2.
A maior profundidade nessas águas é de 8.581 m.

Além da necessidade da luz solar, outra restrição da vida marinha está ligada à presença de nutrientes dissolvidos na água. As chuvas nos continentes retiram esses nutrientes do solo, que através dos rios alcançam o mar. Como consequência, a vida marinha se desenvolve mais intensamente ao longo das plataformas continentais, a uma distância em geral não muito superior a umas centenas de quilômetros da costa. No alto-mar, como muitos pescadores bem o sabem, existem imensos desertos de água. A costa oferece abrigo para a reprodução de incontáveis espécies, seja nas águas de rios, seja nos manguezais, seja nas águas calmas de baías e restingas.

Ocorre que é justamente ao longo da costa que despejamos a maioria dos nossos dejetos industriais e domésticos. Além disso, estamos imprimindo um ritmo de pesca que vem causando a diminuição drástica da população de muitas espécies, pois o ritmo de reprodução é determinado pela natureza, e não pelas nossas necessidades, sempre crescentes. Ainda no século XX, o bacalhau era considerado comida de pobre, e hoje assumiu um *status* de iguaria por sua raridade. O mesmo pode ser dito de outros tantos frutos do mar, e até a prosaica sardinha está sendo comercializada a um preço cada vez maior.

Um exemplo emblemático de que os oceanos não são invulneráveis às atividades humanas é o fato, já mencionado anteriormente, de que estão ficando mais ácidos, tendo o seu pH decrescido 0,1 unidade nos últimos 50 anos, segundo a bióloga Lara Hansen, cientista-chefe do WWF (sigla em inglês para o Fundo Mundial para a Natureza). Como o pH é medido em escala logarítmica, esse decréscimo de 0,1 ponto significa um aumento de 30% na acidez. Os oceanos têm uma grande capacidade de absorver impactos e mudanças sem nenhum efeito aparente. Porém, quando seu limite de resistência é excedido, e os efeitos são detectados e se tornam óbvios, é geralmente muito tarde para reverter a tendência. Mesmo se as emissões de CO_2 parassem hoje, levaria muitas décadas para os oceanos responderem.

Desde o início da Revolução Industrial, o pH dos oceanos caiu de 8,2 para 8,1. Para um cenário sem mudanças, as previsões para o final do século XXI são de que o pH dos oceanos ainda cairá cerca de 0,4 unidade, o que significa que a sua superfície ficará 300% mais acida em relação ao valor pré-industrial. Por causa do aumento na acidez, menos íons de carbonato estão disponíveis e, por consequência, as taxas de calcificação dos organismos caem e seus esqueletos e conchas ficam mais finos. Até agora, praticamente nenhum estudo foi feito sobre o impacto econômico da acidificação dos oceanos, mas, com os frágeis ecossistemas marinhos sob ameaça, estima-se que o setor pesqueiro e muitas economias litorâneas serão severamente afetados. A última vez que os oceanos passaram por uma drástica mudança em sua química foi 65 milhões de anos atrás, mais ou menos na mesma época em que os dinossauros foram extintos. O padrão de extinção no oceano é consistente com acidificação – o registro fóssil revela uma queda brusca no número de espécies com conchas de carbonato de cálcio que viviam próximo à superfície – especialmente corais e plâncton.

A lata de lixo por excelência

A melhor maneira de as cidades e indústrias se livrarem rapidamente de resíduos sólidos e líquidos sempre foi enviá-los para os rios, que são o meio de transporte por excelência, com custo zero (numa ótica limitada) e eficácia inquestionável. Como diz o ditado, longe dos olhos, longe do coração.

A carga orgânica desses dejetos, que frequentemente é intensa nos rios que passam por centros industriais e/ou urbanos, é atacada desde a sua formação por micro-organismos, que encontram nela uma fonte abundante de nutrientes como nitrogênio e fósforo. Esse "processamento" de rejeitos é um processo natural e muito bem-vindo, mas ocorre que, quando a carga orgânica é muito intensa, há uma grande proliferação dos micro-organismos, que usam todo o oxigênio do meio e acabam matando peixes e outros seres vivos por asfixia. Daí a necessidade, por exemplo, das estações de tratamento de esgoto, que promovem a ação dos micro-organismos por meio de aeração forçada.

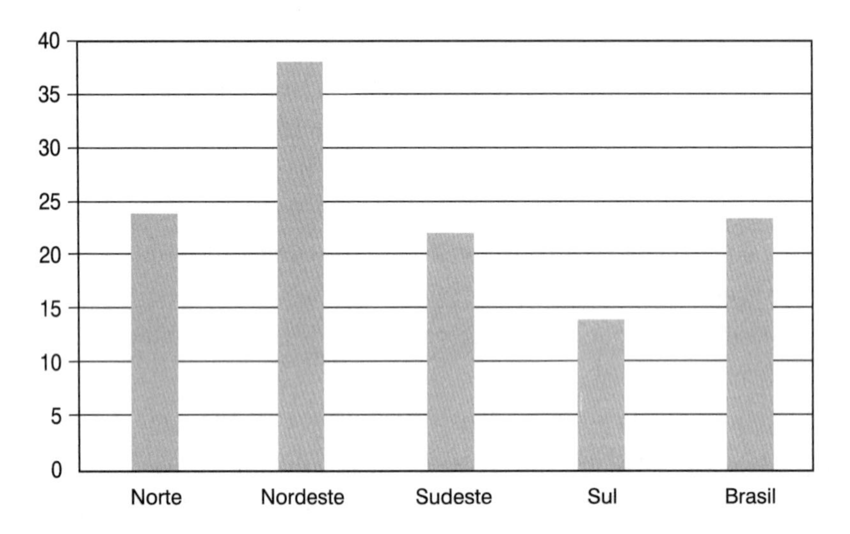

Figura 31. Proporção da população residente em área costeira, por região.

Água poluída com carga orgânica tem menos quantidade de oxigênio dissolvido. Quanto maior o valor da DBO, maior a poluição.

Fonte: IBGE, 2015.

Mas o estrago da carga orgânica não se limita aos rios. Chegando ao mar, ela promove o desenvolvimento de certos tipos de alga, como os dinoflagelados, que contêm um pigmento vermelho e causam a conhecida maré vermelha. Tais criaturas expelem substâncias tóxicas que afetam o ecossistema local e podem matar pessoas que consomem frutos do mar contaminados. Recentemente, as marés vermelhas têm aparecido com frequência na costa da China – na década de 1990 foram registradas mais de 200 delas. Em maio de 2001, uma maré vermelha com cerca de 2.800 km^2 apareceu perto da desembocadura do rio Yang-Tsé, o que forçou o governo a alertar a indústria pesqueira para tomar medidas para evitar impactos negativos.

As marés vermelhas têm aparecido com frequência na costa da China – na década de 1990 foram registradas mais de 200 delas

A redução drástica que os micro-organismos impõem na concentração de oxigênio dissolvido na água do mar pode gerar grandes "zonas mortas", como no golfo do México, onde os peixes e outros organismos não podem penetrar sob pena de sufocamento.

As zonas mortas em áreas costeiras têm se proliferado pelo globo, dobrando de número a cada década desde os anos 1960, e chegando recentemente a 400, cobrindo uma área de 245 mil km^2, de acordo com pesquisa publicada na revista *Science* em 2008. Zonas mortas são regiões onde a quantidade de oxigênio disponível é menor do que 0,2 ml para cada litro de água. Para os ecologistas marinhos, dois fatores são responsáveis pelo fenômeno: os fertilizantes nitrogenados das plantações, que escoam pelos rios até o mar, e as mudanças climáticas. Segundo Jack Barth, oceanógrafo da Oregon State University, o aparecimento de áreas hipóxicas (com pouco oxigênio) muito próximas à costa está assustando os pesquisadores.

As mudanças climáticas incentivam o aparecimento de zonas mortas por dois processos distintos. Um deles se dá pelo aumento de temperatura das águas superficiais, que passam a absorver menos oxigênio da atmosfera e a tender a se misturar menos com as camadas mais profundas e frias, impedindo a renovação de oxigênio. O outro processo leva em conta o aumento da intensidade dos ventos dos continentes para o mar, devido à diferença de pressão entre o ar mais quente sobre os continentes e o ar mais frio sobre o oceano. Assim, os ventos deslocam com mais intensidade as águas superficiais, trazendo à tona águas mais profundas. Em áreas onde a circulação oceânica já traz à superfície águas mais profundas e ricas em nutrientes (fenômeno chamado de ressurgência), o processo se intensifica e a decomposição dos nutrientes por bactérias reduz muito o nível de oxigênio.

Observe-se que, geralmente, áreas com ressurgência são ricas em vida marinha, atraindo atividades pesqueiras. Entretanto, o excesso de ressurgência pode ter um efeito deletério. Alguns ecossistemas baseados em ressurgência, como os da costa do Oregon, da África do Sul, do Chile e do Peru, estão dando sinais de alterações, com relatos mais frequentes de fenômenos de mortandade de vida marinha por hipoxia.

O Brasil possui seis zonas mortas: a lagoa dos Patos, em Porto Alegre, a baía de Guanabara e a lagoa Rodrigo de Freitas, no Rio de Janeiro, a bacia do Pino, em Recife, a lagoa da Conceição, em Florianópolis, e a lagoa de Imboassica, em Macaé.

A situação se complica quando os rios poluídos desembocam no mar em regiões de manguezais, não sem propriedade chamados de viveiros do mar. Manguezais são formações vegetais que vivem em terras planas, baixas e lamacentas, localizadas nas costas litorâneas das regiões tropicais suscetíveis à inundação das marés, junto aos desaguadouros dos rios, no fundo de baías e nas enseadas. A interação entre a vegetação (que vive num ambiente de água salgada), o solo lamacento, os rios e o mar cria um ambiente que, além de seguro, é rico em nutrientes para o sustento de populações de camarões, siris, caranguejos, ostras e muitas outras espécies, que ali encontram o lugar ideal de reprodução. A concentração de nutrientes torna possível a existência de até 10 mil indivíduos/m^2, entre peixes, moluscos e crustáceos. A temperatura alta dos manguezais, causada pelo solo escuro que absorve quase toda a luz solar, também conta pontos para o desenvolvimento dos embriões.

As raízes das plantas ficam suspensas sobre o chão lodoso e sustentam árvores de até 30 m de altura. Chamadas de pneumatóforos, elas apresentam a dupla função de sustentar as plantas sobre a superfície instável e absorver oxigênio diretamente da atmosfera, já que ele praticamente não pode ser encontrado no solo.

Os manguezais raramente se encontram em litorais de mar aberto, uma característica que os torna ainda mais vulneráveis à poluição dos rios a eles associados, pois a calma das águas, perturbadas apenas pelo ciclo das marés, dificulta a dispersão da poluição. Outras ameaças aos manguezais são o uso da vegetação como madeira, a invasão de favelas, o aterramento para fins de loteamento, e a destruição causada por derrames eventuais de poluentes de alto impacto, como metais pesados e óleo. Estima-se que cerca de 50% dos manguezais do mundo já foram destruídos, e em países como Tailândia, Filipinas, Panamá, México e Paquistão esse valor se eleva para cerca de 85%.

Vejamos, por exemplo, um caso próximo do nosso cotidiano, como o da baía de Guanabara, que abriga cerca de 70 km^2 de manguezais. Da paisagem luxuriante que ostentava até o início do século XX, a baía sofreu uma alteração radical. O crescimento desordenado do Rio de Janeiro e das cidades vizinhas ao redor do seu perímetro se traduz numa carga diária de 400 toneladas de esgoto doméstico, além de 64 toneladas de lixo orgânico industrial, 300 quilos de metais pesados e 7 toneladas de óleo. As favelas avançaram impunemente sobre a região, e hoje a baía de Guanabara só apresenta o antigo esplendor se for observada de uma distância considerável.

O crescimento desordenado do Rio de Janeiro e das cidades vizinhas ao redor do seu perímetro se traduz numa carga diária de 400 toneladas de esgoto doméstico, além de 64 toneladas de lixo orgânico industrial, 300 quilos de metais pesados e 7 toneladas de óleo

A situação dos manguezais, já precária, agrava-se com os frequentes derrames de óleo de navios atracados, despejos irregulares das inúmeras indústrias da região e desastres como o derrame acidental de 1,3 milhão de litros de óleo combustível em 18 de janeiro de 2000, causado pelo rompimento de um duto da Petrobras que transportava o produto entre dois terminais. O vazamento ocorreu na fase de Lua cheia, quando as marés são mais fortes, e isso fez com que o óleo avançasse até 80 m para dentro do mangue. Mais de mil aves morreram e, com o sistema de raízes aéreas impermeabilizado pelo óleo, as plantas não puderam mais respirar.

Os vazamentos de óleo e petróleo geralmente causam mais estragos na costa do que em alto-mar, onde os ventos e as correntes tendem a dissipar rapidamente a mancha. Mas, se a magnitude do vazamento for colossal, as áreas costeiras sofrem consequências. O pior caso de vazamento da história da exploração de petróleo ocorreu em 1979-1980 num poço no golfo do México. Ele sofreu um *blow out,* termo técnico que significa que um bolsão de gás de alta pressão subiu até a plataforma, de forma descontrolada. Um incêndio destruiu a plataforma, que afundou, e até o vazamento de petróleo ser estancado, 290 dias depois, um volume estimado entre 0,5 e 1,6 milhão de toneladas de petróleo vazou, poluindo praias do México e do Texas.

Muitos consideram o petróleo como um poluente "por natureza", um produto intrinsecamente nefasto aos organismos vivos. Mas, como os casos já discutidos anteriormente, a poluição pelo petróleo deve também ser encarada num contexto mais amplo. Da mesma maneira que no caso dos outros poluentes, como o esgoto doméstico, o seu efeito adverso não advém da sua natureza, visto que é um produto natural, mas da sua alta concentração em certos ambientes, que acabam sendo afetados. Para consubstanciar essa argumentação, vale lembrar que vazamentos naturais de petróleo ocorrem com frequência no mar. As manchas quilométricas formadas são usadas por geólogos para rastrear depósitos no fundo do mar e por cientistas interessados nos padrões de correntes marinhas, visto que o traçado das manchas denuncia o caminho das águas. No golfo do México, por exemplo, os vazamentos naturais são muito comuns por características geológicas peculiares, podendo ser observados por satélites e astronautas em órbita da Terra. As primeiras expedições em submarinos no golfo do México que pesquisaram o fundo do mar à procura das fontes de vazamento descobriram comunidades de bactérias e mexilhões que literalmente vivem de petróleo e gás natural e, por sua vez, servem de alimento para peixes, crustáceos e outros invertebrados.

As primeiras expedições em submarinos no golfo do México que pesquisaram o fundo do mar à procura das fontes de vazamento descobriram comunidades de bactérias e mexilhões que literalmente vivem de petróleo e gás natural e, por sua vez, servem de alimento para peixes, crustáceos e outros invertebrados

Estima-se que o volume de petróleo emanado pelo fundo do mar naquela região seja de 40 milhões de litros por década, uma quantidade equivalente ao do famoso derrame do petroleiro Exxon Valdez na baía Príncipe William, no Alasca, em 1989, que afetou 1.750 km de linha costeira e resultou num desastre ambiental sem precedentes. Infelizmente, os muitos estudos científicos de impacto ambiental levados a cabo na região foram desvirtuados em razão de disputas legais entre a companhia petrolífera e as partes reclamantes, entre elas e os pescadores, e o estado do Alasca.

Os recifes de coral são outro ecossistema importante para a reprodução de peixes, sendo sensíveis a alterações ambientais. Já vimos que o aumento da temperatura das águas superficiais, no esteio do efeito estufa, tem afetado uma fração considerável deles, além da poluição, que pode advir de atividades aparentemente inofensivas. Por exemplo, a Indonésia e as Filipinas, que juntas fornecem 85% dos peixes de aquário marinhos existentes no mundo, utilizam o envenenamento por cianeto de sódio para facilitar a sua captura nos recifes. Estima-se que essa prática cause a morte, ainda nos recifes, de 50% dos peixes expostos, e que 40% dos capturados vivos morram antes de chegarem aos aquários pelos efeitos do cianeto. Além disso, os próprios corais também são expostos ao veneno, visto que é neles que os peixes procuram abrigo dos mergulhadores. Estudos de laboratório e evidências nos recifes indicam que os corais também são destruídos pelo cianeto, e muitos biólogos marinhos apontam o uso de cianeto como um dos principais agentes de destruição dos recifes de coral do sudeste asiático, os mais ricos em biodiversidade do planeta.

A Indonésia e as Filipinas, que juntas fornecem 85% dos peixes de aquário marinhos existentes no mundo, utilizam o envenenamento por cianeto de sódio para facilitar a sua captura nos recifes. Estima-se que essa prática cause a morte, ainda nos recifes, de 50% dos peixes expostos, e que 40% dos capturados vivos morram antes de chegarem aos aquários pelos efeitos do cianeto

Esgotando os recursos do mar

Ao mesmo tempo que degradamos os ecossistemas marinhos com poluição crescente, exigimos cada vez mais deles em termos de produção pesqueira. Com o advento de técnicas modernas aplicadas à pesca, como o sonar e o satélite, os navios pesqueiros ganharam ferramentas poderosas de informação, e viajam ao redor do mundo usando redes com dezenas de quilômetros de extensão, muitas vezes desrespeitando a Lei do Mar, ratificada pelas Nações Unidas, que estabelece zonas econômicas exclusivas às nações banhadas pelo mar, numa extensão que vai das praias a uma distância de 200 milhas náuticas (370 km) mar adentro. Os pescadores acabam capturando muitos peixes que não eram o alvo primário, e tal captura secundária é geralmente transformada em alimento para porcos e aves domésticas, além de fertilizante.

Recentemente, a produção pesqueira marinha e continental no mundo estacionou em pouco menos de 95 milhões de toneladas por ano (ver Tabela 16), o que parece confirmar o valor de 100 milhões de toneladas por ano como limite superior teórico predito por biólogos. A questão não está totalmente resolvida, porque existem certas flutuações naturais na população de espécies comercialmente importantes. Por exemplo, na década de 1970, a indústria pesqueira peruana de anchovas entrou em colapso em razão de mudanças climáticas causadas pelo El Niño, que também foi a causa principal na queda da produção mundial de 1998. Além disso, o fato de que a China tem falsificado informações de pesca, exagerando os números para atingir objetivos de aumento de produtividade, leva alguns pesquisadores a concluir que o desembarque de peixes no mundo está de fato diminuindo em cerca de 700 mil toneladas por ano, desde o final dos anos 1980.

Tabela 16. Produção pesqueira mundial por captura (em milhões de toneladas)

SEGMENTO	2007	2008	2009	2010	2011	2012	2013
Marinha	80,7	79,9	79,7	77,9	82,6	79,7	80,9
Continental	10,1	10,3	10,5	11,3	11,1	11,6	11,7
Total	90,8	90,1	90,2	89,2	93,8	91,3	92,6

Fonte: FAO, 2015.

De maneira geral, o desconhecimento de vários aspectos dos ecossistemas marinhos torna impossível uma avaliação precisa sobre limites máximos de captura recomendados. Todavia, é fato que, em muitas regiões do mundo, a pesca predatória aliada à poluição reduziu sensivelmente a população de peixes que outrora eram abundantes. Um estudo de 2006 concluiu que, se as práticas atuais de pesca de captura continuarem, os estoques principais do mundo entrarão em colapso por volta de 2048.

Apesar da estagnação da pesca tradicional de captura, o rápido crescimento da aquacultura, ou seja, a criação de frutos do mar em ambientes fechados e controlados tem sustentado um aumento da produção total mundial. Na década de 1950, a produção mundial da aquacultura cresceu 5% ao ano, passando a 8% ao ano nas décadas de 1970 e 1980 e chegando a 10% na década de 1990. A Tabela 17 fornece uma visão geral do estado da aquacultura no mundo. Os países asiáticos, capitaneados pela China, são os maiores produtores.

Na década de 1950, a produção mundial da aquacultura cresceu 5% ao ano, passando a 8% ao ano nas décadas de 1970 e 1980 e chegando a 10% na década de 1990

Tabela 17. Produção mundial em aquacultura e principais países produtores, em mil toneladas (peixes, moluscos, crustáceos etc., sem incluir plantas aquáticas)

PAÍS	2008	2013
China	32.730	43.550
Índia	3.851	4.550
Indonésia	1.690	3.820
Vietnam	2.462	3.207
Bangladesh	1.006	1.860
Noruega	848	1.248
Egito	694	1.098
Tailândia	1.331	1.057
Chile	843	1.033
Birmânia	675	929
Filipinas	741	815
Japão	730	609
Brasil	365	473
Total Mundial	53.000	70.200

Os dados apresentados incluem a produção de plantas aquáticas.

Fonte: FAO, 2015.

Muitos veem na aquacultura a alternativa para a incrementação da produção de frutos do mar e para a preservação dos ecossistemas marinhos. Mas toda atividade humana de grande porte acaba tendo efeitos no meio ambiente, e a aquacultura não é exceção. A criação de camarões, denominada carcinicultura, ilustra bem esse ponto. Os principais produtores estão localizados na Ásia (Tailândia, Indonésia, China, Índia e outros), onde mais de 1 milhão de hectares de solo são ocupados pelos açudes de camarão, e na América Latina (Equador, com 100 mil hectares, além do México, Colômbia, Peru e outros). Na Ásia, a maioria dos produtores desenvolve nos açudes todo o ciclo de vida dos camarões. Já na América Latina, adota-se frequentemente a prática de pesca das larvas de camarão, pois se acredita que as larvas selvagens têm mais resistência para sobreviver nos açudes. E a pesca das larvas acaba capturando outros seres vivos – que serão mortos sem serventia – numa proporção muito maior, chegando, segundo estimativas, a 100 criaturas mortas para cada larva de camarão capturada.

A localização dos açudes também produz um impacto considerável, pois a desejada proximidade do mar acaba por incitar a invasão de áreas ecologicamente importantes, como os nossos já bem conhecidos manguezais. A criação de camarões é responsável, em termos mundiais, por menos de 10% da destruição de manguezais, mas em certos países chega a 20%.

A criação de camarões é responsável, em termos mundiais, por menos de 10% da destruição de manguezais, mas em certos países chega a 20%

Outro problema ligado à aquacultura é a utilização de carne de peixes de captura, principalmente os de menor porte, como a sardinha, para a nutrição dos peixes de criação. Cerca de um terço da massa dos peixes capturados no mundo é usada como alimento para peixes de criação, gado e porcos. Dessa fração, 57% são consumidos pela aquacultura. Essa prática é muito ineficiente: para a produção de 1 kg de salmão de criação, são necessários cerca de 3 kg de peixe. Para o bacalhau, a relação alcança 5 para 1, atingindo a marca de 20 para 1 no caso do atum. Entretanto, a aquacultura baseada em peixes herbívoros, que é o caso da China, revela-se uma prática sustentável.

No Brasil, a carcinicultura tem experimentado um crescimento rápido, e a região Nodeste, que concentra 97% da produção nacional, passa a experimentar problemas ambientais decorrentes dessa atividade, principalmente no Rio Grande do Norte, onde os manguezais estão sendo destruídos para a expansão das áreas de criação. Outro problema é a contaminação das águas costeiras com a água de rejeito dos açudes, carregada de material orgânico decorrente de fezes, alimento não aproveitado, e micro-organismos que crescem rapidamente no ambiente rico em nutrientes. A Figura 32 mostra o crescimento da aquacultura no Brasil, em comparação com a pesca de captura, que estacionou na faixa de 800 mil toneladas por ano.

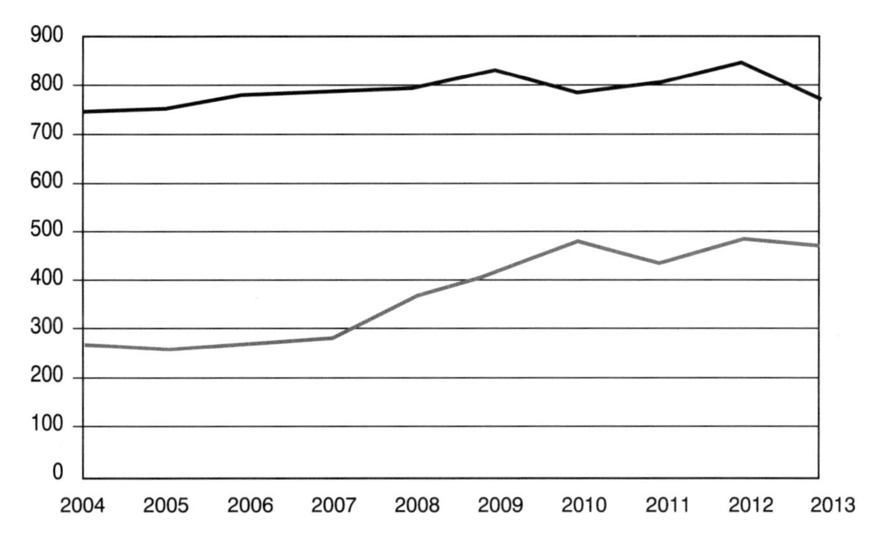

Figura 32. Produção de pescado no Brasil (peixes, crustáceos, moluscos etc, em mil toneladas) por captura (linha negra) e aquacultura (linha cinza).

Fonte: FAO, 2015.

Segundo especialistas, a enorme costa brasileira sofre com o problema de alto grau de salinidade e baixa presença de nutrientes, o que limita o tamanho de cardumes. E como a frota nacional, formada por embarcações de pequeno porte, concentra-se na costa, a exploração excessiva e a poluição estão causando um declínio dos estoques tradicionais, como o da sardinha. No entanto, o fato de que muitas espécies pescadas da Bahia até o sul estão sendo exploradas em demasia, de acordo com cientistas brasileiros, não parece ter sensibilizado o governo.

A enorme costa brasileira sofre com o problema de alto grau de salinidade e baixa presença de nutrientes, o que limita o tamanho de cardumes

---

7 RESÍDUOS QUE VÃO E RESÍDUOS QUE VOLTAM

O LIXO NOSSO DE CADA DIA

As novas megalópoles, que evidenciam o contraste social dos países em desenvolvimento, particularmente no Brasil, acabam por gerar práticas de sobrevivência que dependem dos dejetos dos mais abastados. Não raras vezes, testemunhamos cenas ultrajantes ao nosso senso de dignidade, como no caso de uma inesquecível reportagem à qual assisti uma vez mostrando o cotidiano de comunidades que viviam do que podiam coletar num lixão. Durante as filmagens, uma mulher foi focalizada pelas câmeras, exibindo um achado surpreendente: um seio humano, encontrado entre o lixo hospitalar.

Casos menos dramáticos e mais frequentes incluem, por exemplo, muita gente que vive da coleta de latas de alumínio para reciclagem. Não é por uma questão de zelo ambiental que o Brasil é altamente eficiente na reciclagem de alumínio (ver Figura 33), mas por um problema de distorção social. Segundo a Associação Brasileira do Alumínio, em 2007 foram recicladas 160,6 mil toneladas de sucata de latas, o que corresponde a 11,9 bilhões de unidades – 32,6 milhões por dia ou 1,4 milhão por hora. Em 2012, a reciclagem de sucata de latas saltou para 267 mil toneladas, correspondendo a um índice 97,9% das embalagens consumidas em 2011, mantendo o país na liderança mundial desse processo de reciclagem, posição que ocupa desde 2001. Compare-se esse nível com o de outros materiais, segundo dados do IBGE, para o ano de 2012: 59% para embalagens PET, 46% para papel.

Mas, distorções à parte, a reciclagem de materiais que compõem o lixo doméstico e comercial, que inclui uma variedade estonteante de produtos, é uma atividade triplamente vantajosa para a sociedade. Em primeiro lugar, reduz os custos de produção das indústrias, pois geralmente é mais barato processar material reciclado, reutilizando-o como matéria-prima, do que obtê-la da maneira convencional. Com isso, a demanda de recursos naturais diminui, como a mineração de alumínio e o corte de árvores para a fabricação de papel. Finalmente, a quantidade de dejetos jogados fora, muitos dos quais possuem um tempo de vida longo (ver Tabela 18), também diminui.

Tabela 18. Tempo de degradação de componentes comuns do lixo doméstico

MATERIAL	TEMPO DE DEGRADAÇÃO
Jornais	2 a 6 semanas
Embalagens de papel	1 a 4 meses
Casca de frutas	3 meses
Guardanapos de papel	3 meses
Pontas de cigarro	2 anos
Fósforo	2 anos
Chicletes	5 anos
Náilon	30 a 40 anos
Sacos e copos plásticos	200 a 450 anos
Latas de alumínio	100 a 500 anos
Tampas de garrafas	100 a 500 anos
Pilhas	100 a 500 anos
Garrafas e frascos de vidro ou plástico	Indeterminado

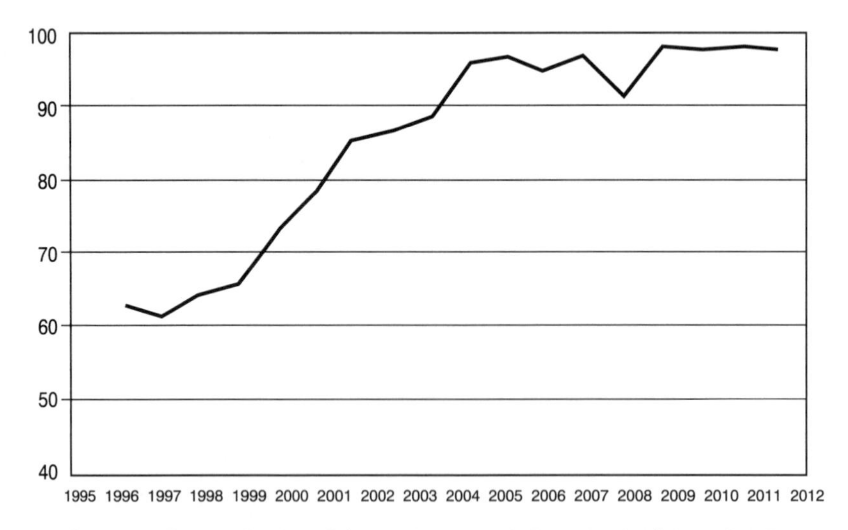

Figura 33. Proporção de reciclagem de sucata de latas de alumínio no Brasil.

Fonte: IBGE, 2015.

Além da reciclagem, outros três hábitos também são incentivados no esforço para reduzir a produção de lixo: o reúso de materiais, o uso mais racional de recursos e a recuperação de energia de materiais que não podem ser reciclados ou reusados.

Em termos econômicos, a reciclagem de alumínio é a mais vantajosa, pois cerca de um quarto do custo de produção deve-se à energia elétrica usada para reduzir o óxido de alumínio da forma mineral para o alumínio metálico. Já no caso dos plásticos, que são feitos a partir de petróleo, uma matéria-prima ainda barata, a reciclagem não é economicamente muito atraente, e a ênfase fica no reúso, moldando-os em outros objetos, e na queima para obtenção de energia. O lixo de países industrializados contém menos de 10% de plásticos em peso, mas eles fornecem cerca de 30% da energia na queima.

Figura 34. Catador de latas de alumínio.

Praia de Camboinhas, Niterói, Rio de Janeiro.

Foto: Rafael Pinotti.

A coleta seletiva no Brasil correspondia, no início do século, a menos de 3% do lixo coletado. Nas cidades com até 200 mil habitantes, estimava-se a quantidade coletada entre 450 gramas e 700 gramas por habitante por dia; acima de 200 mil habitantes, essa quantidade aumentava para a faixa entre 800 gramas e 1.200 gramas por habitante por dia. Segundo a Pesquisa Nacional de Saneamento Básico (PNSB), de 2000, eram coletadas 157.708 toneladas de lixo domiciliar, diariamente, em todos os municípios brasileiros. Cada brasileiro produzia em média 920 gramas de lixo sólido por dia, mas a quantidade de lixo reciclável recuperada, seja na coleta seletiva, seja por catadores, chegava a apenas 2,8 quilogramas por ano por habitante.

Com a aprovação da Política Nacional de Resíduos Sólidos (PNRS) em 2010, a coleta seletiva se expandiu no Brasil, e o número de municípios contemplados mais que dobrou entre 2010 e 2014, alcançando a cifra de 927 cidades. Entretanto, o número de brasileiros com acesso a ela ainda é pequeno – apenas 13%. Já a proporção de moradores em domicílios permanentes urbanos com acesso à coleta de lixo no Brasil, segundo o relatório de *Indicadores de desenvolvimento sustentável 2015*, do IBGE, saltou de 80% em 1992 para cerca de 98% em 2012.

A proporção de moradores em domicílios permanentes urbanos com acesso à coleta de lixo no Brasil, segundo o relatório de Indicadores de desenvolvimento sustentável 2015, do IBGE, saltou de 80% em 1992 para cerca de 98% em 2012

Tabela 19. Composição média do lixo brasileiro

MATERIAL	FRAÇÃO EM PESO (%)
Matéria orgânica	65
Papel	25
Metal	4
Vidro	3
Plástico	3

Fonte: Instituto Virtual de Educação para Reciclagem.

Cabe notar que o papel pode ser reciclado apenas um certo número de vezes, já que a cada ciclo o tamanho das fibras vai diminuindo, e o papel reciclado vai tendendo a se desintegrar. O papel de jornal, por exemplo, pode ser reciclado cerca de cinco vezes. Outro destino do papel é a queima para obtenção de energia, o que, segundo algumas avaliações, é ambientalmente mais adequado do que a reciclagem, considerando todos os fatores envolvidos.

A eficiência da reciclagem de lixo doméstico e comercial depende muito da coleta seletiva, um procedimento que já faz parte do cotidiano de milhões de pessoas em várias partes do mundo, mas que ainda não é muito difundido no Brasil. Entretanto, a iniciativa de empresas e a ação de grupos comunitários e ONGs têm sido para educar a população, mostrando as vantagens econômicas, sociais e ambientais da reciclagem. A legislação também deve forçar os fabricantes de equipamentos a se responsabilizarem pelos seus produtos. Em 2001, uma resolução do Conselho Nacional do Meio Ambiente (Conama) obrigou os fabricantes de catalisadores (usados na descarga de automóveis) a se responsabilizarem pelo seu recolhimento e pelo seu destino final.

A eficiência da reciclagem de lixo doméstico e comercial depende muito da coleta seletiva, um procedimento que já faz parte do cotidiano de milhões de pessoas em várias partes do mundo, mas que ainda não é muito difundido no Brasil

O lixo doméstico e comercial é apenas um tipo de resíduo sólido gerado pela sociedade moderna, que inclui ainda resíduos industriais e restos de construções e demolições. Em geral, o lixo doméstico e comercial não contém componentes perigosos, e o método mais difundido para a sua disposição final, uma vez privado de seus componentes recicláveis, é a acomodação em aterros sanitários.

No entanto, irregularidades ocorrem frequentemente e, muitas vezes, o descarte é feito a céu aberto, nos chamados lixões, que recebem também materiais perigosos, como o lixo hospitalar, que deve ter um tratamento específico, a saber, a sua incineração. O Sistema Nacional de Informação sobre Saneamento (SNIS) informou que em 2006 as proporções de destinação final de lixo no Brasil eram: aterro sanitário: 61,4%; aterro controlado: 25%; lixão: 13,6%.

O aterro por si só não pode ser considerado uma solução perfeita para o lixo doméstico e comercial, pois a sua limitação física requer a criação contínua de novos aterros. Além disso, o líquido decorrente do processo de decomposição, misturado com água de chuva e do subsolo que penetra no lixo, cria um fluido altamente poluente (também presente nos lixões), carregado de metais pesados, bactérias e ácidos orgânicos, que pode poluir lençóis freáticos. Mesmo que o aterro repouse sobre um leito impermeável de argila, o que é mais apropriado, o fluido pode acabar transbordando do aterro, e sistemas de coleta e tratamento baseados em oxidação são necessários de qualquer maneira.

O líquido decorrente do processo de decomposição, misturado com água de chuva e do subsolo que penetra no lixo, cria um fluido altamente poluente (também presente nos lixões), carregado de metais pesados, bactérias e ácidos orgânicos, que pode poluir lençóis freáticos

Outro possível destino do lixo é a compostagem em usinas, onde a ação de micro-organismos na matéria orgânica produz o "composto", que pode ser utilizado na adubação de plantações, na melhoria da estrutura de solos, e na recomposição da cobertura vegetal de solos erodidos ou empobrecidos.

A SOCIEDADE DE CONSUMO GLOBALIZADA

No afã de seguir os ditames da mídia onipresente, que "cria a necessidade" de uma miríade de novos produtos, milhões de pessoas se rendem no mundo todo ao fenômeno do consumismo, criando distorções, às vezes beirando o bizarro, em nome da busca pela felicidade e comodidade. Já em 1950, o analista de marketing norte-americano Victor Lebow escrevia que "Nossa economia enormemente produtiva [...] exige que façamos do consumo um meio de vida [...]. Nós precisamos que as coisas sejam consumidas, queimadas, desgastadas, substituídas e descartadas numa velocidade cada vez maior".

Tabela 20. Respostas legislativas importantes nas décadas de 1990-2000 a favor da reutilização e da reciclagem de materiais

INICIATIVA	DESCRIÇÃO
Regulamento Alemão sobre Resíduos de Acondicionamento, 1993	Obriga os fabricantes e distribuidores a coletarem o acondicionamento dos produtos e providenciarem o seu reúso ou reciclagem, ou então a associarem-se ao DSD, uma organização que dirige um sistema de coleta de resíduos de acondicionamento em paralelo à coleta municipal de lixo. Os consumidores também podem deixar acondicionamentos secundários em lojas de varejo.
Diretiva Europeia sobre Acondicionamento e Resíduos de Acondicionamento, 1994	Obriga os Estados-membros da União Europeia a recuperar 50% a 65% de todo o resíduo de acondicionamento, dos quais 25% a 45% devem ser reciclados.
Lei de Reciclagem de Acondicionamento Japonesa, 1997	Requer que o comércio recupere vidro, plástico, papel, latas de aço e alumínio, garrafas, caixas e outros. O material que não for prontamente reciclável deve ser coletado, selecionado, transportado e reciclado às expensas do fabricante.
Diretiva Europeia sobre Aterros, 1999	O fluxo de lixo municipal biodegradável aos aterros deve ser reduzido a 75% dos níveis de 1996 até 2006, e a 35% até 2016. Resíduos proibidos incluem os materiais líquidos, corrosivos, oxidáveis, altamente inflamáveis, resíduos infecciosos de hospitais e clínicas, e pneus inteiros.
Diretiva Europeia sobre Veículos em Final de Vida Útil, 2000	Até 2006, os fabricantes de carros devem recuperar e reutilizar 85% do peso dos veículos em final de vida útil, e até 2015, 95%. Os custos devem ser arcados principalmente pelos fabricantes. Além disso, a diretiva restringe o uso de chumbo, mercúrio, cádmio e cromo hexavalente.
Lei Japonesa sobre Utensílios, 2001	Televisores, refrigeradores, máquinas de lavar e aparelhos de ar-condicionado em final de vida útil devem ser retornados aos comerciantes ou às autoridades de coleta locais, às expensas do consumidor. Pelo menos 55% em peso dos aparelhos de ar-condicionado e dos televisores, além de 50% dos refrigeradores e máquinas de lavar, devem ser reciclados.
Diretiva Europeia sobre Resíduos de Equipamentos Eletrônicos e Elétricos, em esboço	A taxa de recuperação e reciclagem para computadores, ferramentas, brinquedos, equipamento médico e outros equipamentos elétricos e eletrônicos seria definida em 85% e 70% respectivamente, dependendo da legislação pendente. Uma diretiva associada proibiria o uso de vários metais pesados nesses produtos.

Fonte: Gardner, 2002.

A disseminação de cartões de crédito, algumas vezes patrocinada oficialmente com o intuito de aquecer a economia, gera a ilusão do dinheiro fácil para quem não consegue controlar a contabilidade pessoal e acaba levando muitos a dificuldades. Na Coreia do Sul, por exemplo, um programa oficial de uso de cartões, iniciado após a crise dos chamados Tigres Asiáticos, acabou provocando um endividamento médio individual que criou sérios problemas sociais na época. Os gastos em propaganda, que em 2007 alcançaram cerca de US$ 433 bilhões em todo o mundo, têm um grande papel no suprimento de produtos produzidos em zonas especiais voltadas para a exportação, que, em 1975, saltaram de 75, em 25 países, para milhares, espalhadas na maioria dos países, 30 anos depois. E os avanços tecnológicos permitem a redução drástica de preços de produtos cobiçados, como os computadores e aparelhos baseados em microchips. O aumento da eficiência da indústria de semicondutores permitiu que o custo por megabyte, que era de cerca de US$ 20 mil em 1970, caísse para cerca de dois centavos de dólar em 2001.

O aumento da eficiência da indústria de semicondutores permitiu que o custo por megabyte, que era de cerca de US$ 20 mil em 1970, caísse para cerca de dois centavos de dólar em 2001

Mas, quando se fala de custo, deve-se sempre tentar analisá-lo da forma mais abrangente possível, passando pelo custo ambiental, social etc., embora muitos tenham quase sempre uma característica eminentemente intangível. Por exemplo, no livro *Natural capitalism* (HAWKEN; LOVINS; LOVINS, 2000), os autores estimam que o chamado “desperdício”, isto é, qualquer gasto pelo qual não se aufere nenhum valor (obesidade, poluição da água, engarrafamentos etc.), passou de US$ 2 trilhões nos Estados Unidos na metade da década de 1990, ou seja, cerca de 22% do valor da economia. Deve-se atentar também ao fato de que o nível de consumo mundial médio, aliado a uma população atual de mais de sete bilhões de pessoas que continua a crescer, já ultrapassou o ponto em que o planeta consegue suprir a demanda de forma sustentável (ver Tabela 21).

Tabela 21. População mundial sustentável em níveis de consumo diferentes

NÍVEL DE CONSUMO	RENDIMENTO PER CAPITA, 2005 (dólares de 2008)	BIOCAPACIDADE USADA POR PESSOA (hectares globais)	POPULAÇÃO SUSTENTÁVEL NESSE NÍVEL (bilhões)
Baixa renda	1.230	1,0	13,6
Média renda	5.100	2,2	6,2
Alta renda	35.690	6,4	2,1
Estados Unidos	45.580	9,4	1,4
Média Global	9.460	2,7	5,0

Fonte: Assadourian, 2010.

O custo também deve envolver tanto a produção quanto o descarte. Na mineração, por exemplo, jogam-se fora 110 toneladas de minério e rochas para a produção de 1 tonelada de cobre. E a quantidade de lixo dos países industrializados é estupenda: o habitante médio de um país da OCDE produz 560 kg de lixo municipal por ano; dos 27 países-membros, apenas três registraram uma produção *per capita* menor em 2000 do que em 1995.

A reversão da tendência do consumo ilimitado, que é incentivada pelos meios de comunicação, passa pela mudança cultural e deve basear-se no esclarecimento de que os recursos renováveis e não renováveis são limitados. Além disso, o redirecionamento de recursos gastos em produtos e serviços em excesso e/ou supérfluos para a melhoria das condições de vida do outro bilhão e tanto de pessoas que não conseguem consumir o mínimo para satisfazer suas necessidades básicas só contribuiria para diminuir a desigualdade social. Os governos têm algumas armas para combater o consumismo, entre elas a redução de subsídios, a implantação de impostos sobre produtos agressivos ao meio ambiente, a adoção de padrões adequados de produtos e a criação de programas de colocação de etiquetas em produtos, que certificam a sua qualidade e/ou dão explicações ao consumidor sobre suas características. Por exemplo, o programa alemão Anjo Azul, o mais abrangente, começou a etiquetar cerca de 100 produtos em 1981; hoje, cerca de 10 mil produtos e serviços em 80 categorias de produtos levam o ecosselo Anjo Azul. A adoção de políticas de gastos públicos em produtos de procedência "verde" e energias renováveis também é um instrumento de mudança poderoso e tem sido adotado em vários países.

Tabela 22. Evolução de índices ligados ao poder de consumo no Brasil

INDICADOR	VALOR EM 2008	VALOR EM 2012
% de domicílios particulares permanentes com rendimento domiciliar mensal *per capita* de até 0,5 salário mínimo	18,0	17,5
Rendimento médio mensal (R$) das pessoas de 15 anos ou mais de idade	1.280	1.440

Fonte: IBGE, 2015.

Por exemplo, no Reino Unido, as regras governamentais permitem que compradores utilizem critérios ambientais (podendo escolher quanto peso dão), desde que não inibam uma competição justa. Os departamentos governamentais tiveram que obter pelo menos 5% de sua energia de fontes renováveis a partir de março de 2003, e essa quota deveria subir para 10% em 2008.

Para inibir o uso de recursos e a geração de resíduos pelas indústrias, os governos contam com leis de Responsabilidade Estendida do Produtor, que exigem o retorno do produto à companhia no final de sua vida útil. Com isso, as empresas passam a reusar e reciclar mais o material que produzem. Essa mudança de paradigma nas empresas pode abrir muitas possibilidades de negócio. De fato, a economia advinda do uso mais racional de materiais e do menor uso de energia com a utilização de renováveis pode alcançar valores consideráveis.

Tabela 23. Leis de Responsabilidade Estendida do Produtor, para indústrias selecionadas

ÁREA DE PRODUÇÃO OU INDÚSTRIA	PAÍSES COM LEIS DE RESPONSABILIDADE ESTENDIDA DO PRODUTOR
Empacotamento	Mais de 30 países, incluindo Brasil, China, República Tcheca, Alemanha, Hungria, Japão, Dinamarca, Peru, Polônia, Coreia do Sul, Suécia, Taiwan e Uruguai (apenas cascos de bebidas).
Equipamentos elétricos e eletrônicos	Mais de 12 países, incluindo Bélgica, Brasil, China, Dinamarca, Alemanha (voluntário), Itália, Japão, Noruega, Portugal, Coreia do Sul, Suécia, Suíça e Taiwan.
Veículos	Brasil, Dinamarca, França, Alemanha, Japão, Suécia e Taiwan.
Pneus	Brasil, Finlândia, Coreia do Sul, Suécia e Taiwan; o Uruguai está considerando medidas voluntárias.
Baterias	Pelo menos 15 países, incluindo Áustria, Brasil, Alemanha, Japão, Dinamarca, Noruega e Taiwan; o Uruguai está considerando medidas voluntárias.

Fonte: Gardner, 2004.

Finalmente, deve-se ter em mente que, a partir de um determinado ponto, o aumento do consumo não traz mais felicidade ou comodidade, e delimitar esse ponto depende do bom senso e da educação de cada um.

MATERIAIS PERIGOSOS

Os resíduos industriais e alguns de seus produtos, ao contrário do lixo doméstico e comercial, são geralmente perigosos, ou seja, apresentam a capacidade de provocar dano a organismos vivos. Os tipos de materiais perigosos são: tóxicos, inflamáveis, corrosivos, reativos e radioativos.

Tóxicos

Ameaçam a saúde de um organismo quando penetram no seu corpo. Existe uma miríade de substâncias tóxicas, algumas das quais foram comentadas em capítulos anteriores, como as VOCs, que poluem lençóis freáticos; os pesticidas/herbicidas, que são usados, muitas vezes, de forma inadequada em plantações; e os metais pesados.

Inflamáveis

Queimam fácil e rapidamente. As VOCs também entram nessa categoria.

Corrosivos

O caráter ácido ou básico permite a essas substâncias corroer outros materiais. Os particulados contendo ácido sulfúrico ou sulfatos são corrosivos, além de tóxicos.

Reativos

Materiais instáveis quimicamente, mas sem características corrosivas ou inflamáveis. Os materiais explosivos, por exemplo, pertencem a essa categoria.

Radioativos

Materiais que contêm substâncias com núcleos instáveis, que decaem e emitem radioatividade. Os materiais radioativos foram discutidos no Capítulo 4.

Tratamento do solo contaminado

Há três modos básicos de lidar com o solo contaminado:

- Isolá-lo do meio ambiente, cobrindo-o *in situ* com argila ou acomodando-o em aterros especiais ou tambores. Esse é o caso, por exemplo, de solos contaminados por produtos radioativos. Outros tipos de contaminação requerem a vitrificação (usando vidro derretido) ou a solidificação (usando cimento), de forma a reduzir a mobilidade dos contaminantes;
- Expulsar os contaminantes do solo, geralmente *in situ,* fazendo uso de lavagens especiais ou de técnicas que promovam a evaporação de substâncias contaminantes voláteis, como no caso da gasolina. Essas técnicas incluem o aquecimento do solo em conjunto com a extração a vácuo, por meio de poços perfurados e do uso de bombas;
- Destruir os contaminantes, seja pela incineração, seja pelo uso de processos biológicos, como o emprego de micro-organismos. Recentemente, a engenharia genética tem produzido micro-organismos “especializados”, que atacam um tipo de contaminante, tornando esse método eficiente, apesar dos vários requisitos necessários para o seu bom desempenho, como a manutenção de níveis adequados de temperatura, acidez e oxigênio. A degradação biológica de solos contaminados pode ser aeróbica ou anaeróbica, e a degradação aeróbica de solos contaminados com óleo é bastante comum. Por exemplo, uma das estratégias para degradar parte do petróleo que vazou do Exxon Valdez, no Alasca em 1989, foi a adição de fertilizante baseado em nitrogênio ao longo de 100 km da costa que havia sido contaminada, de modo a estimular o crescimento de micro-organismos nativos. Outra variante desse método é tratar material contaminado com técnicas agrícolas, como a aeração mecânica, irrigação e adição de nutrientes, nos chamados *landfarmings.* Se a

contaminação for profunda (mais de 5 pés abaixo da superfície), o material é escavado e espalhado sobre a superfície.

Uma das estratégias para degradar parte do petróleo que vazou do Exxon Valdez, no Alasca em 1989, foi a adição de fertilizante baseado em nitrogênio ao longo de 100 km da costa que havia sido contaminada, de modo a estimular o crescimento de micro-organismos nativos

Outro método biológico que vem se tornando popular no tratamento de solos contaminados com poluentes orgânicos e metais pesados é a utilização de plantas, que atuam da seguinte forma:

- acumulam contaminantes em seus tecidos;
- liberam oxigênio e substâncias bioquímicas, como enzimas, que estimulam a biodegradação dos poluentes;
- estimulam a biodegradação pela presença de fungos e bactérias, associados às raízes.

Combate às substâncias tóxicas

A sociedade moderna produz dezenas de milhares de substâncias químicas para os mais diversos usos, gerando vendas anuais de mais de US$ 1 trilhão. Mas, dessa variedade fabulosa de substâncias utilizadas, apenas uma pequena fração foi devidamente estudada em termos de efeitos na saúde humana e no meio ambiente. Por exemplo, não existem dados básicos a esse respeito sobre 71% das substâncias mais utilizadas nos Estados Unidos.

A maior parte do crescimento da indústria de produtos químicos ocorre atualmente nos países em desenvolvimento, em parte, por causa do crescimento da demanda pelos produtos e da mão de obra mais barata, mas também porque as companhias dos países industrializados estão se voltando para a produção de produtos químicos especiais, que apresentam uma margem de lucro mais alta. E já que os países em desenvolvimento têm uma capacidade reduzida de pesquisa e mecanismos de controle menos eficientes, é provável que nos próximos anos o problema de contaminação por substâncias tóxicas se agrave mundialmente.

O entendimento da ação de novas substâncias tóxicas é dificultado por vários motivos, além do número crescente delas. Em geral, levam anos acumulando-se nos organismos sem que causem dano aparente; em alguns casos, uma substância isolada não causa danos, mas um conjunto de duas ou mais substâncias se torna tóxico, num processo chamado de efeito sinérgico; o conhecimento da estrutura química da substância às vezes é insuficiente para a previsão de efeitos na saúde.

Finalmente, existem certos efeitos deletérios sutis, alguns dos quais só recentemente foram descobertos, como o caso da ação sobre o sistema nervoso e sobre os sistemas endócrinos, ou seja, sistemas – como a tireoide – que regulam o funcionamento do organismo por meio de hormônios. Cerca de 50 substâncias orgânicas sintéticas já foram classificadas como interferentes endócrinos, entre elas os pesticidas agrícolas clorados e estrogênios sintéticos. Quando, por exemplo, comemos a carne de um frango que foi tratado com hormônios de crescimento ou ingerimos frutas e legumes que contêm certos pesticidas, estamos acumulando em nosso organismo interferentes endócrinos, que abrangem também metais, como o mercúrio, o chumbo e o cobre. E os interferentes endócrinos necessitam de pouca concentração no organismo para atuar.

Quando, por exemplo, comemos carne de frango que foi tratado com hormônios de crescimento ou ingerimos frutas e legumes que contêm certos pesticidas, estamos acumulando em nosso organismo interferentes endócrinos, que abrangem também metais, como o mercúrio, o chumbo e o cobre

As substâncias tóxicas são, em geral, agrupadas em função de dois parâmetros: o grau de toxidade e o tempo de vida no meio ambiente. Quanto mais persistente e tóxica for a substância, mais perigosa ela é (ver Tabela 24). As mais perigosas são os hidrocarbonetos halogenados e alguns metais pesados como o mercúrio e o cádmio.

Os metais pesados ocorrem naturalmente, em geral ligados ao enxofre em minérios, mas, ao extrairmos esses metais dos minérios e descartá-los no ambiente após o uso, estamos aumentando a sua concentração deliberadamente. O mercúrio e o chumbo, dois metais pesados perigosos que agem no sistema nervoso (e são por isso chamados de neurotoxinas), são exemplos claros e bem-documentados. O chumbo tem sido injetado no ambiente principalmente mediante o chumbo tetraetila, usado como promotor de octanagem na gasolina. Essa prática iniciou-se nos Estados Unidos na década de 1920 e espalhou-se pelo mundo. O seu uso só começou a ser reduzido na década de 1970, por diversas razões. O Brasil, que foi um dos primeiros a abandonar o chumbo tetraetila, substituiu-o pelo álcool, num esforço para reduzir a sua dependência de petróleo estrangeiro. Nos Estados Unidos, a partir de 1975, o uso obrigatório de conversores catalíticos na descarga de automóveis para diminuir a emissão de poluentes atmosféricos forçou a retirada da gasolina "chumbada" do mercado, pois o chumbo é um veneno para o catalisador.

Tabela 24. Grupamento de materiais industriais conforme a toxidade e a persistência

	← MENOS PERSISTENTE	MAIS PERSISTENTE →
	Grupo I	**Grupo II**
↑ **MENOS TÓXICO**	• Celulose • Carboidratos • Carboxilatos • Biopolímeros	• Ferro • Silício • Alumínio • Cobre • Poliolefinas
	Grupo III	**Grupo IV**
MAIS TÓXICO ↓	• Ácidos e bases • Éteres • Álcoois e tióis • Aminas alifáticas • Aminas aromáticas • Etileno/Propileno • Etanol/Metanol • Fenóis • Hidrocarbonetos aromáticos	• Hidrocarbonetos alifáticos halogenados • Chumbo • Mercúrio • Cobalto • Cádmio • Hidrocarbonetos aromáticos halogenados (PCBs, DDT) • Dioxinas e furanos

Fonte: McGinn, 2002.

Mas, embora, hoje, cerca de 80% da gasolina vendida no mundo não contenha chumbo, as décadas de utilização fizeram o nível de chumbo no organismo humano saltar entre 500 e mil vezes o valor na era pré-industrial. Outras fontes são tubulações de chumbo e certas tintas que levam chumbo. Ao descascarem das portas, paredes e janelas, as tintas tornam-se muito perigosas, principalmente para as crianças.

Hoje, cerca de 80% da gasolina vendida no mundo não contenha chumbo, mas as décadas de utilização fizeram o nível de chumbo no organismo humano saltar entre 500 e mil vezes o valor na era pré-industrial

O mercúrio é injetado no ambiente principalmente pela queima de carvão e no descarte de resíduos sólidos. Embora o metal em si seja pouco absorvido pelos seres vivos, ele é transformado, por bactérias que habitam águas poluídas, em metil mercúrio, que por sua vez se permeia na cadeia alimentar e vai se concentrando centenas e até milhares de vezes até chegar aos grandes predadores. Em fevereiro de 2001, o Food and Drug Administration (FDA, agência dos Estados Unidos que regula a produção e o consumo de alimentos e medicamentos) alertou as mulheres grávidas a não comerem predadores marinhos do topo da cadeia alimentar, inclusive o peixe-espada e o tubarão, devido ao mercúrio.

Cerca de 2.200 toneladas de mercúrio são emitidas todos os anos pelas atividades humanas e, em determinadas regiões, como as cercanias de minas de ouro, a ingestão de peixes pode ser um alto risco. O mercúrio metálico, um fluido prateado e brilhante, é usado na mineração de ouro porque, quando misturado aos sedimentos extraídos das montanhas ou do leito de rios, tende a reter o ouro. A mistura de sedimentos e mercúrio é espremida para se retirar o excesso de mercúrio, e então passa por um processo de queima para evaporar o mercúrio restante. Estima-se que, desde a década de 1980, quando o preço do ouro chegou ao seu máximo histórico, os garimpeiros da Amazônia produziram entre 80 e 100 toneladas de ouro por ano, o que significa cerca de 100 toneladas de mercúrio para o rio Amazonas e outras 100 toneladas para a atmosfera por ano. Nos Estados Unidos, a mineração de metais é responsável por quase metade dos produtos tóxicos emitidos pela indústria, e em 1999 as minas americanas emitiram no meio ambiente quase 1,8 milhão de toneladas de poluentes tóxicos, como mercúrio, chumbo, cádmio e cianeto.

As substâncias orgânicas sintéticas não ocorrem na natureza, e as mais danosas, chamadas de poluentes orgânicos persistentes (POPs, em inglês e português), são as dioxinas, os furanos e os hidrocarbonetos halogenados, notadamente os clorados, como as bifenilas policloradas (PCBs), e os pesticidas clorados. De fato, o cloro é muito usado na indústria química por sua facilidade em reagir com compostos orgânicos, produzindo compostos estáveis (lembremo-nos de que foi a estabilidade dos CFCs que lhes permitiu alcançar a estratosfera e danificar a camada de ozônio, conforme descrito no Capítulo 5).

O cloro é muito usado na indústria química por sua facilidade em reagir com compostos orgânicos, produzindo compostos estáveis

O DDT, um dos principais POPs, tem uma história muito interessante. Antes do DDT, os únicos inseticidas disponíveis eram os compostos de arsênio, muito tóxicos e persistentes, e os extraídos de plantas, que perdiam rapidamente a sua eficácia uma vez expostos aos elementos. O DDT parecia então ser o inseticida ideal: não era muito tóxico para os humanos, mas o era para os insetos, e a sua alta persistência significava uma proteção prolongada com poucas aplicações. Tecnicamente conhecido como diclorodifeniltricloretano, o DDT foi sintetizado pela primeira vez em 1874 por um estudante alemão, mas caiu no esquecimento por muitos anos. Em 1939, a sua propriedade inseticida foi descoberta por Paul Muller, um químico que trabalhava para a firma suíça Geigy. Ele ganhou o Prêmio Nobel de Medicina em 1948, em reconhecimento pelas vidas que a substância salvou depois da Segunda Guerra.

Tabela 25. Ação de produtos químicos na saúde

EFEITOS NA SAÚDE	PRINCIPAIS PRODUTOS QUÍMICOS
Câncer	Arsênio, benzeno, cromo, cloreto de vinila Prováveis: acrilonitrila, óxido de etileno, formaldeído, níquel, percloroetileno, PCBs, PAHs, metais, outros interferentes endócrinos
Doenças cardiovasculares	Arsênio, cobalto, cádmio, chumbo
Interferência no sistema endócrino	Aldrin, alumínio, atrazina, cádmio, dieldrin, dioxinas, DDT, endossulfa, furanos, chumbo, lindane, mercúrio, nonyfenóis, ftalatos (incluindo o DEHP), PCBs, estireno, estanho tributil (TBT), acetato de vinila
Desordens do sistema nervoso/enfraquecimento da capacidade cognitiva	Alumínio, arsênio, benzeno, óxido de etileno, chumbo, manganês, mercúrio, muitos solventes orgânicos
Osteoporose	Alumínio, cádmio, chumbo, selênio
Efeitos reprodutivos (como defeitos de nascença e abortos)	Arsênio, benzeno, benzidina, cádmio, cloro, clorofórmio, cromo, DDT, óxido de etileno, formaldeído, chumbo, mercúrio, níquel, percloroetileno, PCBs, PAHs, ftalatos, estireno, tricloroetileno, cloreto de vinila

Fonte: McGinn, 2002.

Produtos contendo DDT começaram a ser comercializados na Suíça em 1941. Já que era um país neutro na Segunda Guerra, o governo suíço informou tanto os aliados quanto os países do Eixo sobre a descoberta e os usos do DDT. Entretanto, só os aliados ocidentais perceberam a sua importância no combate a infestações e mosquitos em regiões de combate tropicais, e o usaram em várias ocasiões, por exemplo, em ilhas do Pacífico, com a pulverização aérea, antes da invasão dos soldados.

Após a Segunda Guerra, o DDT passou a ser usado não apenas como instrumento de saúde pública em regiões quentes, mas também como pesticida em plantações de países industrializados, inicialmente em árvores frutíferas e no cultivo de vegetais, mas depois em culturas de algodão. Eventualmente, algumas espécies de insetos adquiriram resistência ao DDT e a sua eficiência decaiu, o que levou os agricultores a aumentar a dose do inseticida, principalmente nas plantações de algodão.

Dentro da comunidade científica, as reservas quanto à qualidade do DDT como inseticida perfeito começaram a ser ouvidas quase desde o início do seu uso. Sabia-se, particularmente, que a sua persistência no solo por vários anos poderia levar a um aumento de concentração ao longo da cadeia alimentar. Como outros inseticidas organoclorados, o DDT é pouco solúvel em água, mas solúvel em solventes orgânicos e, portanto, na gordura de tecido animal.

O grande público ficou ciente dos problemas ambientais associados ao DDT com a publicação do livro *Primavera silenciosa,* de Rachel Carson. Nele, a autora comentou o declínio da população de certas aves, como a águia-careca, cuja dieta favorecia a concentração de DDT. O seu uso nos Estados Unidos foi sendo restrito ou eliminado em vários estados, até que em 1973 a EPA – Agência de Proteção Ambiental dos Estados Unidos – baniu todos os tipos de uso de DDT, exceto os essenciais à saúde pública.

Nos países tropicais, inclusive o Brasil, o DDT teve e ainda tem um papel importante no combate à malária, o que é motivo de disputa entre os ambientalistas, que desejam o seu banimento total, e os técnicos em saúde, que argumentam que os benefícios à saúde humana superam os prejuízos. Segundo dados da OMS, em 2013, houve 190 milhões de casos de malária, causando a morte de aproximadamente 584 mil pessoas, principalmente crianças na África. Aproximadamente 90% dessas mortes ocorrem na África subsaariana, sendo 82% crianças com menos de 5 anos. Cerca de 40% da população mundial, particularmente aqueles vivendo nos países mais pobres, corre o risco de pegar malária. Também segundo a OMS, a taxa de mortalidade global da malária caiu 47% de 2000 até 2013. Entretanto, a malária pode causar danos cerebrais irreversíveis em muitas crianças que sobrevivem, criando uma grande quantidade de adultos enfermos e improdutivos. Sequelas também afligem adultos que tiveram malária seguidas vezes.

Cerca de 40% da população mundial, particularmente aqueles vivendo nos países mais pobres, corre o risco de pegar malária. Também segundo a OMS, a taxa de mortalidade global da malária caiu 47% de 2000 até 2013

As alternativas ao DDT existem, e entre elas se destaca a cloroquina, que é ingerida pelas pessoas e age eliminando o parasita do sangue periférico e suprimindo as manifestações clínicas da doença (mesmo não destruindo a fase tissular do parasita), além de impedir a infecção do mosquito transmissor. O Método Pinotti, desenvolvido no início da década de 1950 pelo brasileiro Mário Pinotti, consistia em misturar cloroquina ao sal de cozinha, de forma que o medicamento conseguisse proteger as populações da região amazônica, onde a aplicação de DDT nas habitações não era muito eficaz em razão, principalmente, do nomadismo da população e da existência de habitações muito primitivas, total ou parcialmente sem paredes. O Método Pinotti foi adotado pela Organização Mundial de Saúde após estudos que comprovaram a sua eficácia. Em 1958, o número de casos por ano de malária no Brasil foi de cerca de 250 mil, ao passo que em 1940 a incidência era de 6 milhões de casos por ano.

Mas, apesar de vários esforços e campanhas e do uso do DDT, os casos de malária aumentaram 10 vezes desde 1970. Estima-se que, atualmente, meio milhão de brasileiros contraem malária todos os anos. Algumas das razões para o aumento são conhecidas: migração de garimpeiros e outros grupos, contato de indígenas com pessoas contaminadas, desmatamento e desenvolvimento desordenado. Além disso, a resistência da malária aos tratamentos está aumentando. A resistência à cloroquina, o tratamento de primeira linha, já ocorre em 80% dos países onde a malária é mais letal.

A Convenção sobre Poluentes Orgânicos Persistentes, assinada em Estocolmo em maio de 2001 por representantes de mais de cem países, incluindo o Brasil, entrou em vigor em 2004, com a finalidade de banir mundialmente dez POPs (entre eles o DDT) e dois subprodutos (dioxinas e furanos). O tratado permite aos signatários o uso de DDT no combate à malária e a outras doenças transmitidas por mosquitos, desde que encaminhem um pedido formal, monitorem o uso e invistam na pesquisa de alternativas. Em 2015, o Programa de Desenvolvimento das Nações Unidas (UNPD) lançou, em Genebra, uma campanha internacional para eliminação dos POPs, incluindo um jogo de computador, com o intuito de despertar o interesse do público pelo problema. O lançamento se deu no VII Encontro da Conferência das Partes do Protocolo de Estocolmo.

A Convenção sobre Poluentes Orgânicos Persistentes, assinada em Estocolmo em maio de 2001 por representantes de cem países, incluindo o Brasil, entrou em vigor em 2004, com a finalidade de banir mundialmente dez POPs (entre eles o DDT) e de dois subprodutos (dioxinas e furanos)

No entanto, as substâncias perigosas como um todo ainda representam uma ameaça ao meio ambiente. Segundo o U. N. Environment Programme (Unep), cerca de 300 a 500 milhões de toneladas de resíduos perigosos são produzidos no mundo todos os anos, sendo 80% a 90% dessa quantidade produzida nos países industrializados. Um problema decorrente dessa proporção é que existe uma exportação de resíduos para países em desenvolvimento, que recebem dinheiro para estocar o material. Embora a Convenção da Basileia (1989) sobre o Controle de Movimentação Internacional de Resíduos Perigosos proíba a exportação de resíduos perigosos de países ricos para países pobres, o controle das movimentações é difícil, e só eventualmente um ou outro carregamento é denunciado. Por exemplo, em janeiro de 2001 um navio carregando 20 toneladas de mercúrio usado deixou a fábrica da extinta HoltraChem, na costa do Maine, em direção à Índia. (Os Estados Unidos assinaram a Convenção da Basileia, mas não a ratificaram ainda.) Ativistas americanos alertaram colegas indianos, que conseguiram bloquear o descarregamento do navio. Embora ele tenha sido visto pela última vez em Port Said, Egito, não se sabe com certeza o seu destino final.

Figura 35. Turma de operações de inseticidas em Paulo Afonso, na Bahia.

Na década de 1950, equipes como essa combateram a malária e outras doenças por todo o Brasil. Mário Pinotti está de terno e óculos escuros.

Fonte: Acervo particular Rafael Pinotti.

A solução final para os problemas das substâncias sintéticas tóxicas passa necessariamente por investimento em pesquisa na procura de substitutos que não sejam estranhos aos processos bioquímicos da natureza, como os derivados de plantas. E, dada a fabulosa biodiversidade de que (ainda) dispomos no planeta, as possibilidades são bastante favoráveis, desde que haja suficiente determinação.

8 COLHEMOS O QUE PLANTAMOS

O SUCESSO DA PRODUTIVIDADE
UM BREVE HISTÓRICO DA AGRICULTURA
AS NOVAS TÉCNICAS DA BIOTECNOLOGIA
AGRICULTURA MODERNA NO BRASIL
VERDE *VERSUS* AREIA
O que é a desertificação?
Deserto e terras secas no mundo
Desertificação no Brasil
O FUTURO DA AGRICULTURA SUSTENTÁVEL

O SUCESSO DA PRODUTIVIDADE

A agroindústria brasileira vem passando por um período de crescimento espantoso, a médio prazo, e não faltam manchetes em jornais exaltando os recordes de produtividade alcançados em várias áreas, a conquista de mercados no exterior, e o volume da produção nacional.

Para se ter uma ideia do aumento de produtividade do campo, basta ter em mente que no início da década de 1990, com cerca de 37,8 milhões de hectares plantados, o Brasil produzia anualmente cerca de 57,8 milhões de toneladas de grãos (safra 1990-1991), ao passo que, no início do século XXI, com 47,3 milhões de hectares plantados, chegamos à marca de 143,7 milhões de toneladas. Finalmente, a safra de 2014-2015 produziu uma quantidade estimada de 209,5 milhões de toneladas de grãos, utilizando uma área plantada de 58,04 milhões de hectares, segundo a Companhia Nacional de Abastecimento (Conab). Desse total de produção, 92% são devidos à soja (46%), ao milho (40%) e ao arroz (6%). Os estados com maior produção foram o Mato Grosso (24,6%) e o Paraná (18,3%). A produtividade média nacional de soja foi de 2.999 kg por hectare e a de milho foi de 5.382 kg por hectare.

A pecuária nacional tem obtido recordes de exportação por sua agilidade para cobrir os vazios de oferta proporcionados pelo mal da vaca louca na Europa e por casos de febre aftosa em várias partes do mundo. E, mesmo com a qualidade da nossa carne de vaca reconhecida internacionalmente, temos ainda capacidade de abastecer o mercado externo com alternativas como frango e carne suína, com a opção extra de venda de carne com ou sem colesterol! Além disso, estamos alcançando a autossuficiência na produção de algodão e chegando ao ponto de nos tornarmos exportadores de produtos lácteos, setor no qual éramos tradicionalmente importadores.

A saúde de nosso rebanho bovino também se deve ao fato de que ele é alimentado com proteína vegetal nos extensos pastos, ao passo que na Europa os rebanhos ocupam áreas pequenas, e o fornecimento de proteínas é complementado com restos do próprio rebanho, num processo de canibalismo que facilita a propagação de doenças como a da vaca louca.

Esse cenário reforça a ideia de que a verdadeira vocação do Brasil está no campo. De fato, são as exportações da agroindústria que mantêm um saldo positivo na balança comercial brasileira. Nos primeiros sete meses de 2008 (janeiro-julho), as exportações do agronegócio somaram US$ 41,713 bilhões, com um crescimento de 30,2% em relação ao mesmo período do ano anterior. O saldo comercial do agronegócio expandiu-se cerca de US$ 7,6 bilhões de dólares no período, passando de US$ 27,361 bilhões no período de janeiro a julho de 2007 para US$ 34,953 bilhões no período de janeiro a julho de 2008. As exportações brasileiras do agronegócio totalizaram a marca histórica de US$ 68,099 bilhões nos 12 meses correspondentes ao período de agosto de 2007 a julho de 2008, 24% acima do valor exportado no período de agosto de 2006 a julho de 2007, que foi de US$ 54,884 bilhões.

O salto de produtividade, porém, requisitou altos investimentos em termos de maquinário agrícola, fertilizantes, herbicidas, sementes especiais, linhagens geneticamente aprimoradas e técnicas de irrigação. Esse conjunto de inovações, embora recente em termos de Brasil, considerando o uso em larga escala, é utilizado há décadas em várias partes do mundo, e hoje existe um histórico suficientemente sólido para que críticas a esse modelo, no que concerne ao seu impacto no meio ambiente, tenham se formado.

UM BREVE HISTÓRICO DA AGRICULTURA

A evolução das técnicas agrícolas confunde-se com a evolução das sociedades humanas, e não é de se surpreender que os locais onde a agricultura antiga "germinou" são, muitas vezes, os locais das primeiras civilizações. A Tabela 26 dá uma ideia das principais inovações que permitiram ao homem atingir um nível de sofisticação no trato da terra suficiente para a produção de alimentos em quantidade, livrando-o, parcialmente no início, da tarefa de caça e coleta, altamente arriscadas e dependentes de muitos fatores aleatórios.

Tabela 26. Evolução da agropecuária no mundo

PERÍODO (a.C.)	EVENTO	LOCAL
9.000	Domesticação de ovelhas	Sudoeste da Ásia
8.500	Criação de ovelhas; primeiras colônias semipermanentes	Sudoeste da Ásia
8.000	Domesticação de cabras; fim da domesticação do trigo e da cevada	Sudoeste da Ásia
7.500	Formação dos primeiros povoados	Sudoeste da Ásia
~7.000	Provável domesticação de tubérculos e raízes como o inhame e a taioba	Sudoeste da Ásia e Nova Guiné
~7.000 a 3.000	Domesticação e cultivo de mandioca, batata-doce, batata, araruta e provavelmente amendoim	América do Sul (leste dos Andes)
6.500	Domesticação de suínos	Sudoeste da Ásia
6.000	Domesticação do milheto	Norte da China
6.000	Cultivo de quase 30 espécies de vegetais, como abóboras, feijões, tomates, cabaças, abacates, mamões etc.	América Central e México
6.000 a 5.000	Introdução da agricultura e criação de gado no Mediterrâneo	Grécia e sul dos Bálcãs
5.500	Primeira irrigação	Sudoeste da Ásia
5.000	Domesticação do arroz em diversas regiões separadas	China, Índia, Tailândia e Vietnã
5.000	Início do cultivo do milho	América Central
4.500	Uso da roda	Sudoeste da Ásia
3.000	Domesticação de cavalos	Sudoeste da Ásia
2.000	Seleção de variedades mais produtivas de milho	América Central
1.100	Domesticação da soja	Norte da China

Fonte: Ponting, 1995.

O impacto na natureza dessa nova etapa da evolução humana não foi de modo algum inexpressivo, pois extensas áreas foram desmatadas para dar lugar a plantações e pastos, num processo que ganhou impulso considerável logo após as primeiras expedições marítimas do século XV. Grande parte da Mata Atlântica, por exemplo, foi posta abaixo nos séculos de exploração colonial das plantações de cana-de-açúcar e de café.

Grande parte da Mata Atlântica, por exemplo, foi posta abaixo nos séculos de exploração colonial das plantações de cana-de-açúcar e de café

Entretanto, apesar da expansão das áreas de cultivo, nesse estágio evolutivo a agricultura apresentava uma forte integração com os processos naturais, simplesmente por causa da necessidade que os pequenos proprietários tinham de tornar a atividade sustentável a longo prazo. Algumas das práticas que caracterizam esse enfoque são:

- A adoção do pousio da terra, que é nada mais do que a divisão da propriedade em parcelas, usadas em rodízio, de forma que uma parcela seja poupada do cultivo por um tempo necessário para que a natureza renove os nutrientes da terra;
- O uso de animais para os trabalhos de aragem, limpeza etc., que exige pouco investimento;
- A reciclagem de material entre os vários subsistemas de uma propriedade produtiva;
- O convívio forçado dos vegetais cultivados com agentes externos, como fungos e ervas daninhas. Com o tempo, as variedades híbridas mais resistentes ao ambiente de cultivo e/ou mais produtivas vão se sobressaindo e sendo adotadas pelos agricultores.

O termo variedade equivale, para os vegetais, ao que chamamos de raça nos animais: diferentes variedades de uma mesma espécie de vegetal, se cruzadas, produzem descendentes com características híbridas, da mesma forma que diferentes raças da espécie cachorro podem cruzar. O milho, por exemplo, quando inicialmente cultivado, produzia espigas nove vezes menores do que as atuais.

O milho, por exemplo, quando inicialmente cultivado, produzia espigas nove vezes menores do que as atuais

Esse tipo de agricultura se enquadra na definição abrangente de *agricultura tradicional*, que contrasta com a chamada *agricultura moderna*, baseada no uso intensivo de maquinário, irrigação e agroquímicos (fertilizantes, pesticidas, herbicidas; os dois últimos fazem parte da categoria de agrotóxicos).

A agricultura tradicional abrange a agricultura de subsistência, em que famílias cultivam pequenos lotes com o intuito de produzir para o sustento próprio, e parte da chamada agricultura familiar, em que lotes maiores são cultivados e o excedente é comercializado. Neste caso, o produtor goza de alguma proteção e de incentivos governamentais, ao passo que, na de subsistência, o proprietário vive desamparado.

Finalmente, a chamada agricultura comercial ou *agrobusiness* é voltada exclusivamente para a comercialização e emprega vastas áreas de cultivo e técnicas modernas. A chamada agricultura moderna abarca a comercial e parte da familiar.

A agricultura moderna foi difundida pelo mundo principalmente nas décadas de 1950 e 1960, quando a FAO, Organização para Alimentação e Agricultura da ONU, agindo em conjunto com indústrias químicas e mecânicas americanas, procurava incentivar tal prática em países do Terceiro Mundo como uma forma rápida e eficiente de combater a fome, que era então um fator importante na esfera política mundial, não apenas pelo drama humano em si, como também pela instabilidade que podia acarretar em países, complicando o jogo da Guerra Fria entre os Estados Unidos e a União Soviética.

Esse modelo de agricultura foi chamado de Revolução Verde e se aproveitava de pesquisas feitas no México na década de 1940 sob o patrocínio da Fundação Rockfeller, em que variedades de milho e trigo de alta produtividade (as chamadas VAPs) foram desenvolvidas.

De fato, as técnicas propiciaram um salto de produtividade, tanto que são utilizadas até hoje, mas ocorre também que o abandono de processos naturais e a perda de sustentabilidade têm causado principalmente os seguintes problemas:

- Salinização do solo pelo uso intensivo de irrigação, conforme vimos no Capítulo 6. Alternativas menos agressivas incluem o sistema de gotejamento. Boa parte do crescimento da produção de alimentos nos últimos 50 anos se deve à expansão da área de cultivo irrigada, que saltou de 100 milhões de hectares em 1950 para 274 milhões de hectares em 1999. Hoje, a área irrigada, que responde por 20% da área plantada, produz 40% dos alimentos no mundo;

Boa parte do crescimento da produção de alimentos nos últimos 50 anos se deve à expansão da área de cultivo irrigada, que saltou de 100 milhões de hectares em 1950 para 274 milhões de hectares em 1999

- Dependência dos agricultores a um fornecimento contínuo de VAPs, já que essas variedades híbridas se deterioram em poucas gerações, deixando de reproduzir as qualidades desejadas;
- A erosão genética, que é a drástica redução do número de variedades de uma espécie, por causa do uso de apenas poucas delas. Esse efeito pode também ser traduzido como uma redução de biodiversidade, e é importante porque variedades hoje não muito interessantes poderiam ter valor no futuro com condições ambientais diferentes. Por exemplo, os fazendeiros chineses, que usavam cerca de 10 mil variedades de trigo em 1949, passaram a usar cerca de mil na década de 1970, e hoje esse número se reduziu a cerca de 300;
- O uso de pesticidas e herbicidas, além de causar um perigo potencial às pessoas por causa da aplicação malfeita, com o tempo vai forçando, por seleção natural, o aparecimento de insetos, fungos e ervas daninhas mais resistentes, que requerem, por sua vez, pesticidas e herbicidas mais potentes; a sua baixa seletividade contribui também para o desaparecimento de insetos benéficos, como as abelhas, além de aves e outros animais, que são importantes no controle natural de população de insetos e outros agentes agressivos, além de constituírem uma parte importante da dieta da população rural. Por exemplo, na região de

Luzon, nas Filipinas, o crescimento da produção de arroz utilizando técnicas modernas foi seguido pela piora do estado nutricional das crianças. Um dos motivos era a aniquilação, pelo uso de agrotóxicos, de populações de fontes importantes de proteínas nos campos alagados, como rãs, camarões, pássaros e moluscos. Os pesticidas e fertilizantes ainda têm o efeito de poluir o solo, os cursos d'água e os lençóis freáticos com nitrato e substâncias tóxicas. A exaustão do solo pelo uso intensivo não pode ser remediada completamente pelo uso de fertilizantes químicos, e um decaimento de produtividade ocorre inevitavelmente ao longo do tempo.

Em 2012, o consumo mundial de fertilizantes alcançou pouco menos de 110 milhões de toneladas por ano. Como as monoculturas não usam os fertilizantes de forma eficiente, boa parte corre rio abaixo e acaba desaguando no oceano, causando o problema de superpopulação de algas já comentado no Capítulo 6, que exaurem o oxigênio dissolvido na água do mar e criam zonas mortas. No golfo do México, a zona morta cobre às vezes mais de 18 mil km^2. No Báltico e no mar Negro, as zonas mortas são ainda maiores. A dependência do agricultor aos agroquímicos, que hoje representam entre 30% e 80% dos custos de produção agrícola, reduz drasticamente a sua autonomia;

Em 2012, o consumo mundial de fertilizantes alcançou pouco menos de 110 milhões de toneladas por ano

- O isolamento entre as plantações e o meio natural, formando vastas áreas ecologicamente instáveis onde impera uma única espécie de vegetal, também impede que as variedades, muitas vezes desenvolvidas em ambientes diferentes dos quais estão sendo cultivadas, desenvolvam resistência e se adaptem, tornando-se vítimas fáceis de infestações de pragas;
- O uso constante de maquinário pesado nos solos produz degradação física pela compactação e degradação biológica decorrente da redução da capacidade microbiológica, essencial para manter a fertilidade do solo;
- O desmatamento indiscriminado promovido pelas máquinas agrícolas: a cobertura vegetal é um fator essencial para que o solo se proteja da erosão, que já se tornou um fenômeno frequente em muitas regiões do Brasil e do mundo. Estima-se que o Brasil perca anualmente cerca de 1 bilhão de toneladas de solo por conta da erosão, e no mundo todo esse valor sobe para 28 bilhões de toneladas. Além disso, a cobertura florestal protege a biodiversidade, filtra poluentes e estabiliza o clima em termos de chuvas. Por exemplo, no Reino Unido, a população de nove espécies de pássaros típicos de fazendas caiu mais de 50% entre 1970 e 1985;

- Os agricultores mais favorecidos com crédito são geralmente os maiores, que possuem terras planas e férteis; os pequenos produtores, notadamente os de subsistência, que antes trabalhavam nos latifúndios para sobreviver, não apenas perdem o emprego para as máquinas como também não são considerados pelos órgãos de fomento à atividade rural. A maioria das pessoas que vive com menos de US$ 1 por dia estão nas áreas rurais. Como consequência, a fome também se concentra nas zonas rurais. Os pobres e famintos acabam se dirigindo a áreas pouco propensas ao desenvolvimento da agricultura moderna e ecologicamente sensíveis, como florestas tropicais, regiões áridas e montanhosas. Assim, as elites do campo, que controlam a maior parte das terras, tendem a se fortalecer cada vez mais (ver Tabela 27).

A maioria das pessoas que vive com menos de US$ 1 por dia estão nas áreas rurais

Tabela 27. Distribuição de terras em países selecionados e no mundo

PAÍS	DESCRIÇÃO
Zimbabwe	Cerca de 70 mil brancos (0,5% da população) possuem 70% da terra; 4 mil brancos possuem quase um terço das fazendas
África do Sul	Os negros, que representam 75% da população, ocupam 15% da terra
Namíbia	Cerca de 4 mil brancos (menos de 1% da população) possuem 44% do território
Brasil	Apenas 3% da população possuem dois terços da terra
Índia	Cerca de 9% da população ativa no campo possuem 44% da terra cultivada
Estados Unidos	Apenas 16% dos fazendeiros controlam 56% de toda a terra
Mundo	Das 44 nações pesquisadas pela Organização Internacional do Trabalho (OIT), 28 são tais que os 10% principais donos de terras possuem mais de 40% da terra

Fonte: Halweil, 2002.

O resultado geral é que a agricultura moderna, calcada em uma proteção exagerada dos vegetais cultivados por meio de uma artificialização dos campos agrícolas, gera aumento de produtividade a curto prazo, mas tem dificuldade de se manter a longo prazo, criando, por vezes, sérios problemas ambientais e sociais.

Até recentemente, a produção era o único critério para definir o sucesso de um país no campo da agricultura, mas os outros custos envolvidos, que não eram levados em conta, passaram a ser estudados com mais atenção. Por exemplo, um time de economistas liderados por Jules Pretty da Universidade de Essex calculou, na década de 2000, o custo da agricultura moderna no Reino Unido, considerando os custos de remoção de pesticidas e outros agroquímicos da água potável, os custos da erosão do solo e os prejuízos decorrentes de envenenamento da comida e da doença da vaca louca. O resultado, de US$ 2 bilhões anuais, equivale a 90% do que os fazendeiros ingleses ganham por ano, e mesmo assim é conservativo, pois não leva em conta os US$ 4 bilhões anuais em subsídios e gastos pelo governo. Segundo os estudiosos, os ingleses pagam 3 vezes pela sua comida: subsidiando os fazendeiros, limpando a sujeira produzida e, finalmente, pagando no caixa do supermercado.

Segundo os estudiosos, os ingleses pagam 3 vezes pela sua comida: subsidiando os fazendeiros, limpando a sujeira produzida e, finalmente, pagando no caixa do supermercado

A criação de rebanhos também impacta o meio ambiente, com os desmatamentos para a criação de pastos, a erosão dos solos pela pastagem intensiva, a poluição das águas pelos excrementos e resíduos dos criadouros de animais confinados, e o uso de terras que poderiam estar sendo utilizadas na agricultura. Além disso, a produção de carne é muito onerosa: os rebanhos consomem mais de um terço da produção mundial de grãos, e, para se ganhar um quilograma de carne, são consumidos muitos quilogramas de proteína vegetal. As granjas mais eficientes de suinocultura ou avicultura precisam de 2,6 a 2,3 kg de ração por animal para um ganho de 1 kg de peso.

A produção de carne é muito onerosa: os rebanhos consomem mais de um terço da produção mundial de grãos, e, para se ganhar um quilograma de carne, são consumidos muitos quilogramas de proteína vegetal

Ultimamente, muitas organizações vêm lutando para que a dieta humana seja menos dependente de carne, o que aliviaria a carga dos campos e melhoraria a própria saúde humana. Como exemplo clássico, podemos citar o vício dos americanos em comer sanduíches e pratos cheios de frituras, o que contribui para o fenômeno de obesidade generalizada naquela nação, já classificada de epidemia pelas autoridades competentes. Em 2015, mais de um terço da população adulta dos Estados Unidos (34,9%) era considerada obesa.

Configura-se, então, um desperdício de proporções assustadoras: nos países de Terceiro Mundo, vastas áreas florestais são desmatadas para o plantio de soja e milho; a produção, orientada para exportação de forma a render dólares ao país, acaba em parte como ração de rebanhos no exterior, que, por sua vez, acabam no prato de cidadãos já obesos e necessitando de uma dieta mais rica em vegetais. E, enquanto isso, milhões de pessoas espalhadas pelo mundo não têm condições financeiras de adquirir alimentos que as tirem da situação de subnutrição.

Tabela 28. Produção mundial de principais culturas (em mil toneladas)

PRODUTO	2000	2013
Cana-de-Açúcar	1.256.380	1.877.110
Milho	592.479	1.016.740
Arroz	599.355	745.710
Trigo	585.691	713.183
Batata	327.600	368.096

Fonte: FAO, 2015.

Aliás, quanto à velha ameaça malthusiana de fome pela falta de alimentos, num mundo em que a população cresce exponencialmente e a produção de alimentos linearmente, a verdade é que hoje existe comida suficiente para alimentar a todos: a fome é um fenômeno que se deve, principalmente, à desigualdade econômica.

A verdade é que hoje existe comida suficiente para alimentar a todos: a fome é um fenômeno que se deve, principalmente, à desigualdade econômica

AS NOVAS TÉCNICAS DA BIOTECNOLOGIA

Recentemente, a engenharia genética está sendo utilizada na agricultura para a produção dos tão falados e controversos transgênicos, que são plantas cujo código genético foi deliberadamente alterado em laboratório, de forma que elas passem a adquirir uma característica específica desejada. Os novos genes inseridos em seu código provêm de outras variedades, ou mesmo de outras espécies.

Tabela 29. Incidência de desnutrição (%)

	1990-92	2015-16
Mundo	18,6	10,9
Países desenvolvidos	<5,0	<5,0
Países em desenvolvimento	23,3	12,9
África	27,6	20,0
Ásia	23,6	12,1
América Latina e Caribe	14,7	5,5
Oceania	15,7	14,2

Fonte: FAO, 2015.

Ou seja, a engenharia genética "substitui" a evolução com a criação de novos organismos, numa velocidade muito maior do que a obtida por seleção natural, e orientada para objetivos predefinidos. As possibilidades são inúmeras, incluindo a alteração genética de animais, como porcos, usando genes humanos, de modo que os rebanhos produzam substâncias de importância médica tradicionalmente obtidas a muito custo com voluntários. Dessa forma, a engenharia genética transcende a esfera da tecnologia a serviço do homem, incitando também discussões de ordem ética e moral. Por exemplo, uma empresa que deseja patentear um novo organismo que utiliza genes de uma planta só encontrada no Brasil deveria pagar *royalties* a nós? E até onde poderiam chegar as experiências que utilizam genes humanos?

Uma empresa que deseja patentear um novo organismo que utiliza genes de uma planta só encontrada no Brasil deveria pagar royalties *a nós?*

São questões muito importantes, que certamente ganharão mais e mais relevância à medida que as técnicas forem sendo aperfeiçoadas. Mas nessa breve discussão nos deteremos apenas nos aspectos mais prosaicos relativos ao uso de transgênicos na agricultura.

Em geral, os transgênicos são produzidos para os seguintes fins:

- tornar as plantas resistentes a herbicidas, que passariam a ser mais seletivos;
- dotar as plantas de capacidade pesticida; nesse caso, a alteração genética seria feita em bactérias que vivem associadas às plantas, de forma que as plantas produzam uma toxina específica letal a uma determinada praga. Assim, não seria necessária a aplicação de pesticidas nos cultivos;
- fazer com que determinadas espécies de plantas passem a fixar no solo o nitrogênio atmosférico, ou aumentar a eficiência das que já apresentam essa capacidade; com esse desenvolvimento, haveria uma economia na utilização de fertilizantes.

Entretanto, cada intervenção genética produz um risco, visto que as plantas alteradas voltam ao meio ambiente, passando a fazer parte novamente dos processos de seleção natural. Dessa forma, por exemplo, a planta resistente a um herbicida pode vir a passar naturalmente o gene de resistência a ervas daninhas, o que exigiria outra intervenção genética. E a planta com capacidade pesticida pode induzir, por seleção natural, ao aparecimento de uma geração de insetos mais resistentes à toxina.

Essas consequências colaterais acabariam, segundo os críticos, por gerar nova dependência dos agricultores em relação às empresas que controlam o processo de pesquisa de laboratório e comercialização dos organismos geneticamente modificados. Entra em cena, então, o cenário político internacional, com as empresas multinacionais à procura de lucros e os governos de países pobres buscando tanto se resguardar de um novo tipo de dependência como também obter conhecimento técnico para desenvolver suas próprias pesquisas e produtos. Existe ainda um debate acirrado sobre possíveis consequências danosas no organismo humano ao ingerir alimentos transgênicos.

O fato de que as novidades da biotecnologia vêm aparecendo numa rapidez vertiginosa causa também problemas de ordem jurídica, pois as legislações nacionais não têm a mesma agilidade para adaptação e posicionamento. Não é, portanto, de se admirar que uma das bandeiras do movimento antiglobalização é o repúdio aos transgênicos de forma generalizada.

Em 2013, pela primeira vez, a área plantada com transgênicos superou a metade da área total plantada no Brasil. O país segue a tendência recente de aproximação com os países desenvolvidos no que tange à área plantada. Para comparação, em 2000, os países desenvolvidos tinham mais de 30 milhões de hectares de área plantada com sementes geneticamente modificadas, contra pouco mais de 10 milhões dos países em desenvolvimento. Já em 2010, esses números evoluíram para cerca de 75 e 72 milhões de hectares respectivamente.

Muitas espécies de árvores têm sido modificadas também, mas até agora nenhuma foi lançada comercialmente. Embora a maioria dos milhares de cultivos de teste estejam localizados nos países industrializados, alguns se localizam em países em desenvolvimento, sendo 152 na América Latina, 33 na África e 19 na Ásia.

AGRICULTURA MODERNA NO BRASIL

A modernização da agricultura brasileira, implantada durante a ditadura militar, concentrou-se inicialmente nas regiões Sudeste e Sul, principalmente nos estados de São Paulo, Paraná e Rio Grande do Sul. Mais recentemente, a região Centro-Oeste, com suas planícies extensas de cerrado, propícias ao uso de maquinário agrícola, vem se tornando cada vez mais importante em termos de produção nacional. Segundo a FAO, de 1969 a 1999, a área cultivada do País cresceu de 187 milhões para 250 milhões de hectares, um aumento de 34%. Núcleos agrícolas crescentes são verificados no norte de Mato Grosso, oeste da Bahia, sudoeste do Piauí, Maranhão, Tocantins, Pará e Roraima.

Espera-se que a integração das áreas de pastagens com a agricultura e a exploração de mais 67 milhões de hectares intocados de que o cerrado dispõe tornem essa região a líder no setor agropecuário. Mas existe uma pressão de órgãos ambientais para que o empresariado do Centro-Oeste estanque a expansão agropecuária, pois apenas cerca de 5% do cerrado encontra-se intocado, o que representa uma agressão violenta a esse bioma.

Espera-se que a integração das áreas de pastagens com a agricultura e a exploração de mais 67 milhões de hectares intocados de que o cerrado dispõe tornem essa região a líder no setor agropecuário

No cerrado, são cultivados principalmente a soja, o milho e o arroz, e como o solo é geralmente considerado pouco fértil e impróprio para essas culturas, o uso de fertilizantes e de outras substâncias – como o calcário – para correção é intenso. Entretanto, técnicas sustentáveis como o plantio direto vêm sendo utilizadas na região, o que contribui para a diminuição do ritmo de erosão e de perda de nutrientes da terra. No cerrado, por exemplo, a perda de solo por erosão chega a 90 milhões de toneladas por ano, segundo estimativa do Ministério do Meio Ambiente.

O plantio direto baseia-se na utilização de máquinas especializadas que cortam a vegetação morta sobre o solo e inserem a semente e o adubo, eliminando os processos de aração e gradagem, e começou no Brasil em 1969 no município Não-Me-Toque, no Rio Grande do Sul, com um plantio experimental de sorgo. Posteriormente, os agricultores do sul que começaram a explorar o cerrado levaram a técnica para esse local. Hoje, o Brasil usa o plantio direto em 11 milhões de hectares, um aumento fenomenal em relação ao valor de 1 milhão de hectares em 1991. No Paraná, onde metade da área cultivada usa o plantio direto, os custos com herbicidas, fertilizantes e tratamento da terra caíram vertiginosamente, aumentando o lucro em quase US$ 200 por hectare. Além disso, o plantio direto diminuiu a taxa de erosão do solo em 90%, reduzindo a poluição das águas e aumentando o teor de matéria orgânica do solo. Em termos de comparação, nas regiões temperadas o solo bem-cuidado acumula cerca de 100 kg de carbono por ano, e nos trópicos, de 200 kg a 300 kg. Mas, com o uso do plantio direto, esse valor sobe para 1.000 kg por ano.

Hoje, o Brasil usa o plantio direto em 11 milhões de hectares, um aumento fenomenal em relação ao valor de 1 milhão de hectares em 1991

O Brasil possui o maior rebanho bovino do mundo (207 milhões de cabeças em 2007, segundo a FAO), tendo superado recentemente a Índia. O nosso rebanho de suínos e frangos também é expressivo, com 34 e 1 milhões de cabeças respectivamente.

A modernização contribuiu para o fenômeno de êxodo rural e expansão dos centros urbanos, pois a cidade era a única alternativa para a massa de camponeses desempregados e pequenos produtores que venderam suas terras. Nas décadas de

1960 e 1970, um contingente de quase 30 milhões de pessoas migrou do campo para cidades médias e grandes.

Nas décadas de 1960 e 1970, um contingente de quase 30 milhões de pessoas migrou do campo para cidades médias e grandes

Tabela 30. Safras brasileiras de produtos selecionados

SAFRA	ARROZ		MILHO		SOJA	
	Produtividade (kg/ha)	Produção (mil toneladas)	Produtividade (kg/ha)	Produção (mil toneladas)	Produtividade (kg/ha)	Produção (mil toneladas)
2005/06	3.884	11.722	3.279	42.515	2.419	55.027
2007/08	4.200	12.074	3.972	58.652	2.816	60.018
2009/10	24.218	11.661	4.311	56.018	2.927	68.688
2011/12	4.780	11.600	4.808	72.980	2.651	66.383
2013/14	5.108	12.122	5.057	80.052	2.854	86.121

Fonte: Conab, 2015.

O renome internacional dos pesquisadores brasileiros em genética tem atraído empresas interessadas em desenvolver produtos aplicados à agroindústria, e espera-se que em breve esse tipo de negócio, que envolve a associação de empresas a centros de pesquisa, cresça bastante no Brasil.

A degradação ambiental causada pela agricultura moderna é, vista como um todo, um processo que a longo prazo esteriliza as regiões em que é desenvolvida. Ocorre que não apenas a agricultura moderna traz prejuízos ao meio ambiente: a agricultura de subsistência, quando praticada por muita gente e em regiões onde o solo é mais frágil, pode causar um impacto importante, chamado de desertificação.

VERDE *VERSUS* AREIA

O desenvolvimento da agricultura e a criação de animais, que tiraram a nossa espécie da condição de bandos de nômades sujeitos a intempéries e propiciaram a fundação das primeiras civilizações, trouxeram consigo também a sombra da desertificação, decorrente de desmatamentos, uso excessivo da terra, queimadas, salinização do solo resultante da irrigação, enfim, de práticas predatórias que ainda hoje constituem a norma em muitas regiões do mundo. O preço dessas práticas no passado mais longínquo se torna mais evidente nos últimos anos, com muitos estudos científicos denunciando a desertificação e a deterioração das terras aráveis e do ecossistema geral como causas principais da queda de impérios, seja na América Central, seja no Oriente Médio.

O desenvolvimento da agricultura e a criação de animais, que tiraram a nossa espécie da condição de bandos de nômades sujeitos a intempéries e propiciaram a fundação das primeiras civilizações, trouxeram consigo também a sombra da desertificação, decorrente de desmatamentos, uso excessivo da terra, queimadas, salinização do solo resultante da irrigação, enfim, de práticas predatórias que ainda hoje constituem a norma em muitas regiões do mundo

Atualmente, o problema da desertificação se tornou global, atingindo mais de 100 países, e a partir de 1977, quando ocorreu em Nairóbi, no Quênia, a Conferência das Nações Unidas para o Combate à Desertificação, as preocupações crescentes dos países afetados acabaram por culminar na aprovação e assinatura da Convenção para Combate à Desertificação, em 1994, em Paris.

O que é a desertificação?

Definida como a degradação de terras áridas, a desertificação inutiliza anualmente cerca de 60 mil km^2 (6 milhões de hectares) de terras férteis, localizadas principalmente nas regiões mais suscetíveis a esse tipo de problema, ou seja, regiões de clima árido, semiárido e subúmido seco, coletivamente chamadas de terras secas, cuja cobertura vegetal rala luta para manter fixo o solo e evitar que ele se eroda e torne a terra estéril. O processo de desertificação é acionado por condições climáticas adversas, mas a intervenção humana pode catalisá-lo.

Uma forma alternativa de definição de desertificação, na ótica ecológica, foi utilizada na Conferência das Nações Unidas de 1977, caracterizando-a como "a diminuição ou destruição do potencial biológico da Terra, que resulta em definitivo em condições do tipo desértico". Finalmente, o *Relatório Nosso Futuro Comum*, elaborado pela Comissão Mundial sobre Meio Ambiente e Desenvolvimento, definiu a desertificação, na ótica econômica, como um "processo pelo qual as terras áridas e semiáridas se tornam improdutivas sob o ponto de vista econômico".

Desertos e terras secas no mundo

A soma das terras secas e desertos perfaz mais de 37% do total de terras do planeta (ver Tabela 31). Os desertos, definidos como regiões onde a precipitação anual é menor que 250 mm, exibem diversos tamanhos e graus de aridez, localizando-se geralmente dentro dos trópicos (ver Tabela 32). Alguns deles, como o Saara, formam-se porque as massas de ar que os atingem já não contêm umidade; em outros, a falta de chuva deve-se a barreiras naturais que impedem o ar úmido de alcançá-los, como é o caso do deserto de Atacama, no norte do Chile.

Tabela 31. Total de terras secas e desertos, por região do mundo (em milhares de km²)

	ÁFRICA	ÁSIA	AUSTRÁLIA	EUROPA	AMÉRICA DO NORTE	AMÉRICA DO SUL	ANTÁRTIDA	TOTAL
Total de terras secas e desertos	19.590	19.490	6.630	3.000	7.360	5.430	0	61.500
Área total do continente	30.335	43.508	8.923	10.498	25.349	17.611	13.340	136.224

Fonte: Almanaque Abril, 2004.

Tabela 32. Os cinco maiores desertos

DESERTO	LOCALIZAÇÃO	ÁREA (km²)	CHUVAS (mm por ano)	TEMPERATURA (máx. e mín., em ºC)
Saara	Norte da África	8.600.000	200	43-10
Arábia	Sudoeste da Ásia	2.330.000	100	51-12
Gobi	Ásia Central	1.166.000	70 a 200	45-40
Patagônia	América do Sul	673.000	90 a 430	45-11
Grande Vitória	Sudoeste da Austrália	647.000	Sem dados	Sem dados

Fonte: Almanaque Abril, 2004.

Classificado como o deserto mais seco do mundo, o Atacama deve essa característica à barreira natural da cordilheira dos Andes, que impede a chegada de ar úmido vindo do Pacífico. Esse deserto abriga os mais importantes observatórios astronômicos do mundo, construídos por europeus e americanos, que se aproveitam do céu sem nuvens e sem umidade, além da altitude considerável, que torna a atmosfera mais transparente.

Classificado como o deserto mais seco do mundo, o Atacama deve essa característica à barreira natural da cordilheira dos Andes, que impede a chegada de ar úmido vindo do Pacífico

Como mais de 1 bilhão de pessoas vivem nessas áreas, constituindo justamente a parcela dos mais pobres do mundo (ver Capítulo 9), a educação da população no que concerne a práticas de uso racional do solo e a necessidade de recursos financeiros para elevar o padrão de vida geral são dois fatores fundamentais para o combate eficaz da desertificação. Esse contingente humano usa as terras secas principalmente como pastagens para criação de subsistência.

A África é o continente mais afetado pela desertificação, principalmente no Sahel, região ao sul do deserto do Saara. Esse continente tem não apenas o maior percentual de terras secas, como também uma população muito pobre. As guerras e secas prolongadas, aliadas à epidemia de aids, tornam o quadro ainda mais desesperador. Mas, em áreas ricas, a ameaça de desertificação também se faz presente. A Califórnia, o estado mais rico dos EUA e com regiões de baixo índice pluviométrico, vem passando por uma seca sem precedentes, aliada a altas temperaturas desde 2011 que, em 2015, causou incêndios gigantescos e, segundo estudiosos, pode tornar o clima da região similar ao do estado do Arizona. Se a seca é causada pelo efeito estufa antropogênico ou não, é uma questão polêmica: em 2014, a Administração Nacional Oceânica Atmosférica dos EUA (NOAA) negou, mas o IPCC disse que é possível e uma equipe de cientistas da Universidade de Stanford afirmou que sim.

Desertificação no Brasil

As áreas suscetíveis à desertificação (ASD) no Brasil são aquelas localizadas na região Nordeste, onde se encontram espaços climaticamente caracterizados como semiáridos e subúmidos secos. Tais espaços estão inseridos em terras dos estados do Piauí, Ceará, Rio Grande do Norte, Paraíba, Pernambuco, Alagoas, Sergipe, Bahia e norte de Minas Gerais. A área abrange 1.201 municípios, totalizando 1.130.800 km², dos quais 710.440 km² (62,8%) são caracterizados como semiáridos e 420.260 km² (37,2%), subúmidos secos. Tal situação, que não difere de muitos outros lugares no mundo, é agravada pelo fato de que os recursos destinados ao combate à seca e à desertificação e para a melhoria da qualidade de vida são sistematicamente desviados pela estrutura de corrupção entranhada na máquina do Estado.

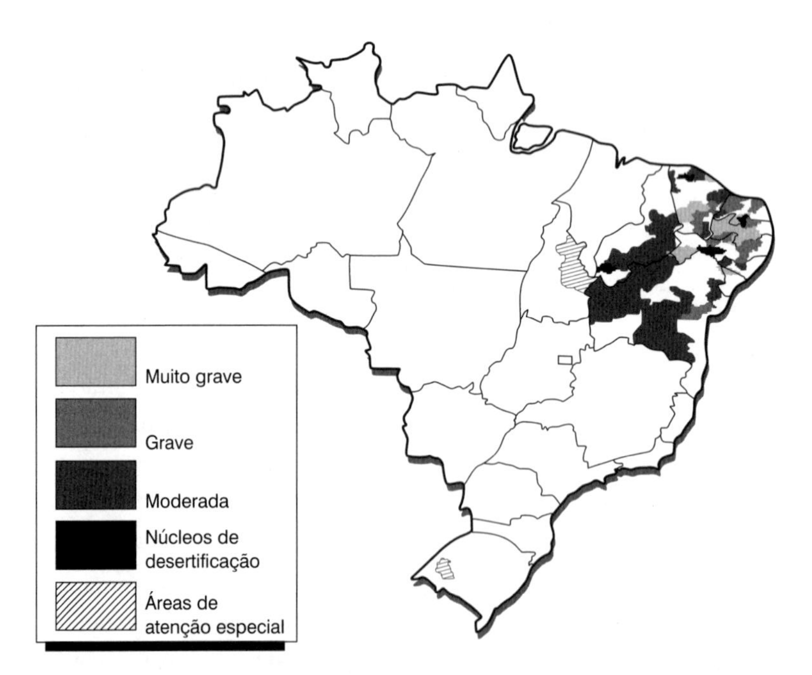

Figura 36. Regiões do Brasil suscetíveis à desertificação.

Fonte: Instituto Desert.

A Figura 36 mostra as regiões mais afetadas, divididas em categorias definidas pelo Ministério do Meio Ambiente. As áreas classificadas como muito grave ocupam 98.595 km^2, e as classificadas como grave ocupam 81.870 km^2. Na categoria moderada estão as regiões que sofrem processo de antropismo. Os núcleos de desertificação correspondem a pequenas áreas onde o processo de desertificação já produziu danos sérios. Finalmente, as chamadas áreas de atenção especial foram definidas para regiões não incluídas na Convenção para Combate à Desertificação e constituídas pelas regiões de Alegrete (Rio Grande do Sul) e Jalapão (Tocantins).

O FUTURO DA AGRICULTURA SUSTENTÁVEL

A agricultura tem um impacto ambiental enorme no mundo, visto que ocupa quase 40% da área terrestre, chegando a pelo menos 50% em países como os Estados Unidos e a Índia. Hoje, é uma atividade que contribui para a diminuição da biodiversidade, a emissão de gás carbônico e o aumento da frequência de enchentes, para citar apenas alguns problemas que não ocorreriam caso o modo produtivo sustentável fosse a norma, e não a exceção.

O Brasil é o exemplo perfeito do dilema da agricultura moderna, que foi difundida pelo mundo com o objetivo inicial de resolver o problema da fome. Com todos os nossos recordes de produção e produtividade no campo, temos dezenas de milhões de miseráveis que não conseguem se alimentar de forma adequada.

Ocorre que o nosso país é o campeão mundial de desigualdade social, ou seja, o problema da fome, aqui e no mundo, não se deve tanto à deficiência na produção de alimentos, mas principalmente à falta de recursos de grande parte da população para adquiri-los. Com isso em mente, passa-se naturalmente ao questionamento, entre outras coisas, da real necessidade de adotarmos a agricultura moderna em larga escala, que é insustentável a longo prazo, causando desequilíbrios ambientais e crises sociais, e é inacessível à maioria dos agricultores, que não têm recursos.

A sociedade tem reagido a essa realidade incentivando a adoção de alternativas à agricultura que sejam mais integradas aos processos naturais e acessíveis aos produtores mais humildes, de forma a reforçar a interação entre o homem e a natureza, e não promover a sua separação, como ocorre na agricultura moderna.

E, ao contrário do que muitos pensam, as alternativas trazem não apenas benefícios ambientais, muitas vezes intangíveis, como também consequências econômicas diretas. Por exemplo, existe um mercado crescente para os chamados produtos orgânicos, que são produzidos sem o uso de agroquímicos, o que os torna mais saudáveis.

Para o desenvolvimento de uma agricultura sustentável, recorre-se a muitos procedimentos da agricultura tradicional, entre os quais:

- A adoção de policulturas, que trazem inúmeras vantagens, como a perda menos intensa no caso de intempéries ou ataques de pragas, e mais proteção contra a ação de ventos e do Sol, que desgastam o solo desnudo;

- O plantio direto, que elimina a etapa de aração da terra, o que contribui para diminuir o processo de erosão e de perda de nutrientes do solo. As máquinas especializadas cortam a palha e inserem simultaneamente a semente e o adubo; a palha preserva a estrutura do solo contra o impacto das chuvas, estabiliza a sua temperatura, mantém a sua umidade, minimiza os escorrimentos superficiais e age como reciclador de nutrientes;
- O uso de animais nas atividades agrícolas, o que reduz o problema de compactação do solo e gera um ciclo natural de reciclagem de materiais, além da consequente diminuição da perda de biomassa;
- O uso de fontes naturais como pesticidas e fertilizantes; por exemplo, a plantação de leguminosas como o feijão, que têm capacidade de fixação de nitrogênio no solo, age como fertilizante. E insetos que atacam pragas já são usados em muitos casos;
- A alternância entre plantações/pastagens e vegetação nativa, o que ajuda na prevenção de erosão do solo por agentes físicos (vento, Sol, chuvas), na filtragem de substâncias usadas nas culturas, na proteção de mananciais e na preservação de biodiversidade. As árvores também combatem o problema da salinização, pois na sua presença a água é drenada mais eficientemente, evitando a acumulação na superfície, onde ela evapora e deixa o sal. Na Argélia, por exemplo, o governo decidiu converter parte da área cultivada com grãos para cultivo de árvores frutíferas, num esforço para estancar o avanço do deserto do Saara e atacar o problema de salinização do solo.

Na Argélia, por exemplo, o governo decidiu converter parte da área cultivada com grãos para cultivo de árvores frutíferas, num esforço para estancar o avanço do deserto do Saara e atacar o problema de salinização do solo

A chamada agricultura sustentável engloba vários tipos de agriculturas alternativas, sendo as principais a agricultura de baixos insumos, a orgânica e a agroecologia.

A agricultura de baixos insumos é a que mais se aproxima da agricultura moderna; as diferenças nas práticas estão mais ligadas ao grau, segundo as particularidades de cada agricultor. Procura-se, por exemplo, usar mais a reciclagem de restos de cultura e outras sobras, além de reduzir a aplicação de agrotóxicos ao mínimo necessário.

A agricultura orgânica norteia-se no desenvolvimento de culturas sem agrotóxicos, preocupando-se com a relação entre o solo (incluindo aspectos microbiológicos) e as plantas, cuja interdependência é evidenciada pelo ditado: "Não só a planta é um produto do solo, como o próprio solo é um produto da planta". O equilíbrio entre o cultivo e as populações de insetos e ervas daninhas, além da regulagem dos nutrientes, é obtido com produtos de origem biológica. Os biofertilizantes são produzidos com restos de culturas e estrume de gado, e inseticidas naturais são produzidos a partir de substâncias encontradas na natureza. Por exemplo, sabe-se que as folhas da planta primavera (*Bougainvillea spectabilis*) contêm uma substância que protege plantações de tomate e batata contra a ação de alguns vírus. Basta bater as folhas da planta em liquidificador e pulverizar o extrato diluído. Outra tática consiste no uso de organismos que se alimentam de organismos invasores. Assim, um tipo específico de joaninha é usado no combate a um inseto, denominado cochonilha, que ataca frutas cítricas, e países como os Estados Unidos e a Espanha promovem criações dessa joaninha. As possibilidades são inúmeras, o que ressalta a importância da biodiversidade na manutenção de um equilíbrio ecológico. As últimas estatísticas da agricultura orgânica no mundo mostram uma expansão significativa da atividade. As vendas de produtos orgânicos mundiais em 2013 alcançaram US$ 72 bilhões. Nesse mesmo ano, o mercado de orgânicos cresceu mais de 11% nos Estados Unidos e na Suíça e a área plantada dedicada a orgânicos no mundo atingiu 43,1 milhões de hectares, sendo 11,46 milhões de hectares apenas na Europa. No Brasil, a área plantada somou 705.233 hectares em 2013, perdendo para o Uruguai (930.965 hectares) e a Argentina (3.191.255 hectares). Muitos países europeus, como a Itália, a Suíça, a Suécia e a Áustria têm mais de 10% de sua área plantada total dedicada a orgânicos, mas a média mundial em 2013 ficou em 1%.

Um tipo específico de joaninha é usado no combate a um inseto, denominado cochonilha, que ataca frutas cítricas, e países como os Estados Unidos e a Espanha promovem criações dessa joaninha

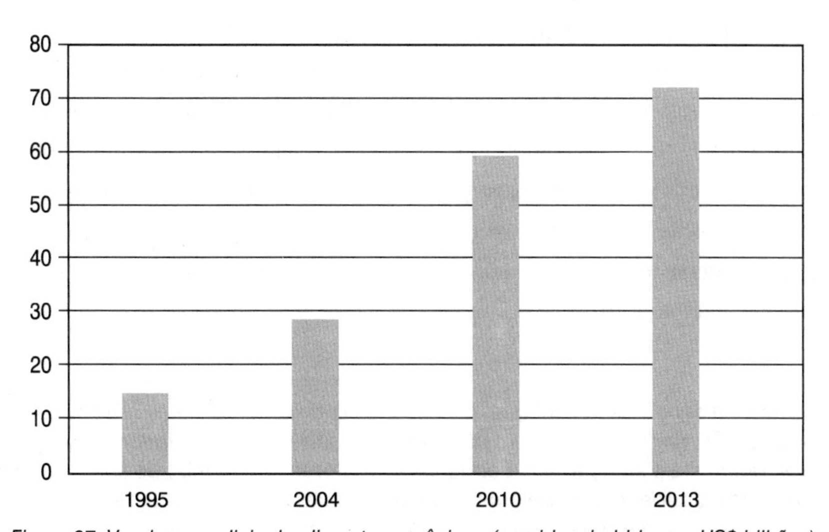

Figura 37. Vendas mundiais de alimentos orgânicos (comida e bebida, em US$ bilhões).

Fonte: FIBI; IFOAM, 2015.

A agroecologia engloba quase todos os aspectos relativos à agricultura orgânica, apresentando também a preocupação social com os agricultores, ou seja, abarca um sistema maior no qual o homem, como agente produtor e consumidor, deve estar inserido em um ambiente ecologicamente saudável. Em 2013, o Brasil lançou o programa "Brasil Agroecológico", um plano nacional para a produção de orgânicos e para a agroecologia.

Espera-se que o crescente rigor do público consumidor quanto à qualidade dos produtos consumidos e aos impactos ambientais dos seus processos de produção venha ampliar a adoção de estratégias ecologicamente sustentáveis, forçando uma mudança para melhor na agricultura moderna. Esse fenômeno ainda se restringe basicamente ao mercado consumidor dos países desenvolvidos, mas os produtos orgânicos, por exemplo, já aparecem em prateleiras dos supermercados nacionais, e já se torna relativamente comum nos noticiários a certificação de processos de produção de orgânicos. Consumindo esses produtos, estaremos contribuindo não apenas para a nossa saúde, mas também para a saúde geral da Terra.

Em 2013, o Brasil lançou o programa "Brasil Agroecológico", um plano nacional para a produção de orgânicos e para a agroecologias

Além disso, continua sendo essencial que as políticas governamentais e as atividades das ONGs, principalmente em países com grande potencial agrícola como o Brasil, deem mais atenção aos pequenos produtores, em termos de financiamento e educação, de forma que o seu padrão de vida melhore, e que tenham a possibilidade de tirar o seu sustento da terra com dignidade e sustentabilidade, obtendo algum lucro com o excedente. E um ambiente rural sadio e próspero também contribui para diminuir o processo de migração para os grandes centros, aliviando a pressão sobre eles. Embora os acordos internacionais de comércio proíbam certos incentivos nacionais para o fortalecimento da agricultura, sabemos que os países economicamente mais poderosos têm fortalecido barreiras de importação. Nada mais justo, portanto, do que colocar na mesa de negociação políticas nacionais de incentivo aos pequenos produtores nos países em desenvolvimento.

Continua sendo essencial que as políticas governamentais e as atividades das ONGs, principalmente em países com grande potencial agrícola como o Brasil, deem mais atenção aos pequenos produtores, em termos de financiamento e educação, de forma que o seu padrão de vida melhore, e que tenham a possibilidade de tirar o seu sustento da terra com dignidade e sustentabilidade, obtendo algum lucro com o excedente

De outra forma, a desigualdade social, casada com o uso de práticas predatórias como meio de subsistência, também continuará causando prejuízos ambientais e privando muita gente da perspectiva de um futuro melhor.

Finalmente, há que se considerar os efeitos do aquecimento global na agricultura e os efeitos da agricultura no aquecimento global. Embora alguns poucos países tenham o potencial de expansão de suas áreas agrícolas com o aumento médio da temperatura ao longo do ano, como a Rússia e o Canadá, a maioria enfrenta a perspectiva de quebra de safra, e o Brasil se encontra entre eles. Segundo Jurandir Zullo Junior, Eduardo Delgado e Hilton Silveira Pinto, em artigo publicado em 2008 na *Scientific American Brasil* de julho de 2008,

> Dentre os vários fatores necessários para o bom desempenho do agronegócio, condições climáticas adequadas são fundamentais. Um aspecto típico dos fenômenos meteorológicos no setor agropecuário, como secas, veranicos, chuvas intensas e geadas, é que eles podem atingir áreas extensas, abrangendo mais de um estado, e comprometer desde a produção familiar até as atividades de grande porte. A elevação do risco climático nas áreas produtoras de café, devido à elevação das temperaturas, poderá ser contrabalanceada, ainda que parcialmente, pela redução desse risco em áreas não produtoras. Isso se deve, principalmente, à variedade de condições ambientais existentes no Brasil. Mesmo assim é importante ressaltar que o deslocamento de áreas de plantio é uma situação complexa quando se considera uma cultura como o café, devido à necessidade de um tempo maior de fixação no campo e de estabilidade das condições de produção para que o retorno econômico seja favorável. Um levantamento semelhante ao feito para o café constatou que o tamanho das áreas de alto risco climático para a produção das frutas de clima temperado poderá aumentar sensivelmente no sul do país com a elevação da temperatura. A produção de frutas tropicais, como manga, abacaxi, banana, entretanto, poderá tornar-se viável com a elevação de temperaturas. Outras avaliações de impactos, além das descritas aqui, estão sendo realizadas por pesquisadores brasileiros visando aprofundar o conhecimento da vulnerabilidade do setor agrícola nacional a mudanças climáticas. Além disso, é preciso considerar o efeito do aumento da concentração do dióxido de carbono e das temperaturas na produtividade das culturas. Uma forma de adaptação do setor agrícola é o desenvolvimento de plantas resistentes a temperaturas mais elevadas que as de hoje, minimizando assim o impacto negativo que pode ser provocado pela redução e migração das áreas atuais de baixo risco climático. Vale ressaltar que, apesar das vulnerabilidades consideradas, a agricultura é uma das áreas que aparentam ter a maior e mais rápida capacidade de adaptação às mudanças climáticas, em comparação a outros segmentos da economia.

O aquecimento global influencia a agricultura não apenas a longo prazo, mas a curto também. Como vimos anteriormente, uma das consequências do aquecimento global é o aparecimento cada vez mais frequente de ondas de calor e tempestades violentas – os chamados extremos climáticos – que têm um efeito destrutivo na agricultura. No verão do hemisfério norte de 2010, por exemplo, uma onda de calor que durou semanas varreu o oeste da Rússia, fazendo a temperatura subir a mais de 40 °C em muitos lugares, causando seca e incêndios. A colheita de trigo do país foi devastada e, logo em seguida, o anúncio das autoridades de que seriam suspensas as exportações desse produto causou o aumento imediato de seu preço internacional em mais de um terço, com repercussão no preço do milho, da soja e no resto do mercado mundial de alimentos.

Quanto aos efeitos da agricultura no aquecimento global, já vimos, em capítulo anterior, que o manejo da terra e a agricultura são fontes importantes de gases de efeito estufa liberados na atmosfera. Segundo a FAO, em 2012, a atividade de agricultura liberou cerca de 5,4 bilhões de toneladas de CO_2 equivalente para a atmosfera, ficando o Brasil em terceiro lugar na lista de emissores, com cerca de 440 milhões de toneladas, atrás apenas da Índia (650 milhões de toneladas) e da China (830 milhões de toneladas). Mais preocupante ainda é o fato de, no mesmo ano de 2012, o Brasil ficar em segundo lugar no quesito de manejo da terra, tendo emitido cerca de 800 milhões de toneladas de CO_2 equivalente, atrás apenas da Indonésia, com pouco mais de 1.200 milhões de toneladas. Como veremos nos próximos capítulos com mais detalhes, a causa dessa má fama do nosso país deve-se ao desmatamento, que tem se espalhado sem muito controle nas nossas luxuriantes florestas por muitas décadas, com o intuito de criar área de pastagem e de agricultura.

9 BILHÕES DE PESSOAS, UM SÓ PLANETA

OS NÚMEROS DA EXPLOSÃO
NOVAS FRONTEIRAS PARA A HUMANIDADE?
O MEIO AMBIENTE E AS CONDIÇÕES SOCIOECONÔMICAS DAS NAÇÕES
DÍVIDA EXTERNA
A GLOBALIZAÇÃO

OS NÚMEROS DA EXPLOSÃO

Em 1804, a população mundial atingiu o seu primeiro bilhão, depois de cerca de 200 mil anos de existência sobre a superfície da Terra na qualidade de *homo sapiens*. Mas bastaram apenas mais 123 anos para atingirmos 2 bilhões. O intervalo entre os bilhões foi diminuindo e chegamos ao ano de 2015 com mais de sete bilhões de habitantes. Durante o século XX, mais pessoas foram adicionadas ao planeta do que em toda a história precedente.

Apesar de as projeções para as próximas décadas apontarem para uma diminuição progressiva da taxa até uma estabilização em cerca de nove a dez bilhões, talvez até mais de onze bilhões em vista de números mais recentes de aumento populacional na África e Ásia (a Divisão de População das Nações Unidas previu, em 2015, uma população mundial de 9,7 bilhões no ano de 2050 e de 11,2 bilhões em 2100), a existência de tal contingente humano, associada à busca de um padrão de consumo mais alto nos países em desenvolvimento, é considerada por muitos estudiosos o maior fator de risco para o meio ambiente global. Por exemplo, calcula-se que, para todos os habitantes do mundo atingirem os níveis de consumo dos Estados Unidos com a tecnologia existente, seriam necessários mais quatro planetas Terra (ver Tabela 21 do Capítulo 7). Estamos, no momento, extraindo mais do que o planeta regenera e o aumento populacional não ajuda em nada.

Embora a taxa de fecundidade esteja diminuindo no mundo todo, existe uma incerteza sobre quando ela chegará ao valor de 2,1, que estabilizará a população mundial (o décimo extra é necessário para compensar a taxa de mortalidade infantil e de recém-nascidos). A fecundidade ainda é muito diversa no mundo. Nos países mais desenvolvidos, o valor é de cerca de 1,6; os países em desenvolvimento alcançam 2,6, e a África chega a 5,0. De acordo com a Revisão de 2006 da ONU, a população mundial provavelmente crescerá de 6,7 bilhões em 2007 para 9,2 bilhões em 2050. A maior parte do crescimento esperado será absorvida pelas regiões menos desenvolvidas, enquanto a população das regiões mais desenvolvidas se estabilizará em 1,2 bilhão. De fato, a população dos países desenvolvidos cairia, não fosse pela migração líquida projetada de países subdesenvolvidos para países desenvolvidos, que deve ficar em torno de 2,3 milhões de pessoas por ano a partir de 2010. As guerras desempenham um papel no fluxo migratório e a migração de centenas de milhares de pessoas para a Europa em 2015, devido à guerra na Síria, mostrou ao mundo a dimensão do problema. As migrações futuras devido a mudanças climáticas serão, segundo os estudiosos, ainda mais extensas.

Tabela 33. População mundial e por continente, em milhões de habitantes

CONTINENTE	1960	1980	2000	2013	TAXA ANUAL DE CRESCIMENTO (2010-2015) (em %)
África	285,3	478,5	808,3	1.110,6	2,5
América Latina e Caribe	220,4	364,2	526,3	616,6	1,1
América do Norte	204,4	254,8	315,4	355,4	0,8
Ásia	1.694,6	2.634,2	3.717,4	4.298,7	1,0
Europa	605,5	694,5	729,1	742,5	0,1
Oceania	15,8	23,0	31,2	38,3	1,4
Mundo	3.026,0	4.449,0	6.127,7	7.162,1	1,1

Fonte: UN, 2013.

O declínio do crescimento populacional está relacionado a três fatores interligados: a globalização da economia, impulsionada pela ciência e tecnologia, o consequente crescimento de áreas urbanas em detrimento da população rural e a maior liberdade das mulheres em termos sociais e econômicos nesse novo ambiente, o que resulta invariavelmente em menos filhos.

É verdade que as piores mazelas ligadas à superpopulação são uma realidade restrita principalmente aos países do sudeste asiático, onde aliás se localizam os dois únicos países com mais de 1 bilhão de habitantes, a China e a Índia.

A China, que pode ser considerada uma amostra do que está por vir em outras regiões do planeta, já enfrenta sérios problemas ambientais. É o segundo maior produtor de grãos, mas está na iminência de ter que importar alimentos. A desertificação avança, o nível dos aquíferos e dos rios que já estão poluídos cai sensivelmente pelo uso na agricultura, na indústria e nos lares. A represa gigantesca de Três Gargantas tem o propósito de aumentar não apenas a geração de energia elétrica, mas também a disponibilidade de água.

A China, que pode ser considerada uma amostra do que está por vir em outras regiões do planeta, já enfrenta sérios problemas ambientais. É o segundo maior produtor de grãos, mas está na iminência de ter que importar alimentos. A desertificação avança e o nível dos aquíferos e dos rios que já estão poluídos cai sensivelmente pelo uso na agricultura, na indústria e nos lares

O controle rigoroso de natalidade em vigor na China pode ter salvo o país de um desastre, mas a sua condição extrema já suscita preocupações sobre a capacidade de a economia aguentar uma conjuntura mais complicada, como um seca prolongada, uma praga nos campos cultivados, uma guerra ou uma instabilidade política interna. Já a vizinha Índia, com um histórico de condescendência à alta fertilidade, está a caminho de se tornar o país mais populoso do mundo em poucos anos, só que com o agravante de possuir uma área bem menor que a da China.

O fato de que mais da metade da população mundial se concentra hoje em centros urbanos, em relação à área rural, causa sérios problemas de aglutinação, mesmo em países com densidades populacionais consideradas baixas, como o Brasil, cuja cidade de São Paulo está entre as maiores megalópoles. De fato, um fenômeno recente é justamente a proliferação de megalópoles em países em desenvolvimento, o que contrasta com a situação mundial há menos de um século, quando cidades como Londres e Nova York eram consideradas casos à parte.

A heterogeneidade demográfica pode ser evidenciada facilmente em um giro do atlas. A população do continente africano, que ostenta altas taxas de natalidade, foi severamente afetada pela presença da Aids, que grassa sem controle em muitas regiões e atualmente causa o pior drama humano na face da Terra. Em muitos países africanos, mais de um quarto da população adulta é portadora do vírus. Na Europa, que apresenta uma alta densidade populacional, há uma tendência à estabilização e mesmo à queda em alguns países, mas, enquanto nos países da Europa Ocidental a queda na fertilidade ocorre num ambiente de opulência, os habitantes da Rússia e dos ex-membros da União Soviética, com nível educacional alto, mas enfrentando dificuldades econômicas, estão decidindo ter menos filhos diante da incerteza sobre o futuro.

Os habitantes da Rússia e dos ex-membros da União Soviética, com nível educacional alto, mas enfrentando dificuldades econômicas, estão decidindo ter menos filhos diante da incerteza sobre o futuro

Na América Latina, com densidade demográfica baixa, a taxa de fertilidade está diminuindo à medida que a parcela da população com acesso a educação cresce. Aqui, a superpopulação ainda é um problema restrito às megalópoles, com destaque para Cidade do México e São Paulo.

Com a quinta população do planeta (208 milhões em 2015, ver Tabela 34), o Brasil tem uma densidade demográfica baixa se comparado a outras nações, mas as diferenças entre as áreas mais populosas e as menos populosas é marcante. Nas próximas décadas, o Brasil deve perder a posição de quinto mais populoso, sendo superado pela Nigéria, pelo Paquistão e por Bangladesh, que têm taxas de crescimento populacional maiores. Os extremos situam-se em Atalaia do Norte (AM), com densidade de 0,18 habitante/km^2, e em São João de Meriti, (RJ), com 13.265 habitantes/km^2. Por enquanto, pelo menos, o problema do Brasil, no que se refere à população, restringe-se à necessidade de planejamento urbano e ocupação racional de áreas remotas, notadamente a Amazônia.

O problema do Brasil, no que se refere à população, restringe-se à necessidade de planejamento urbano e ocupação racional de áreas remotas, notadamente a Amazônia

Tabela 34. Os dez países mais populosos do mundo em 2015

PAÍS	POPULAÇÃO EM 2015 (em milhões)
China	1.376
Índia	1.311
Estados Unidos	322
Indonésia	258
Brasil	208
Paquistão	189
Nigéria	182
Bangladesh	161
Rússia	143
Japão	127

Fonte: UN, 2015.

De qualquer modo, em 2025, a humanidade terá ultrapassado oito bilhões de habitantes, pressionando ainda mais o meio ambiente, que já passou do ponto sustentável com a demanda da população atual (ver Tabela 21).

NOVAS FRONTEIRAS PARA A HUMANIDADE?

Nos primeiros anos da exploração espacial, inaugurada com o lançamento do satélite russo Sputnik em 1957, entre os cientistas mais otimistas havia a crença de que a construção de moradias em outros corpos celestes, como a Lua ou Marte, ou orbitando a Terra, poderia aliviar o problema populacional. Ocorre, porém, que, mesmo com os avanços tecnológicos das últimas décadas, persistem duas barreiras fundamentais à colonização do espaço: a primeira é o custo, literalmente astronômico, associado ao transporte de carga da superfície terrestre ao espaço interplanetário, e mesmo à órbita terrestre. Para se ter uma noção dos números, estudos recentes apontam que uma simples viagem tripulada a Marte para a exploração da sua superfície, utilizando a estratégia mais barata, custaria dezenas de bilhões de dólares. Ou seja, a visão de cidades e estações espaciais disseminadas pelo nosso Sistema Solar, com uma população suficiente para aliviar a carga da Terra, é, dentro da nossa realidade econômica e tecnológica, inviável.

Uma simples viagem tripulada a Marte para a exploração da sua superfície, utilizando a estratégia mais barata, custaria dezenas de bilhões de dólares

A outra barreira está ligada às restrições impostas por um ambiente artificial à qualidade de vida, e, se considerarmos estações em órbita, a simples falta de gravidade já proporciona diversos transtornos ao cotidiano, sem falar nos efeitos de longo prazo no organismo humano, como a descalcificação progressiva dos ossos. E se pensarmos em projetos mais sofisticados, com espaços amplos e geração de gravidade pelo efeito centrífugo, como a estação espacial em forma de roda vislumbrada no famoso filme *2001, uma odisseia no espaço* (de 1968), os custos disparam.

Essas considerações de custo e restrições à qualidade de vida valem também para outra fronteira inexplorada, literalmente mais "pé no chão", proporcionada pelo vasto espaço dos oceanos. A segunda metade do século XX testemunhou a implementação de inúmeros projetos de entusiastas da colonização do mar, como os do cientista Jacques Cousteau. Mas a realidade é que também nesse caso as dificuldades com custos e ambientação tornaram o nosso avanço para o mar pouco mais do que um luxo, e hoje o mais próximo que podemos chegar do fundo do mar, se não formos trabalhadores especializados na área, é em passeios turísticos rápidos em submarinos especialmente construídos, com parte do casco envidraçada.

A segunda metade do século XX testemunhou a implementação de inúmeros projetos de entusiastas da colonização do mar, como os do cientista Jacques Cousteau

O fato é que, queiramos ou não, a maioria esmagadora da humanidade terá que viver nos continentes por um período considerável antes de a colonização espacial ou marinha se tornar alternativa viável.

O MEIO AMBIENTE E AS CONDIÇÕES SOCIOECONÔMICAS DAS NAÇÕES

A conscientização ecológica exige antes de tudo educação, que, por sua vez, demanda anos de estudo num ambiente propício, com estímulo dos pais, alimentação adequada, acesso à informação e tempo disponível. Para as pessoas pobres que precisam trabalhar desde muito cedo, essas palavras significam um luxo quase sempre inalcançável e, consequentemente, é muito mais fácil encontrarmos pessoas engajadas na proteção ao meio ambiente no seio da classe média das cidades do que em áreas onde os pobres são obrigados a viver, como nas favelas ao redor das metrópoles e nas áreas rurais sem infraestrutura, geralmente localizadas em ecossistemas sensíveis como a Floresta Amazônica. Nesses lugares, vale a seguinte máxima de Brecht: "Primeiro o meu estômago, depois a vossa moral".

A conexão entre a pobreza e o meio ambiente pode ser resumida no conflito entre as necessidades humanas básicas a curto prazo e a preservação das condições ambientais a longo prazo. Em regiões onde não são oferecidas alternativas, a visão a curto prazo acaba naturalmente prevalecendo, e exemplos disso não faltam por todo o mundo. Esse problema, que se afigura gigantesco, é muito mais pernicioso nos países em desenvolvimento, que têm como denominador comum as seguintes características:

- desigualdade acentuada na distribuição de renda;
- sistemas educacionais e de saúde ineficientes;
- desigualdade na distribuição de terra;
- ônus pesado no pagamento de dívida externa;
- altas taxas de crescimento demográfico.

Tabela 35. Proporção de pessoas no Brasil de 25 a 64 anos de idade, com 11 anos de estudo, em relação ao total de 25 a 64 anos de idade

ANO	PROPORÇÃO (%)
2012	27,0
2010	25,5
2008	23,5
2006	22,0
2004	19,5
2002	18,0
2000	16,0

Fonte: IBGE, 2015.

Os pobres desses países, sem acesso a áreas mais ricas constituídas por campos férteis e centros industriais/urbanos, são impulsionados a se estabelecerem, por simples falta de opção ou estimulados por programas governamentais de assentamento mal planejados, nas periferias de centros urbanos e em áreas marginais pouco exploradas e frequentemente frágeis ecologicamente, como encostas de morros, terras áridas e semiáridas, e florestas tropicais úmidas. Há que se notar também que o nível crescente de mecanização e automação em áreas agrícolas e industriais contribui para o êxodo, na falta de programas que melhorem a capacitação e abra novas oportunidades para a mão de obra afetada.

A maioria dos países em desenvolvimento se situa dentro dos trópicos, onde se concentra também o grosso da biodiversidade do planeta, tornando o preço da falta de visão a longo prazo ainda mais alto para a humanidade como um todo. Estudos recentes procuram evidenciar a relação entre a localização geográfica e o desempenho econômico das nações, medido pelo PIB *per capita,* segundo três premissas. A primeira é a de que as regiões costeiras apresentam grande vantagem econômica em razão do menor custo do transporte de mercadorias pelo mar, de modo que nações com pouco ou nenhum acesso ao mar são afetadas negativamente. A segunda reza que regiões de clima tropical e subtropical são mais prolíficas em doenças infecciosas do que as regiões de clima temperado, o que afeta a produtividade dos trabalhadores e até a estrutura da população, na medida em que altos índices de mortalidade infantil incitam altos índices de fertilidade como fator compensatório, criando um contingente expressivo de crianças que não podem ser devidamente cuidadas pelos pais. Por exemplo, segundo a Organização Mundial da Saúde, ocorrem no mundo quase 200 milhões de casos de malária todos os anos, concentrados quase que inteiramente nos trópicos (ver Capítulo 7).

Segundo a Organização Mundial da Saúde, ocorrem no mundo quase 200 milhões de casos de malária todos os anos, concentrados quase que inteiramente nos trópicos

Finalmente, procura-se ligar a geografia com a produtividade agrícola sob a argumentação de que as terras em clima temperado exibem um desempenho superior no cultivo dos três grãos mais explorados, e que o trigo cresce apenas em regiões temperadas.

Como evidência dessa tese, calcula-se que, no início do século XXI, as regiões denominadas "temperadas-próximas", que englobam tanto clima temperado como uma distância máxima de 100 km do mar ou de rios e lagos alcançáveis por embarcações oceânicas, constituem apenas 8,4% da área de terra habitada do mundo, mas possuem 22,8% da população mundial, que produz 52,9% do PIB planetário. É claro que outros fatores menos quantificáveis, mas não menos importantes, entram na equação, como pressões políticas e legados históricos, e, além disso, a produção agrícola deve ser vista num espectro mais amplo. Mas de qualquer modo permanece o fato de que os mais pobres do mundo se concentram no sul da Ásia e no Sahel.

Dados de 2015 do Banco Mundial sobre a pobreza incluem os seguintes destaques:

- Em 2011, 17% das pessoas dos países em desenvolvimento viviam com 1,25 dólares ou menos por dia (pobreza extrema), uma grande melhora em relação aos valores de 1990 e 1981, de 43% e 52% respectivamente; em termos de número de pessoas, isso significa que em 2011 pouco mais de 1 bilhão de pessoas viviam com menos de 1,25 dólares por dia, comparados com 1,90 bilhão em 1990 e 1,93 bilhão em 1981;
- O progresso tem sido mais lento para uma faixa mais ampla: em 2011, 2,2 bilhões de pessoas viviam com menos de 2 dólares por dia (uma medida comum de linha de pobreza em países em desenvolvimento), um pequeno decréscimo do valor em relação a 1981, que era de 2,59 bilhões de pessoas;
- O leste da Ásia testemunhou a mais dramática redução de pobreza extrema, de 78% em 1981 para 8% em 2011. A África Subsaariana (parte do continente da África ao sul do deserto do Saara) reduziu sua pobreza extrema de 53% em 1981 para 47% em 2011;
- A China foi a responsável pelo maior declínio em pobreza extrema nas últimas três décadas: entre 1981 e 2011, 753 milhões de pessoas moveram-se acima do limite de 1,25 dólares por dia;
- Em 2011, pouco mais de 80% dos extremamente pobres viviam no sul da Ásia (399 milhões) e na África Subsaariana (415 milhões); além disso, 161 milhões viviam no Leste da Ásia e Pacífico;
- Menos de 50 milhões dos extremamente pobres viviam no conjunto formado pela América Latina, Caribe, Oriente Médio, Norte da África, Europa Ocidental e Ásia Central.

E, a reboque da miséria do continente africano, alastra-se o vírus HIV. A África Subsaariana continua sendo a região do mundo com mais infectados (ver Tabela 36), com 70% de todos os adultos e crianças infectados no mundo. Embora o combate ao HIV tenha tido vitórias nos últimos anos – o número de novos casos caiu de 3,1 milhões em 2000 para 2 milhões em 2014 e, entre as crianças com menos de 15, os novos casos caíram 58% no mesmo período –, o número de pessoas infectadas ainda é alto e estima-se que o número de mortes em 2015 relacionadas ao HIV (tuberculose em soropositivos, por exemplo) chegue a 1,2 milhão de pessoas.

Tabela 36. Estimativas da epidemia de HIV (em milhares de casos)

REGIÃO	ADULTOS E CRIANÇAS COM HIV		NOVOS CASOS DE HIV EM ADULTOS E CRIANÇAS	
	2000	2014	2000	2014
Ásia e Pacífico	4.000	5.000	440	240
Caribe	310	280	27	13
Europa Oriental e Ásia Central	600	1.500	100	140
América Latina	1.200	1.700	100	87
Oriente Médio e Norte da África	96	240	18	22
África Subsaariana	20.800	25.800	2.300	1.400
Europa Central e Ocidental e América do Norte	1.500	2.400	87	85
Mundo	28.600	36.900	3.100	2.000

Fonte: UNAIDS, 2015.

A pressão que os pobres sofrem para desmatar as florestas e exaurir as terras áridas e semiáridas acaba deflagrando processos de desertificação, extinção em massa de espécies, enfim, um empobrecimento geral das condições ambientais que os forçará no futuro a procurar outras áreas. Nas favelas e periferias pobres das grandes cidades, as condições sanitárias precárias e a ausência de planejamento urbano tornam o ambiente propício ao aparecimento de doenças e a desastres como inundações, deslizamentos, explosões e incêndios.

No Brasil, a distribuição de renda tem melhorado, tendo o índice de Gini (cujo valor de 0 significa perfeita igualdade e valor de 1, desigualdade máxima) caído de cerca de 0,56 em 2004 para 0,51 em 2012, segundo o IBGE. A educação é entrelaçada com a desigualdade social e, no Brasil, embora a situação tenha melhorado (ver Tabela 35), a média de anos de estudo em 2015 é de 7,2, o mesmo de países com metade de nossa renda *per capita*.

A desigualdade social no mundo, desconsiderando as fronteiras nacionais, pode ser evidenciada pelo fato de que, em 2006, a renda combinada das 500 pessoas mais ricas do planeta era mais ou menos a mesma que a dos 416 milhões mais pobres.

Os investimentos em saúde e educação são o único meio de reverter um quadro socioeconômico adverso, e os índices mundiais têm melhorado (ver Tabelas 37 e 38), embora as disparidades entre países, e mesmo dentro da fronteira de muitos países, continuem acentuadas. O problema é que, como esses investimentos têm retorno de longo prazo, os políticos menos comprometidos com o público em geral procuram evitá-los, concentrando a sua atenção em empreendimentos que lhes garantam dividendos a curto prazo e melhorem as suas perspectivas para a reeleição. Quem paga o preço são as crianças, que no futuro herdarão uma carga pesada. Segundo o relatório *State of the World's Children 2015*, do UNICEF, quase nove em dez crianças vivendo nos lares que estão no topo dos 20% mais abastados vão à escola no nível pré-primário, comparado aos seis em dez nos lares mais pobres. O trabalho infantil ainda é uma chaga em muitas regiões pobres, chegando a 25% das crianças na África Subsaariana entre 2009 e 2013. Ou seja, há muito trabalho a ser feito para os que herdarão – e estão herdando – a Terra a cada minuto.

Tabela 37. Taxas de mortalidade infantil, abaixo de 5 anos, por região (mortes por mil nascidos vivos)

REGIÃO	1970	1980	1990	2000	2010	2013
África Subsaariana	246	201	179	156	103	92
Leste e Sul da África	212	188	165	140	85	74
África Central e Oeste	279	220	197	175	122	109
Oriente Médio e Norte da África	205	126	70	50	34	31
Sul da Ásia	213	171	129	94	64	57
Leste da Ásia e Pacífico	117	76	58	41	23	19
América Latina e Caribe	119	84	54	32	23	18
Europa Central e Oriental e Comunidade dos Estados Independentes (ex-URSS)	97	69	47	37	22	20
Países menos desenvolvidos	243	211	174	139	91	80
Mundo	147	117	90	76	51	46

Fonte: UNICEF, 2015.

Tabela 38. Taxas de alfabetização e de participação em escola de nível pré-primário

REGIÃO	TAXA DE ALFABETIZAÇÃO (15-24 anos) ENTRE 2009-2013 (%)		PARTICIPAÇÃO EM ESCOLAS NO NÍVEL PRÉ-PRIMÁRIO ENTRE 2009-2012 (%)		EXPECTATIVA DE VIDA (em anos) EM 2013
	Masc.	Fem.	Masc.	Fem.	
África Subsaariana	75	64	20	20	57
Leste e Sul da África	79	72	25	25	59
África Central e Oeste	71	54	15	15	54
Oriente Médio e Norte da África	94	89	27	26	71
Sul da Ásia	86	73	55	56	67
Leste da Ásia e Pacífico	99	99	67	67	74
América Latina e Caribe	98	98	74	75	75
Europa Central e Oriental, e Comunidade dos Estados Independentes (ex-URSS)	100	99	61	60	70
Países menos desenvolvidos	76	67	16	16	62
Mundo	92	87	55	53	71

Fonte: UNICEF, 2015.

Figura 38. Infância ameaçada.

Fotografia utilizada como capa do relatório do UNICEF intitulado *State of the World's Children 2005*. Segundo essa entidade, em 2015, quase a metade das mortes de crianças abaixo de 5 anos deveu-se à deficiência de nutrição.

Fonte: UNICEF.

Essa e outras tantas relações viciosas entre o poder e a pobreza, no Brasil e em muitos países, ficam evidentes na própria estrutura dos poderes Judiciário, Legislativo e Executivo. Qual é, por exemplo, a justificativa para se conceder prisão especial a portadores de escolaridade superior, ao passo que os outros são jogados em prisões comuns? Por que não são devidamente punidos os corruptos que botam a mão no dinheiro público em benefício próprio, muitas vezes desviando recursos destinados a hospitais, escolas e merendas, que em muitos casos são a única refeição decente de que as crianças pobres dispõem durante todo o dia? Por que a concessão de canais de rádio e televisão deve ser administrada pelos governantes, que acabam beneficiando amigos ou mesmo a si próprios, como meio de propaganda?

Qual é, por exemplo, a justificativa para se conceder prisão especial a portadores de escolaridade superior, ao passo que os outros são jogados em prisões comuns?

A saúde pública nacional tem se degradado a olhos vistos, com hospitais públicos sem condições de atendimento adequado e o avanço de doenças infectocontagiosas, como a dengue, que tem assolado sem controle a cidade do Rio de Janeiro, e a febre amarela, que ameaça gerar uma epidemia nas áreas urbanas do estado de São Paulo.

Figura 39. Favela da Zona Norte do Rio de Janeiro.

Foto: Rafael Pinotti.

Mas, apesar da triste rotina de desigualdade social que desfila diante dos brasileiros diariamente nos noticiários, alguns avanços têm sido conquistados. Na área da saúde, a iniciativa brasileira de distribuir gratuitamente o coquetel antiaids, com a fabricação de 8 dos 12 medicamentos em território nacional, ganhou apoio mundial em 2001.

Os Estados Unidos, que haviam se queixado à OMC em 2000 alegando que o Brasil desrespeitava as leis mundiais de patentes, retiraram a queixa em junho de 2001, um mês depois que a Assembleia Mundial de Saúde aprovou por unanimidade a proposta brasileira de flexibilização do Tratado Internacional de Propriedade Intelectual para os casos de grande benefício social ou emergência.

Em termos mundiais, uma das iniciativas de maior sucesso para ajudar os mais pobres a melhorar de vida é o chamado microcrédito, posto em prática pela primeira vez pelo Grameen Bank, de Bangladesh. Trata-se da concessão de empréstimos de pequeno vulto (em geral, até umas centenas de dólares) a pessoas abaixo da linha de pobreza, que não precisam comprovar renda nem apresentar fiador, bastando que mostrem o potencial de geração de renda do negócio que o empréstimo irá viabilizar. A inadimplência, de 2% a 4%, é bem menor do que a do sistema tradicional de empréstimos, e hoje cerca de mil instituições no mundo todo oferecem microcrédito, na maioria bancos, mas também cooperativas de crédito e organizações não governamentais.

O economista Mohammad Yunus, de Bangladesh, que idealizou o microcrédito, recebeu o Prêmio Nobel da Paz em 2006. No Brasil, o microcrédito é oferecido a produtores em um terço dos municípios, segundo dados do IBGE de 2015.

DÍVIDA EXTERNA

A dívida externa dos países em desenvolvimento é outro fator que merece atenção por causa da sangria que causa no orçamento. Citando um exemplo extremo, a Zâmbia dedicou em 1997 40% do seu orçamento a obrigações da sua dívida externa, e apenas 7% para investimentos em saúde, educação e outras áreas básicas.

Embora crises no pagamento de dívidas internacionais se estendam no passado para além do século XX, a última delas, deflagrada no início dos anos 1980 em meio à crise econômica mundial causada pela alta do preço do petróleo, foi e continua sendo a mais severa. Em 1982, quando o México anunciou que não tinha condições de honrar os seus compromissos, sendo seguido por outros países como o Brasil, a dívida total dos países devedores atingira US$ 800 bilhões (US$ 1,3 trilhão, se corrigidos para 1995), e a relação entre os pagamentos da dívida e o saldo de exportações atingia 52% no México e 82% no Brasil. A nossa dívida, bem como a do México e de outros países economicamente mais sólidos, foi fruto de empréstimos vultosos contraídos na década de 1970, principalmente de bancos privados, bloco que conseguiu um refinanciamento no início dos anos 1990, retomando o pagamento.

Em 1982, quando o México anunciou que não tinha condições de honrar os seus compromissos, sendo seguido por outros países como o Brasil, a dívida total dos países devedores atingira US$ 800 bilhões (US$ 1,3 trilhão, se corrigidos para 1995)

Por sua vez, os países mais pobres, que eram evitados pelos bancos privados, contraíram dívidas de órgãos oficiais, como o Fundo Monetário Internacional (FMI) e o Banco Mundial, bancados por um conjunto de países ricos e criados logo depois do final da Segunda Guerra Mundial como instrumentos de ajuda e influência num mundo em que a Guerra Fria passava a ser o pano de fundo da maioria das relações exteriores. A visão dos Estados Unidos há 50 anos, ao conceder financiamentos direcionados a projetos de infraestrutura como estradas, usinas e represas, era a de que os países beneficiados não apenas usariam os recursos eficientemente, como também honrariam as suas dívidas. Na Europa Ocidental esse modelo funcionou, e a famosa reconstrução pós-guerra transformou o monte de cinzas no lado ocidental que havia sobrado da Alemanha nazista num país moderno e economicamente poderoso.

Já os países em desenvolvimento, que careciam frequentemente de fatores importantes para aproveitar os empréstimos, como um contingente de mão de obra especializada, um conjunto de empresas de pequeno e médio porte e um governo eficaz e suficientemente livre da chaga da corrupção, não responderam conforme se esperava. As particularidades históricas e culturais de cada país também não eram levadas em conta, o que contribuiu para muitos erros de planejamento. Por exemplo, em 1970 o Banco Mundial financiou a construção de poços artesianos destinados à irrigação na Índia, e cada vila disporia de um, cuja água estaria à disposição de todos, sem ônus. Entretanto, a cultura local propiciou a tomada dos poços pelas famílias ricas, que passaram a cobrar os pobres pela água. A corrupção teve um papel importante no mal uso do dinheiro emprestado. Por exemplo, entre 1976 e 1984, segundo o Banco Mundial, a saída de capital da América Latina quase se igualou ao aumento da dívida externa.

A corrupção teve um papel importante no mal uso do dinheiro emprestado. Por exemplo, entre 1976 e 1984, segundo o Banco Mundial, a saída de capital da América Latina quase se igualou ao aumento da dívida externa

No início dos anos 1970, quando os bancos oficiais já tinham estendido o conceito de desenvolvimento para além de projetos de infraestrutura, englobando também investimentos na área de educação, saúde e agricultura, esperava-se uma resposta mais positiva. Como isso não ocorreu, no início dos anos 1980 o Banco Mundial, o FMI e agências dos Estados Unidos passaram a condicionar novos empréstimos à realização de reformas estruturais, começando com exigências de austeridade financeira, e depois exigindo desestatização de empresas e a retirada de barreiras ao comércio e ao capital internacionais.

No final dos anos 1980, o plano Brady mudou um pouco a política dos credores, tornando-os mais flexíveis. Nessa época, organizações independentes já haviam começado a usar artifícios para reduzir a dívida dos países devedores, ao mesmo tempo ajudando-os em projetos de manutenção do meio ambiente e no desenvolvimento humano. Por exemplo, em 1987 o grupo americano Conservation International comprou títulos da dívida boliviana no valor de US$ 650 mil de bancos comerciais, que aceitaram US$ 100 mil à vista por acharem que os papéis eram quase sem valor. O grupo cancelou US$ 400 mil de débito, aceitou os US$ 250 mil restantes em moeda boliviana e doou a quantia para o gerenciamento da reserva florestal Biosfera Beni.

O UNICEF movimentou US$ 200 milhões à vista entre 1989 e 1995 para financiar trocas entre desenvolvimento e débito, que ajudaram na provisão de água no Sudão e até no suporte a crianças de rua na Jamaica. Entre as décadas de 1980 e 1990, o Banco Mundial aumentou a fatia de investimentos destinada a projetos ambientais, passando de um projeto em carteira em 1986 para 137 projetos em 1995. Sua política pode ser resumida no texto a seguir, extraído e resumido do livro *Mainstreaming the environment*, editado pelo banco em 1995:

Entre as décadas de 1980 e 1990, o Banco Mundial aumentou a fatia de investimentos destinada a projetos ambientais, passando de um projeto em carteira em 1986 para 137 projetos em 1995

Dez Destaques do Novo Ambientalismo

À medida que os países em desenvolvimento se esforçam para forjar caminhos de desenvolvimento que forneçam prosperidade para seus cidadãos e uma boa administração do meio ambiente, passaram a rejeitar o velho paradigma de desenvolvimento *versus* meio ambiente em favor de um novo ambientalismo que reconhece o desenvolvimento econômico e a sustentabilidade ambiental como parceiros. Alguns dos princípios que fundamentam essa nova abordagem estão listados a seguir. Eles também fundamentam em grande parte a ajuda ambiental do Banco aos seus países-membros.

- Estabelecer prioridades cuidadosamente. Nem todos os problemas podem ser atacados ao mesmo tempo. As prioridades devem ser fixadas usando uma combinação de técnicas de avaliação e a participação de cidadãos e especialistas;

- Atacar em primeiro lugar as opções duplamente compensatórias. Existe muitas vezes a perspectiva de melhoria do meio ambiente por meio da adoção de políticas e investimentos que são justificados por razões outras que não o meio ambiente. Essas oportunidades, no entanto, devem ser exploradas cuidadosamente;
- Promover análise cuidadosa de custos. Como demonstrado por trabalhos recentes em países como o Chile e o México e em regiões como o Leste Europeu, existem oportunidades enormes para a economia de recursos;
- Usar incentivos do mercado quando for viável. Um número crescente de resultados, alguns dos quais apoiados por projetos do Banco, apontam para os ganhos do uso de instrumentos baseados no mercado. O Chile, a Hungria, a Malásia, a Polônia e a Tailândia são exemplos;
- Economizar na capacidade administrativa e regulatória. A capacidade de administração e execução é frequentemente tão escassa quanto o dinheiro. Nesses casos, instrumentos mais diretos (com menos pontos de intervenção) e políticas auto-regulatórias (por exemplo, esquemas de depósito-reembolso) podem ajudar, além do envolvimento de comunidades e ONGs locais, na monitoração e execução;
- Estabelecer padrões realistas e aplicá-los. A velha abordagem de adotar padrões ocidentais está dando lugar a uma nova abordagem pela qual objetivos realistas são estabelecidos e executados;
- Trabalhar com o setor privado. A maioria do investimento necessário para melhorar o meio ambiente virá dos fazendeiros e do comércio;
- Reconhecer que o envolvimento do público é essencial. O sucesso ou o fracasso frequentemente depende mais do comprometimento dos *stakeholders* do que do governo central. A proteção de *habitats,* florestas e mesmo bacias hidrográficas requer o envolvimento genuíno da comunidade no planejamento e na implementação;
- Construir partidários para mudança. Melhorias sustentáveis na política ambiental, que normalmente envolvem perdedores bem como ganhadores, são mais prováveis com o público bem-informado e o apoio ativo de cidadãos;
- Incorporar preocupação com o meio ambiente desde o princípio. A prevenção geralmente é melhor do que a cura.

De qualquer modo, a situação dos países mais pobres não foi sensivelmente alterada por tais iniciativas. Pelo contrário, com o fim da Guerra Fria, a ajuda externa a esses países caiu (ver Tabela 39), e, na urgência de conseguirem moeda estrangeira com exportações, passaram a explorar intensamente os seus recursos naturais com a extração de madeira e a expansão da agricultura, assim destruindo florestas. No Brasil temos o triste exemplo do governo federal permitindo a operação das famigeradas madeireiras asiáticas na Amazônia, que sabidamente dizimaram tudo o que podiam em seus países de origem. Além disso, os órgãos federais de desenvolvimento para a região são, em geral, infestados pela corrupção, como o caso da Superintendência para o Desenvolvimento da Amazônia (Sudam), extinta às pressas em 2001 depois de confirmado o desvio de dinheiro na ordem de centenas de milhões de dólares por políticos de peso e seus apadrinhados, que formavam uma rede que se estendia até o topo do Senado.

Tabela 39. Contribuições para auxílio em desenvolvimento feitas pelos 15 principais países, em 1992 e 2000

PAÍS	TOTAL EM 1992 (milhões de dólares)	FRAÇÃO DO PIB DE 1992 (%)	TOTAL EM 2000 (milhões de dólares)	FRAÇÃO DO PIB DE 2000 (%)
Alemanha	8.613	0,39	5.034	0,27
Austrália	1.107	0,35	995	0,27
Bélgica	984	0,36	812	0,36
Canadá	2.861	0,46	1.722	0,25
Dinamarca	1.583	1,02	1.664	1,06
Espanha	1.727	0,26	1.321	0,24
Estados Unidos	13.319	0,20	9.581	0,10
França	9.407	0,63	4.221	0,33
Holanda	3.132	0,86	3.075	0,82
Itália	4.689	0,34	1.368	0,13
Japão	12.685	0,30	13.062	0,27
Noruega	1.448	1,16	1.264	0,80
Reino Unido	3.659	0,31	4.458	0,31
Suécia	2.798	1,03	1.813	0,81
Suíça	1.296	0,46	888	0,34
Todos os países	68.808	0,33	53.058	0,22

Fonte: French, 2002.

O fato que permanece é que, na maioria das vezes, as populações dos países devedores não pediram nem muito menos usufruíram o que os seus governantes receberam e "gerenciaram", ao passo que, do lado dos credores, houve mau planejamento e vista grossa durante o jogo da geopolítica da Guerra Fria. Em julho de 2001, os países mais ricos deram um passo significativo ao anunciarem o perdão de US$ 53 bilhões da dívida dos 23 países mais pobres do mundo, que atingia US$ 74 bilhões. E em fevereiro de 2005, numa reunião do G7 em Londres, foi decidido o perdão da dívida de alguns dos países mais pobres com organizações internacionais, como o FMI, o Banco Mundial e o Banco de Desenvolvimento da África. O FMI tem uma iniciativa denominada HIPC (Heavily Indebted Poor Countries), um plano compreensivo que visa a redução das dívidas de países pobres que procuram o FMI e o Banco Mundial para programas de suporte e reforma. Até 2008, pacotes de redução de débito foram aprovados para 33 países, 27 deles na África, promovendo US$ 49 bilhões de alívio dos débitos ao longo do tempo. A iniciativa foi lançada em 1996 pelo FMI e pelo Banco Mundial com o objetivo de assegurar que nenhum país pobre enfrente o fardo de um débito que não possa administrar. Ela conta com uma ação coordenada da comunidade financeira internacional, incluindo organizações multilaterais e governos, para reduzir a níveis sustentáveis as dívidas externas dos países pobres mais endividados. Os 33 países que já tiveram seus pacotes aprovados gastavam, em média, antes da iniciativa HIPC, mais no pagamento de débitos do que em saúde e educação combinados. Depois, os gastos com saúde, educação e outros serviços sociais aumentaram significativamente.

Nesta primeira metade do século XXI, a dívida externa dos países em desenvolvimento tem ficado à sombra de crises provocadas pelos gigantes econômicos como os Estados Unidos, cuja crise iniciada em 2008 afetou o mundo por muitos anos; pelos países-membros da União Europeia mais frágeis economicamente, notadamente a Grécia; e pela China, cuja desaceleração do crescimento para valores abaixo dos espetaculares 10% ao ano trouxe más notícias ao mundo, especialmente a países exportadores de matérias-primas ao gigante asiático, como o Brasil, que mergulhou numa crise severa em 2015 por conta, principalmente, de gastos descontrolados e sem critério do governo, além de escândalos de corrupção em empresas estatais.

Segundo dados recentes do Banco Mundial, a dívida de longo prazo da África Subsaariana subiu de US$ 187 bilhões em 2005 para US$ 292 bilhões em 2013. Para a América Latina, esses valores ficaram em US$ 573 bilhões e US$ 1,250 trilhões e, para o Brasil, US$ 164 bilhões e US$ 445 bilhões. A dívida externa de longo prazo de todos os países em desenvolvimento ficou em US$ 3,854 trilhões em 2013. Apesar da dívida de longo prazo de regiões pobres do mundo ter aumentado em valores reais, ela caiu proporcionalmente aos valores de exportações, como veremos na próxima seção.

Em julho de 2001, os países mais ricos deram um passo significativo ao anunciarem o perdão de US$ 53 bilhões da dívida dos 23 países mais pobres do mundo, que atingia US$ 74 bilhões

A GLOBALIZAÇÃO

Todas as ferramentas tecnológicas criadas pelo homem podem ser utilizadas para a melhoria da civilização como um todo ou para propósitos escusos, e a globalização, viabilizada graças aos novos recursos de comunicação e a uma nova fase de abertura econômica mundial, também pode ser entendida como oportunidade ou como ameaça.

Com o tráfego de informações em tempo real pela internet e pelos satélites, transações e trabalhos podem ser realizados a distância, economizando tempo considerável para os envolvidos, que antes tinham que se dirigir a locais muitas vezes remotos, ou gastar muito tempo colhendo informações. Hoje qualquer cidadão com uma TV a cabo ou satélite, mais um computador com internet, dispõe de uma quantidade de informações ilimitada e pode acompanhar do seu escritório a evolução em tempo real dos principais acontecimentos mundiais, além de decidir como aplicar o seu dinheiro, comprar livros e CDs em lojas virtuais etc.

Mas os dois pilares da globalização, o tráfego rápido de informação e capital pelo globo e a abertura econômica, também podem ser – e são – usados de forma a piorar o fosso que separa os países desenvolvidos dos países em desenvolvimento, e atrasar a evolução de índices socioeconômicos nas regiões mais pobres do planeta, um fator, como já vimos, de importância não apenas do ponto de vista moral, mas também ambiental.

Todos já conhecemos, por exemplo, o potencial de estrago que os chamados ataques especulativos têm para arruinar, de uma hora para outra, a economia de um país inteiro. Em questão de horas, investidores transferem investimentos fabulosos para instituições consideradas mais sólidas, apostando no colapso iminente da economia de um dado país.

Por sua vez, a bandeira de livre comércio acenada pelos países desenvolvidos se traduz, na prática, em guerras comerciais quando as suas exportações são ameaçadas e em protecionismo quando as suas importações de produtos mais competitivos tendem a aumentar. O Brasil tem sido vítima de ambas as faces dessa hipocrisia internacional. Por exemplo, os nossos produtos agrícolas, altamente competitivos, têm esbarrado em medidas protecionistas (taxação de importação, subsídios) da União Europeia e dos Estados Unidos.

Os nossos produtos agrícolas, altamente competitivos, têm esbarrado em medidas protecionistas (taxação de importação, subsídios) da União Europeia e dos Estados Unidos

A nova realidade econômica mundial, se não for revista com seriedade, ameaça evoluir para um estágio de blocos econômicos, que desperdiçarão quantias vultosas em subsídios e outros artifícios em prol de competição acirrada, gerando inclusive um potencial para conflitos armados, ao passo que os países mais pobres tenderão a ficar cada vez mais isolados. E esse futuro possível iria contrariar a própria natureza da palavra globalização, tornando o mundo mais desigual e ambientalmente mais degenerado.

No ano 2000, as Nações Unidas lançaram a *Declaração do Milênio*, que estabeleceu vários objetivos claros e mensuráveis de melhorias, em relação a 1990, a serem alcançados até 2015. Chamados oficialmente de *Objetivos de Desenvolvimento do Milênio*, são:

1. Erradicar a pobreza extrema e a fome

- Diminuir pela metade, entre 1990 e 2015, a proporção de pessoas cuja renda é menor que US$ 1 por dia.
- Diminuir pela metade, entre 1990 e 2015, a proporção de pessoas que sofrem com a fome.

2. Alcançar a educação primária universal

- Garantir que, até 2015, as crianças de todo o mundo, meninos e meninas, possam poderão completar um curso primário.

3. Promover a igualdade entre os sexos e a autonomia das mulheres

- Eliminar a disparidade entre os sexos na educação primária e secundária, preferencialmente até 2005, e em todos os níveis de educação até 2015.

4. Reduzir a mortalidade infantil

- Reduzir em dois terços, entre 1990 e 2015, a mortalidade infantil de crianças abaixo de 5 anos.

5. Melhorar a saúde materna

- Reduzir em dois terços, entre 1990 e 2015, a razão de mortalidade materna.

6. Combater o HIV/Aids, a malária e outras doenças

- Ter parado em 2015 e começado a reverter o espalhamento do HIV/Aids.
- Ter parado em 2015 e começado a reverter a incidência de malária e de outras doenças de vulto.

7. Garantir a sustentabilidade ambiental

- Integrar os princípios de desenvolvimento sustentável às políticas e programas nacionais, e reverter a perda de recursos ambientais.
- Diminuir à metade, até 2015, a proporção de pessoas sem acesso sustentável à água potável e às condições sanitárias básicas.
- Ter atingido até 2020 uma melhoria significativa das vidas de pelo menos 100 milhões de moradores de favelas.

8. Estabelecer uma parceria mundial para o desenvolvimento

- Desenvolver um sistema de comércio e financeiro que seja aberto, baseado em regras, previsível e não discriminatório (inclui o comprometimento com as boas práticas de governo, o desenvolvimento e a redução da pobreza – nacional e internacionalmente).

- Atender às necessidades especiais dos Países Menos Desenvolvidos (inclui acesso livre de quotas e tarifas às exportações dos Menos Desenvolvidos, programa de alívio de débito para os Países Pobres Muito Endividados e o cancelamento de débitos oficiais bilaterais, e assistência oficial para desenvolvimento mais generosa aos países comprometidos com a redução da pobreza).
- Atender às necessidades especiais dos países em desenvolvimento sem fronteiras marítimas e dos Estados em desenvolvimento constituídos por ilhas pequenas (por meio do Programa de Ação para o Desenvolvimento Sustentável de Estados em Desenvolvimento formados por Ilhas Pequenas, e das resoluções da 22ª Assembleia Geral).
- Lidar de forma abrangente com o problema de dívida dos países em desenvolvimento com medidas nacionais e internacionais, de forma a tornar o débito sustentável a longo prazo.
- Em cooperação com os países em desenvolvimento, desenvolver e implementar estratégias para o trabalho decente e produtivo de jovens.
- Em cooperação com indústrias farmacêuticas, prover acesso a medicamentos essenciais a preços acessíveis em países em desenvolvimento.
- Em cooperação com o setor privado, tornar disponíveis os benefícios das novas tecnologias, especialmente as tecnologias de informação e comunicação.

Em janeiro de 2005, a ONU divulgou o relatório *Investindo no desenvolvimento: um plano prático para atingir os objetivos de desenvolvimento do milênio,* elaborado por 265 especialistas liderados pelo economista Jeffrey D. Sachs. Segundo o relatório, os objetivos poderiam ser alcançados se a partir de então fossem dedicados investimentos de US$ 135 bilhões anuais, soma que deveria atingir US$ 195 bilhões em 2015. Isso seria factível se os 22 países considerados ricos cumprissem a promessa de dedicar 0,7% do PIB em ajuda aos pobres. No momento, só cinco deles a cumprem: Dinamarca, Luxemburgo, Noruega, Holanda e Suécia. Os Estados Unidos, que movimentam US$ 12 trilhões na sua economia, contribuem com 0,15% do seu PIB.

Na divulgação do relatório, foi frisado que o mundo gastava, só em armamentos, cerca de novecentos bilhões de dólares anuais. Em 2015, foi lançado o relatório *The Millennium Development Goals Report 2015*, no qual foi relatado o progresso de cada um dos objetivos. Listo abaixo alguns destaques:

- Objetivo nº 1: a taxa de pobreza extrema nos países em desenvolvimento caiu de 47% em 1990 para 14% em 2015; nesse mesmo intervalo, o número de pessoas vivendo na pobreza extrema caiu de 1,9 bilhão para 836 milhões;

- Objetivo nº 2: o número de crianças fora da escola primária caiu de 100 milhões em 1990 para 57 milhões em 2015;
- Objetivo nº 3: no Sul da Ásia, 74 meninas participavam da escola primária para cada 100 meninos; em 2015, essa proporção mudou para 103 e 100 respectivamente;
- Objetivo nº 4: o número de mortes de crianças abaixo de 5 anos caiu de 12,7 milhões em 1990 para 6 milhões em 2015;
- Objetivo nº 5: a taxa de mortalidade materna global caiu de 380 para 210 mortes por 100 mil nascidos vivos entre 1990 e 2015; na África Subsaariana, a queda do índice foi de 49% e, no Sul, da Ásia foi de 64%;
- Objetivo nº 6: novos casos de HIV caíram aproximadamente 40% entre 2000 e 2013; mais de 6,2 milhões de mortes por malária foram evitadas entre 2000 e 2015, principalmente entre crianças com menos de 5 anos na África Subsaariana; a taxa global de incidência de malária caiu cerca de 37% e a de mortalidade caiu cerca de 58%;
- Objetivo nº 7: 98% das substâncias destruidoras da camada de ozônio foram eliminadas desde 1990; no mundo todo, 2,1 bilhões de pessoas conseguiram acesso a condições sanitárias melhores – a proporção de pessoas que defecam em aberto caiu quase pela metade desde 1990 e a de pessoas vivendo em favelas em áreas urbanas dos países em desenvolvimento caiu de 39,4 % em 2000 para 29,7% em 2014;
- Objetivo nº 8: a assistência oficial anual aos países em desenvolvimento feita pelos desenvolvidos aumentou 66% em termos reais entre 2000 e 2014, alcançando a soma de US$ 135,2 bilhões; a proporção entre pagamento de dívida externa em relação aos ganhos com exportação nos países em desenvolvimento caiu de 12% em 2000 para 3% em 2013.

10

BIODIVERSIDADE E EXTINÇÃO EM MASSA

CALCULANDO O PREJUÍZO

O cidadão comum da cidade tem normalmente pouca sensibilidade a mudanças no meio ambiente, salvo em relação à qualidade do ar que respira e da água do mar em que se banha nos fins de semana. Mas o pessoal do interior é "naturalmente" mais atento, pois vive mais próximo dos elementos naturais.

E, ao redor do mundo, muitas pessoas que vivem na zona rural notaram, de três décadas para cá, uma sutil diferença no seu cotidiano, a saber, a ausência crescente do coaxar dos sapos e rãs nos lagos, campos e florestas. Ao contrário de outras espécies que sofrem redução populacional e mesmo perigo de extinção, os anfíbios (sapos, rãs e salamandras) são muito conhecidos no dia a dia do homem, e seu declínio populacional é mais largamente observado, embora menos valorizado.

Nos final dos anos 1980, os cientistas reconheceram que a diminuição – e, em muitos casos, o desaparecimento – de populações de muitas espécies de anfíbios é um fenômeno mundial, e desde então têm se esforçado para identificar as causas. Isso é importante, já que eles são considerados bons medidores das condições gerais do meio ambiente por suas interações com muitos sistemas naturais. Seus ovos e larvas vivem no meio aquático, e os adultos, pelo menos parte do tempo, no solo. As larvas são herbívoras e detritívoras, e os adultos, que respiram pela pele, pulmões e bucofaringe, são carnívoros. Vale lembrar também que os anfíbios foram os primeiros vertebrados a colonizar a Terra, há 350 milhões de anos, sendo a classe que originou os répteis, aves e mamíferos. O seu rápido desaparecimento é, portanto, um sinal de alerta importante sobre a deterioração do meio ambiente. Outro fenômeno que deve estar contribuindo para o declínio da população de anfíbios é o aparecimento de deformidades, como excesso ou falta de pernas traseiras, encontrados em mais de 60 espécies de rãs, sapos e salamandras em 46 estados americanos e em quatro continentes, chegando o número de animais desfigurados em algumas populações a 80%. Um estudo de seis anos sobre anfíbios nos Estados Unidos, que envolveu 48 espécies em 34 localidades e publicado em 2013 sob a liderança de Michael Adams, dá conta de que sapos, rãs, salamandras e outros anfíbios estão morrendo tão rapidamente que podem desaparecer de metade de seus *habitats* em vinte anos; para as espécies mais vulneráveis, esse número cai para seis anos. No caso do Brasil, o *Livro Vermelho da Fauna Brasileira Ameaçada de Extinção*, publicado em 2008, informa que:

> No Brasil, país que apresenta a maior diversidade de anfíbios do mundo (AMPHIBIA WEB, 2006), os declínios populacionais não são necessariamente motivo de concordância entre os autores (e.g., PIMENTA et al., 2005; STUART et al., 2005).

A verdade é que, nos países megadiversificados em anfíbios, não há ainda programas de monitoramento populacional em larga escala e, portanto, quase nada se sabe sobre os tamanhos populacionais das diferentes espécies de anfíbios e suas oscilações.

No mundo, estima-se que 32% das espécies de anfíbios estão ameaçadas. Só nas últimas duas décadas, cerca de 168 espécies foram consideradas extintas.

Como existe uma variedade muito grande de anfíbios, com formas, tamanhos e comportamentos diferentes, e vivendo em *habitats* diversos, alguns cientistas acham que distúrbios ambientais são as causas, descartando um fator isolado ligado apenas à classe. Estudos revelam que os causadores são a destruição do *habitat* (ocupação humana, desmatamentos), poluição (chuva ácida, pesticidas e fertilizantes), doenças por fungos e parasitas, exposição mais intensa aos raios ultravioleta solares com o enfraquecimento da camada de ozônio, mudanças climáticas, e até a introdução de novas espécies, que passam a competir por alimentos ou mesmo se nutrir de anfíbios. Por exemplo, na Nova Zelândia, a introdução de ratos causou provavelmente a extinção de várias espécies de rãs. Ironicamente, até um anfíbio, o gigante *bullfrog*, que mede até 15 cm de comprimento e é originário da região leste dos Estados Unidos, tem feito estragos em várias partes do mundo para onde foi levado. Como predador voraz, não deixa escapar nem rãs nem sapos menores do que ele.

Geralmente, o declínio da população de anfíbios ou o seu desaparecimento em uma dada região são causados por uma combinação dos agentes citados. Segundo os pesquisadores brasileiros Carlos Roberto Fonseca, Carlos Guilherme Becker, Célio Fernando Baptista Addade e Paulo Inácio Prado, em artigo publicado na *Scientific American Brasil* em maio de 2008:

> Devido ao desmatamento desenfreado da mata Atlântica, hoje há apenas pequenas ilhas de floresta rodeadas de pastagens. A maioria dos fragmentos de floresta está no cume dos morros, enquanto os riachos correm na planície. Ou seja, para completar o ciclo de vida, os sapos seriam obrigados a fazer uma arriscada migração por áreas inóspitas. Quando a mata Atlântica ainda era imensa e contínua, este tipo de ameaça não existia. Os jovens sapinhos deixavam os rios e já estavam na floresta. Mas agora, o homem rompeu essa unidade; de um lado está o *habitat* dos girinos e, do outro, o ambiente dos adultos. Isto se chama *habitat split* e é definido formalmente como uma desconexão induzida pelo homem entre os *habitats* utilizados por diferentes estágios da vida de uma espécie. Este padrão parece ser comum ao redor do mundo: nos 34 lugares do mundo onde a biodiversidade se concentra (*hotspots*), as taxas de desmatamento são bastante altas e a desconexão de *habitats* parece ser mais regra do que exceção. A responsabilidade brasileira sobre a biodiversidade de anfíbios é enorme. Aqui já foram registradas 817 espécies de anfíbios e a cada ano novas espécies são acrescentadas à lista. De longe, o pior tipo de desmatamento, do ponto de vista dos anfíbios, é aquele que destrói as matas ciliares. Em uma paisagem, se toda a mata ciliar for removida, todos os fragmentos florestais estarão automaticamente desconectados dos corpos d'água e, com isso, os anfíbios padecem. O Brasil possui o maior número de espécies de anfíbios do mundo, graças à grande variedade de ecossistemas aqui presentes, particularmente as florestas, tanto que as Américas Central e do Sul mais o Caribe abrigam quase a metade das espécies de anfíbios conhecidos, sendo que os cientistas acreditam na existência de uma quantidade muito grande de espécies ainda não descobertas.

O desaparecimento dos anfíbios causaria uma quebra importante na cadeia alimentar, levando ao aumento abrupto da população dos que servem de alimento aos adultos, como insetos dos mais variados tipos, e a uma diminuição da população dos que se alimentam das larvas. Além disso, muitas substâncias químicas extraídas desses animais são úteis ao homem, e outras tantas ainda estão para ser examinadas – felizmente, o número de espécies de anfíbios é (ainda) muito grande. Desaparecendo os anfíbios, perderemos a chance de descobertas importantes.

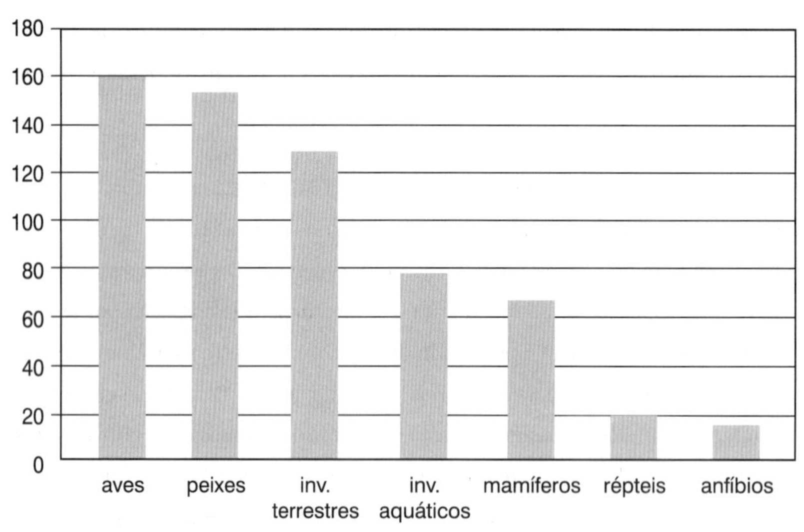

Figura 40. Espécies da Fauna Brasileira Ameaçadas de Extinção. (inv. = invertebrados)

Fonte: BRASIL, 2004.

O drama vivido pelos anfíbios, por si só um problema de dimensões incalculáveis, é uma faceta de um processo de redução abrupta do nível de biodiversidade no planeta, que, segundo a maioria dos biólogos, já atingiu o *status* de extinção em massa, comparável apenas ao evento do Cretáceo há 65 milhões de anos (ver Tabela 40). A avalanche de destruição envolve todos os componentes da biosfera, e não apenas espécies de animais visualmente atraentes como o panda e o mico-leão-dourado, usados frequentemente por órgãos de proteção como propaganda.

Tabela 40. Principais eventos de extinção em massa

PERÍODO	EXTINÇÃO OBSERVADA DE GÊNEROS MARINHOS (em percentual)	EXTINÇÃO CALCULADA DE ESPÉCIES MARINHAS (em percentual)	DURAÇÃO DO EVENTO (em milhões de anos)	CAUSAS MAIS PROVÁVEIS
Ordoviciano 510 a 439 milhões de anos atrás	60	85	10	• Flutuações violentas do nível do mar
Devoniano 409 a 363 milhões de anos atrás	57	83	< 3	• Impacto • Esfriamento global • Perda de oxigênio nos oceanos
Permiano 290 a 248 milhões de anos atrás	82	95	?	• Flutuações do clima ou do nível do mar • Impactos • Atividade vulcânica intensa

PERÍODO	EXTINÇÃO OBSERVADA DE GÊNEROS MARINHOS (em percentual)	EXTINÇÃO CALCULADA DE ESPÉCIES MARINHAS (em percentual)	DURAÇÃO DO EVENTO (em milhões de anos)	CAUSAS MAIS PROVÁVEIS
Triássico 248 a 210 milhões de anos atrás	53	80	3 a 4	• Vulcanismo intenso • Aquecimento global
Cretáceo 146 a 65 milhões de anos atrás	47	76	< 1	• Impacto • Vulcanismo intenso
Com exceção do evento no Devoniano, os outros eventos marcam o final dos seus respectivos períodos.				

Fonte: Gibbs, 2001.

Entretanto, a quantificação precisa da taxa de extinção é impossível por vários motivos, todos girando em torno do fato de que ainda nem conseguimos catalogar uma fração apreciável do total de espécies existentes, cujo valor é estimado entre 5 milhões e mais de 15 milhões de espécies. A Tabela 41, por exemplo, fornece uma noção da complexidade do trabalho envolvido na avaliação.

Tabela 41. Comparação entre o que já conhecemos e o potencial a ser descoberto das espécies de seres vivos do planeta

CATEGORIA	NÚMERO TOTAL ESTIMADO DE ESPÉCIES	ESPÉCIES CONHECIDAS
Insetos	8.750.000	1.025.000
Fungos	1.500.000	72.000
Bactérias e *Archaea*	1.000.000	4.000
Algas	400.000	40.000
Nematoides e Vermes	400.000	25.000
Vírus	400.000	1.550
Plantas	320.000	270.000
Moluscos	200.000	70.000
Protozoários	200.000	40.000
Crustáceos	150.000	43.000
Peixes	35.000	26.959
Pássaros	9.881	9.700
Répteis	7.828	7.150
Mamíferos	4.809	4.650
Anfíbios	4.780	4.780
Outros	250.000	110.000
* *Archaea* é o novo reino de organismos unicelulares, descoberto há poucas décadas (ver Capítulo 2).		

Fonte: Gibbs, 2001.

Como consequência de números tão grandes, muitas espécies estão sendo extintas sem nunca terem sido sequer conhecidas, e a maioria das catalogadas nunca foi estudada. As estimativas mais altas de taxas atuais de extinção (entre 1% e 10% por década) têm sido contestadas recentemente por alguns paleontólogos e estatísticos, argumentando que dados observacionais e falhas em modelos indicam uma taxa com uma ordem de grandeza a menos, cerca de 0,15% por década, o que constituiria um problema sério, mas ainda não catastrófico. Todavia, há que se atentar para o fato de que, se selecionarmos organismos mais complexos, como aves e mamíferos, a taxa de espécies ameaçadas de extinção é superior a 15%.

Vale aqui desfilar alguns números: estima-se que, de 1970 a 2005, o mundo sofreu uma redução de um terço da diversidade animal por causa da ação humana: as espécies terrestres tiveram um declínio de 25%, as marinhas, de 28%, e as de água doce, 29%. As aves marinhas tiveram uma taxa de declínio de 30% desde meados dos anos 1990. A International Union for Conservation of Nature (IUCN) publicou, em setembro de 2007, a *Lista Vermelha das Espécies Ameaçadas*. Das 41.415 espécies listadas, 16.306 estão ameaçadas de extinção, um crescimento em relação ao número de 16.118 de 2006. O número total de espécies extintas alcançou 785, e mais 65 são encontradas somente em cativeiro. Na lista, 1 em 4 mamíferos, 1 em 8 pássaros, um terço de todos os anfíbios e 70% de todas as plantas conhecidas no mundo estão em perigo. Já segundo o *Relatório Planeta Vivo 2008* da WWF, as populações das espécies terrestres decaíram cerca de 30%, em média, entre 1970 e 2003. Além disso, essa queda esconde uma diferença acentuada nas tendências entre as espécies temperadas e tropicais. As populações das espécies tropicais diminuíram cerca de 55%, em média, entre 1970 e 2003, enquanto as populações das espécies temperadas apresentaram uma mudança global pouco significativa. O rápido declínio da população das espécies tropicais reflete a perda do *habitat* natural para dar lugar a zonas de cultivo e prados nos trópicos entre 1950 e 1990, sendo a conversão agrícola o maior impulsionador da perda do *habitat*. Recentemente, o Relatório Planeta Vivo 2014 da WWF evidenciou a tendência mais acentuada do declínio das espécies tropicais. Essa instituição criou o chamado *Living Planet Index* (LPI), um índice que espelha a tendência de 10.380 populações de mais de 3.038 espécies de vertebrados (peixes, mamíferos, aves, répteis e anfíbios). O índice global indica queda de 52% das populações (número de indivíduos) entre 1970 e 2010; todas as regiões biogeográficas mostram queda, especialmente a tropical, que apresenta um índice mais violento: 83% entre 1970 e 2010 para vertebrados terrestres e de água doce na região Neotropical, formada por América do Sul, Central e Caribe.

Mesmo espécies de insetos, supostamente bem-adaptados em várias partes do mundo, estão sendo afetadas. As abelhas, velhas conhecidas, estão desaparecendo em várias partes do planeta. Em 2007, cerca de 80% dos enxames de apicultores americanos morreram, e nesse mesmo ano agricultores gaúchos e catarinenses relataram perdas de 25% na produção de mel. Em outras regiões do mundo, há também perdas substanciais, e, embora um vírus tenha sido identificado e responsabilizado pelas mortes, os cientistas suspeitam de outros fatores que estão debilitando o sistema imunológico das abelhas, visto que muitas abelhas examinadas apresentam infecções por bactérias, fungos e protozoários, e algumas apresentavam cinco ou seis infecções ao mesmo tempo. Um fator suspeito é o aquecimento global, que altera o regime de chuvas e, consequentemente, a maturação de plantas de cujas flores as abelhas se alimentam. Plantações transgênicas também entram no rol de suspeitos, porque algumas plantas recebem genes de bactérias para produzir toxinas para afastar insetos da família das mariposas e borboletas, e tais toxinas poderiam estar debilitando as abelhas. Agrotóxicos seriam outro vilão, mais previsível.

Os modelos se valem muito de registros fósseis, pois eles nos indicam a taxa natural de extinção de espécies. Comparando a taxa natural com a taxa atual, e monitorando a evolução da taxa natural, formamos uma ideia do quão próximo estamos de uma extinção em massa. Mas os registros fósseis não fornecem todos os dados necessários, a começar pelo fato de que nem todas as espécies que já existiram geraram fósseis, o que contribui para subestimar a taxa natural de extinção. Outro problema é a variabilidade no tempo de vida de uma espécie: em geral, as mais complexas têm um tempo de vida menor, e o registro fóssil privilegia as espécies que tiveram mais sucesso e se espalharam mais.

As incertezas associadas às taxas de extinção e ao valor econômico da biodiversidade têm frustrado os cientistas na sua tentativa de obter o engajamento dos políticos e do público na causa conservacionista, e alguns veem como saída a concentração de esforços na preservação de áreas virgens, onde a evolução natural pode continuar o seu curso sem sofrer a interferência do homem, em vez de despender recursos na preservação de espécies raras.

Os países campeões em biodiversidade, depois do Brasil, são a Colômbia, o México e a Indonésia, que não por acaso se situam na região tropical da Terra. As florestas tropicais batem de longe os ecossistemas temperados, porque durante as eras glaciais o clima era mais estável na região tropical, ao passo que nas áreas temperadas as alterações climáticas eram mais violentas, sem falar no avanço de geleiras que soterravam regiões imensas com quilômetros de gelo. O resultado dessa preferência da vida pelas florestas tropicais é que metade de todas as espécies já identificadas vive na região, e muitos biólogos estimam que, se um estudo completo pudesse ser viabilizado um dia, a proporção subiria para 90%.

*Os países campeões em biodiversidade,
depois do Brasil, são a Colômbia, o México e a Indonésia,
que não por acaso se situam na região tropical da Terra*

Um detalhe interessante é que, mesmo nos ambientes tropicais, certas espécies se dividem em regiões definidas, quando a princípio não haveria impedimento para que elas se espalhassem, formando um conjunto mais homogêneo geograficamente. Esse fenômeno de isolamento é conhecido como endemismo, facilmente explicável em ilhas e lugares montanhosos pela simples dificuldade de movimentação das novas espécies que ali aparecem com o processo de seleção natural, o que acarreta, a longo prazo, o surgimento de um conjunto singular de animais e plantas, além da preservação de espécies antigas que não teriam chance de sobreviver em outro ambiente. Essa realidade das florestas tropicais implica que a destruição de trechos de floresta por desmatamento ou queimada já produz danos irreversíveis em termos de extinção de espécies. Portanto, a ideia de que a biodiversidade poderia ser preservada em um número definido de áreas de proteção é equivocada.

Mas o endemismo em ambientes mais homogêneos como as florestas tropicais era mais difícil de explicar, até que se relacionou a evolução das florestas com o clima da era glacial. Durante os 10 mil anos da última era glacial, períodos mais frios e secos alternavam-se com períodos mais quentes e úmidos, e no primeiro caso as florestas encolhiam, dando lugar aos cerrados, pradarias e caatingas, que efetivamente as cercavam. Desse modo, formavam-se ambientes florestais isolados uns dos outros, propiciando o endemismo. Depois que a floresta voltou a se expandir, a diferenciação genética já tinha se tornado acentuada demais para se diluir.

Durante os 10 mil anos da última era glacial, períodos mais frios e secos alternavam-se com períodos mais quentes e úmidos, e no primeiro caso as florestas encolhiam, dando lugar aos cerrados, pradarias e caatingas, que efetivamente as cercavam

---

A vida marinha, que não enfrenta problemas de barreiras geográficas, apresenta, consequentemente, uma biodiversidade menos acentuada e que se concentra nas plataformas continentais, onde a presença de nutrientes na água, trazidos pelos rios, é maior do que nas regiões centrais dos oceanos. Essa característica pode ser facilmente visualizada por mapas de satélite que detectam a presença de clorofila das algas, base da cadeia alimentar marinha. Entretanto, a vida marinha, por ser o berço da vida na Terra, abriga as formas mais antigas, como os moluscos, corais, esponjas e as próprias algas. Nesse universo aquático, vale ressaltar a concentração de biodiversidade dos recifes de coral, que, embora ocupem apenas 0,2% da área dos oceanos, fornecem 10% da produção pesqueira mundial e abrigam cerca de 1 milhão de espécies de seres vivos, incluindo um quarto das espécies conhecidas de peixes marinhos.

A RIQUEZA DO BRASIL

Já observamos que o Brasil é um país único no mundo por suas riquezas naturais, incluindo também uma biodiversidade fabulosa, que pode ser exemplificada no fato de que em 1993 biólogos estudando uma área de Mata Atlântica ao sul de Salvador identificaram 450 espécies de árvores em um hectare, um recorde mundial. Para se ter um padrão de comparação, no nordeste dos Estados Unidos um hectare possui em média 10 espécies de árvores.

Mas, como nós talvez estejamos mal acostumados com tanta exuberância, nada melhor do que uma descrição de nossas riquezas feita por estrangeiros que entendem do assunto. A seguir, um extrato do livro *A expedição de Jacques Cousteau na Amazônia,* que aparece logo no primeiro capítulo:

> Não é apenas o maior rio do mundo; é um mar de água doce em movimento que ofusca em tamanho qualquer outro rio. Quase um quinto de toda água de rio do mundo corre no Amazonas. A imensidão dessa massa rolando por 6.400 quilômetros só pode ser compreendida através de uma sucessão de comparações espantosas. O volume de água descarregado no mar pelo Amazonas, 190.000 metros cúbicos por segundo, poderia encher o lago Ontário em cerca de três horas. O fluxo é quase doze vezes maior que o do Mississipi, e dezesseis vezes maior que o do Nilo. Há dez tributários do Amazonas que são maiores que o Mississipi. No total, há mais de mil tributários, dezessete deles com mais de 1.600 quilômetros de extensão.

O volume de água descarregado no mar pelo Amazonas, 190.000 metros cúbicos por segundo, poderia encher o lago Ontário em cerca de três horas. O fluxo é quase doze vezes maior que o do Mississipi, e dezesseis vezes maior que o do Nilo

> O Amazonas é também o mais largo rio do mundo. Mesmo a 1.600 quilômetros da costa, o rio tem em muitos pontos mais de doze quilômetros de largura, podendo chegar a sessenta quilômetros durante a estação das chuvas. Na foz, a largura é de 320 quilômetros. Durante uma boa parte do seu curso, o rio principal tem uma profundidade média superior a trinta metros, permitindo que embarcações oceânicas naveguem por 3.700 quilômetros correnteza acima, quase atravessando o continente, até o porto de Iquitos, no Peru, ao lado leste da Cordilheira dos Andes.
>
> A colossal rede de regatos, córregos, rios, pântanos, florestas inundadas, lagos e lagunas constitui uma bacia duas vezes maior que a de qualquer rio do mundo, uma selva densa de proporções continentais que mal caberia dentro do território contíguo dos Estados Unidos. Uma única ilha, na foz do rio, Marajó, é tão grande quanto a Suíça.

Embora a maior parte do sistema amazônico se localize em território brasileiro, a região total, chamada Amazônia, estende-se por nove países.

Os superlativos estendem-se também à selva, a maior floresta do mundo, representando um terço de toda a área florestal do planeta. Alguns botânicos consideram que é a mais antiga formação vegetal da Terra, essencialmente inalterada desde o período terciário.

O resultado de uma centena de milhões de anos de diversificação é uma concentração estonteante de vida vegetal – incontáveis espécies de árvores se misturam de forma tão compacta que reina a escuridão no solo da floresta; trepadeiras e cipós pendem dos galhos, flores sobrevivem nas copas e nunca fazem contato com a terra, plantas parasitárias envolvem as árvores gigantescas e terminam por matá-las.

E entre a vegetação emaranhada da floresta existe a mais exótica vida animal terrestre do planeta – aranhas tão grandes que pegam passarinhos, mais espécies de borboletas do que em qualquer outro lugar, quase a metade do total de espécies de aves do mundo. Os maiores papagaios, os maiores roedores, as maiores formigas, as cobras mais compridas, mais espécies de morcegos, mais espécies de macacos.

O esplendor da vida na floresta é igualado pela vida no rio. Há mais espécies de peixes no Amazonas do que no Oceano Atlântico. Só da família dos silurídeos há quinhentas espécies. Há também peixes-elétricos, tubarões, golfinhos, arraias, espadartes, peixes-boi, jacarés, sucuris, tartarugas. A maior espécie de lontra do mundo e um dos maiores peixes de água doce: o pirarucu. É uma espécie de silurídeo tão grande que os habitantes do rio afirmam que já engoliu crianças. E há ainda a criatura mais famosa do rio Amazonas: a piranha.

*Só da família dos silurídeos há quinhentas espécies.
Há também peixes-elétricos, tubarões, golfinhos, arraias, espadartes, peixes-boi, jacarés, sucuris, tartarugas. A maior espécie de lontra do mundo e um dos maiores peixes de água doce: o pirarucu. É uma espécie de silurídeo tão grande que os habitantes do rio afirmam que já engoliu crianças. E há ainda a criatura mais famosa do rio Amazonas: a piranha*

Mas o aspecto mais extraordinário dessa prodigiosa e prolífica parte da superfície da Terra talvez seja a sua obscuridade. Muito densa e vasta para ser penetrada pela exploração humana, pululando de insetos transmissores de doenças, fértil em lendas de criaturas malignas e venenosas, envolta por um calor sufocante, a Amazônia permanece um dos últimos e menos conhecidos segredos do globo. Trechos aparentemente intermináveis da floresta permanecem inexplorados, sem serem mapeados. O governo brasileiro iniciou em 1971 um programa para mapear a Amazônia através de levantamento aerofotométrico e análise de radar; cientistas que estudaram imagens que atravessavam a camada de nuvens descobriram um grande tributário do Amazonas com 650 quilômetros, correndo sob o dossel da floresta – um rio cuja existência

> jamais fora suspeitada. No fundo das regiões interiores da floresta tropical e por baixo da superfície opaca dos mil rios, há um número incalculável de espécies vegetais e animais ainda desconhecidas. Os cientistas avaliam que a proporção de espécies não identificadas na Amazônia pode representar de trinta a cinquenta por cento de todas as espécies conhecidas atualmente na Terra.
>
> É também um mundo de vida humana enigmática. A Amazônia é uma das últimas regiões do planeta em que tribos primitivas continuam a manter estilos de vida que praticamente não foram alterados pelo mundo moderno – caçando porcos-do-mato, antas, aves e macacos, pescando com arco e flecha, plantando mandioca. Esse tipo de vida está desaparecendo aos poucos, à medida que o mundo 'civilizado' avança pela Amazônia, mas algumas tribos remotas raramente são visitadas e acredita-se que haja tribos desconhecidas sobrevivendo nos recessos mais desconhecidos da floresta.

Infelizmente, a situação da Amazônia se deteriorou muito desde a viagem de Cousteau em 1982. Até o final da década de 1970, cerca de 4% da floresta tinha sido destruída, mas no início do século XXI esse número saltou para cerca de 15%, o que equivale à área de toda a França. Em 2004, os meios de comunicação chamaram a atenção para a recente aceleração da taxa de desmatamento da Amazônia, que atingiu o valor recorde de 27.722 km^2/ano (ver Tabela 42), e a TV britânica BBC, por exemplo, divulgou que as crescentes exportações de carne e soja do Brasil encorajavam os fazendeiros a substituírem a floresta por áreas de produção. Esse fato foi corroborado pela queda na taxa de desmatamento nos anos seguintes (19.014 km^2 e 14.286 km^2 para 2005 e 2006, respectivamente), que acompanhou a crise no setor agrícola brasileiro. A acentuada queda no desmatamento nos anos de 2012 a 2014, com o primeiro registro de valor mais baixo desde o início do acompanhamento por satélite, fez crer a muitos que a tendência seria irreversível, mas dados preliminares de 2015 já apontam para uma nova subida na taxa. Rafael Garcia (2015) aponta que a pecuária bovina prossegue como a principal pressão de expansão da fronteira agrícola na Floresta Amazônica e que, no mercado fundiário, um imóvel rural desmatado vale de três a quatro vezes mais, em média, do que uma propriedade florestada. Em 2015, mais de 20% da floresta já foi desmatada.

Até o final da década de 1970, cerca de 4% da floresta tinha sido destruída, mas no início do século XXI esse número saltou para cerca de 15%, o que equivale à área de toda a França

---

Tabela 42. Desmatamento anual da Floresta Amazônica (em km² por ano)

ESTADO	1998	2000	2002	2004	2006	2008	2010	2012	2014
Acre	536	547	883	728	398	254	259	305	309
Amazonas	670	612	885	1.232	788	604	595	523	500
Amapá	30	?	0	46	30	100	53	27	31
Maranhão	1.012	1.065	1.085	755	674	1.271	712	269	257
Mato Grosso	6.466	6.369	7.892	11.814	4.333	3.258	871	757	1.075
Pará	5.829	6.671	7.510	8.870	5.659	5.607	3.770	1.741	1.887
Rondônia	2.041	2.465	3.099	3.858	2.049	1.136	435	773	684
Roraima	223	253	84	311	231	574	256	124	219
Tocantins	576	244	212	158	124	107	49	52	50
Total	17.383	18.226	21.651	27.772	14.286	12.911	7.000	4.571	5.012

Fonte: INPE, 2015.

Entretanto, nem só os grandes latifundiários são responsáveis pelo desmatamento. Em setembro de 2008, o Ministério do Meio Ambiente divulgou uma lista dos 100 maiores desmatadores, encabeçada por seis assentamentos da reforma agrária do Incra, todos no estado de Mato Grosso. A lista causou uma briga política interna no governo, e a multa aplicada ao Incra de R$ 265,6 milhões acabou sendo cancelada; mas o então Ministro do Meio Ambiente, Carlos Minc, deixou claro o recado de que haveria uma abordagem técnica, e não política, no enfrentamento aos desmatadores. Mesmo os índios em suas reservas são acusados, vez por outra, de venderem madeira de suas reservas.

Mais alarmante que a situação atual é a perspectiva futura da floresta. Com a implementação de projetos de construção de novas rodovias, ferrovias, hidrovias e hidrelétricas, cientistas do Instituto Nacional de Pesquisas da Amazônia (Inpa) e do Smithsonian Tropical Research Institute preveem que em 2020 a floresta estará reduzida a um valor entre 4,7% e 28% do tamanho original. O aumento assustador no ritmo de destruição se deve ao fato de que as vias de tráfego abertas facilitam a ocupação humana ao longo do seu trajeto, o que, por sua vez, produz a infraestrutura necessária para o avanço floresta adentro. Para consubstanciar essa linha de raciocínio, o Instituto de Pesquisa Ambiental da Amazônia (Ipam) realizou um estudo segundo o qual dois terços de todo o desmatamento já ocorrido na Amazônia se deram nas vizinhanças de rodovias.

O biólogo William Laurence, do Smithsonian Tropical Research Institute, criou um modelo matemático para prever os estragos futuros causados pelos projetos, e a equipe fez os cálculos para duas situações distintas. A primeira leva em conta que as áreas delimitadas como reservas florestais e indígenas à margem das estradas não seriam violadas. Daí a previsão mais otimista, mas não menos estarrecedora, de destruição de 72% da floresta. Com a violação das reservas, a destruição total chegaria a 95,3%.

Os cálculos baseiam-se em experiências passadas na Amazônia, como a rodovia Belém-Pará, a PA-150 no leste do Pará e a BR-364, que liga Cuiabá a Porto Velho. A Cuiabá-Santarém, construída na década de 1970, tem atraído as madeireiras de regiões mais esgotadas, mesmo sem ter pavimentação num trecho de mais de 1.000 Km, tornando-a quase intransitável na época das chuvas. Com a pavimentação dessa estrada, William Laurence prevê que o desmatamento pode avançar até 200 km lateralmente ao asfalto.

É óbvio que não investir no desenvolvimento da Amazônia Legal, onde vivem mais de 20 milhões de pessoas, é uma alternativa inviável (ver o Capítulo 8 sobre meio ambiente e as condições socioeconômicas). A questão é: não existem métodos de exploração, mesmo incluindo a extração de madeira, que preservem a riqueza de biodiversidade, tanto aqui como nos outros países que abrigam altos índices de biodiversidade? Esse é o conceito de desenvolvimento sustentável, que extrai recursos de um determinado ecossistema sem exauri-lo. Existem grandes possibilidades para a Amazônia, entre as quais:

1. A exploração do manancial quase infinito de substâncias que são produzidas pelos milhões de espécies que lá vivem, utilizando a engenharia genética. Esse é de longe o maior potencial de riqueza, mas que requer investimento pesado em infraestrutura, formação de profissionais especializados. Hoje o Brasil ocupa um lugar de destaque nas ciências biológicas graças à sua participação na pesquisa do genoma humano. Se os governantes tivessem mais visão a longo prazo, poderíamos, aliando essa vocação ao controle da maior reserva de biodiversidade do mundo, tornar-nos a maior potência mundial nas ciências da vida, produzindo medicamentos e descobrindo a cura de inúmeras doenças;

O Brasil ocupa um lugar de destaque nas ciências biológicas graças à sua participação na pesquisa do genoma humano

2. A exploração de madeira de forma sustentável, que é possível desde que o pessoal envolvido na atividade seja criterioso, com a seleção do tipo de madeira a ser explorado, a extração cuidadosa sem dano às árvores em volta, a preservação de alguns espécimes para viabilizar a regeneração da área explorada e o rodízio de regiões para dar tempo para a regeneração. O Ministério do Meio Ambiente já estuda essa linha de exploração, tendo demarcado cerca de 83 mil km^2 de áreas públicas que seriam arrendadas a terceiros mediante concorrência pública. Segundo estudos, com 700 mil km de áreas produzindo madeira nessas condições, o volume de madeira retirado equivaleria ao produzido hoje com métodos destrutivos;

3. O ecoturismo, que movimenta US$ 260 bilhões por ano no mundo. Surpreendentemente, essa atividade na Amazônia representa menos de 0,05% do total desse dinheiro;
4. A pesca esportiva, que tem 38 milhões de adeptos no mundo;
5. A piscicultura.

Entretanto, para que qualquer uma dessas atividades descritas tenha chance de sucesso preservando a floresta, é necessário um nível de fiscalização e empenho do governo que não existe. Por exemplo, o Instituto Brasileiro do Meio Ambiente e dos Recursos Naturais Renováveis (Ibama), que é o responsável pela preservação e uso racional dos recursos naturais, possuía, em 2008, apenas um fiscal para cada 4.502 km^2 no Brasil como um todo. Mas os quatro estados que compõem a região amazônica estão entre os cinco mais críticos nessa proporção. No Amazonas, são 79 fiscais. Na média, são 19.883 km^2 para cada um. No Pará, há 8.050 km^2 para cada um dos 155 fiscais. Levantamento feito a pedido do próprio Ministério do Meio Ambiente mostra que há 2.030 pessoas hoje trabalhando em todo o sistema de unidades de conservação do País. O próprio Ministério admite que o ideal seria ter ao menos 9.075 servidores (ou seja, uma necessidade de incrementar essa mão de obra em 347%).

Até mesmo a monitoração por satélite da cobertura vegetal do Brasil, gerenciada pelo Instituto Nacional de Pesquisas Espaciais (Inpe), encontra dificuldades técnicas. Há pouco tempo, descobriu-se que clareiras pequenas, de cerca de 150 m^2, abertas pelos madeireiros, constituem uma fatia expressiva do total da área desmatada. Como a resolução dos satélites é de cerca de 6 hectares, essas clareiras passam despercebidas pelo rastreamento dos satélites. É como olhar para uma pessoa na praia a 20 m de distância e achar que a pele dela é normal, quando uma inspeção mais próxima revela que ela está pipocada por espinhas e furúnculos. Essas clareiras ocorrem quando uma árvore específica é derrubada dentro da mata em razão do seu valor comercial. O problema é que, em média, 20 outras árvores são destruídas no processo para cada árvore de interesse derrubada.

O Instituto Brasileiro do Meio Ambiente e dos Recursos Naturais Renováveis (Ibama), que é o responsável pela preservação e uso racional dos recursos naturais, possuía, em 2008, apenas um fiscal para cada 4.502 km^2 no Brasil como um todo

Essas clareiras pequenas catalisam incêndios, visto que a cobertura vegetal mais rala permite que os raios solares penetrem mais e sequem a vegetação mais próxima do solo. O fenômeno do El Niño, que altera o clima no mundo todo, também contribui para tornar a Floresta Amazônica mais vulnerável a queimadas. A massa de ar quente que deixa o Pacífico, na altura da costa do Peru, onde a temperatura da superfície do oceano sobe cerca de 4 °C, instala-se sobre a Amazônia e impede a ocorrência de chuvas na estação úmida. O efeito é cumulativo, e as plantas secas pela falta d'água no subsolo ou mortas pelas queimadas mais intensas servirão de combustível para o próximo ciclo de queimadas.

O biólogo americano Daniel Nepstad, que trabalha para o Centro de Pesquisas Woods Hole dos Estados Unidos, e para o Ipam, com sede em Belém, realizou uma experiência de campo na Floresta Nacional de Tapajós, próxima de Santarém. Ali ele cobriu um hectare de floresta com painéis de plástico dispostos horizontalmente a 1,5 m do chão. Esses painéis, acoplados a um sistema de calhas, não permitem que a água das chuvas cheguem ao solo. O objetivo da experiência é simular uma seca severa causada por um El Niño particularmente violento e estudar como e por quanto tempo a mata reage à falta d'água. A preocupação do biólogo é que, na ocorrência de um mega El Niño, boa parte da Floresta Amazônica possa se tornar muito suscetível a queimadas, sendo consumida quase que de uma tacada só por um incêndio de proporções inéditas.

A preocupação do biólogo é que, na ocorrência de um mega El Niño, boa parte da Floresta Amazônica possa se tornar muito suscetível a queimadas, sendo consumida quase que de uma tacada só por um incêndio de proporções inéditas

O controle governamental deficiente é um dos motivos pelos quais a atividade madeireira de forma sustentável é um desafio e tanto. Um estudo realizado na floresta Chimanes, na Bolívia, onde se explora o mogno, revelou que as tentativas para viabilizar o sistema sustentável esbarram nas seguintes dificuldades:

- As altas taxas de juros da América do Sul tornam a atividade sustentável bem menos atrativa economicamente, visto que vale mais a pena extrair o máximo no menor tempo possível para investir os lucros; na região de Chimanes, o estudo econômico revelou que a extração de mogno de forma sustentável seria de duas a cinco vezes menos lucrativa do que a extração sem restrições;
- O controle governamental fraco, que deixa as madeireiras livres para agir da forma que quiserem; por exemplo, o serviço florestal americano recebe anualmente 44 dólares por hectare (valores de 1997) administrado, ao passo que a autoridade florestal boliviana recebe 30 centavos de dólar;
- Falta de apoio político local, que se beneficia com a atividade madeireira intensa.

Portanto, a atividade sustentável requer não apenas investimento, mas controle governamental rígido, mudança de cultura dos habitantes da região, incentivos econômicos para os que enveredarem por essa área, como empréstimos a juros menores, e o envolvimento de empresas e ONGs, que já provaram ter o seu valor.

Nessa época de informação abundante em que vivemos, recursos para apontar os problemas não faltam. Imagens de satélites, por exemplo, delineiam os pontos de destruição mais evidentes e podem ser utilizadas para gerenciar corretamente a agricultura e outras atividades em áreas sensíveis, abarcando não apenas as florestas, como também regiões propensas à desertificação. As informações digitais disponibilizadas pelos satélites são de alcance e interpretação fáceis.

A biodiversidade que o Brasil abriga se deve apenas em parte à Floresta Amazônica (ver Anexo 2). As outras formações vegetais presentes no nosso país, com destaque para o que sobrou da Mata Atlântica (102 mil km^2, ou cerca de 7,6% da cobertura inicial), o Cerrado e o Pantanal, contribuem de forma expressiva.

Para ilustrar o valor da Mata Atlântica, recorro novamente às impressões de visitantes ilustres, nesse caso, Charles Darwin, que visitou a Bahia e o Rio de Janeiro em 1832:

> Em Salvador
>
> O dia transcorreu maravilhosamente. Deleite, entretanto, é uma palavra fraca para expressar os sentimentos de um naturalista que, pela primeira vez, esteve perambulando sozinho numa floresta brasileira. Em meio à profusão de objetos notáveis, a exuberância geral da vegetação ganha longe. A elegância das gramas, a novidade das plantas parasitas, a beleza das flores, o verde lustroso da folhagem, tudo leva a isso. Uma mistura bastante paradoxal de som e silêncio impregna as partes sombreadas da floresta. O ruído dos insetos é tão alto que pode ser ouvido até mesmo num navio ancorado a várias centenas de jardas da praia; contudo, dentro dos recessos da floresta, parece reinar um silêncio universal. Para alguém que gosta de história natural, um dia como esse traz nele um prazer mais profundo do que se possa jamais esperar experimentar.

O ruído dos insetos é tão alto que pode ser ouvido até mesmo num navio ancorado a várias centenas de jardas da praia; contudo, dentro dos recessos da floresta, parece reinar um silêncio universal

> No Rio de Janeiro
>
> Numa outra ocasião, parti cedo em direção à montanha da Gávea. O ar estava deliciosamente fresco e perfumado, e as gotas de orvalho ainda cintilavam sobre as folhas das grandes liliáceas, que cobriam com sua sombra os riachinhos de água clara. Sentado num bloco de granito, deliciei-me vendo passar voando perto de mim vários insetos e pássaros. Seguindo uma picada, penetrei no interior de uma nobre floresta e, de uma altura de 500 ou 600 pés, pude admirar uma daquelas esplêndidas vistas que são tão comuns ao redor de todo o Rio. Nesta altitude, a paisagem atinge seu colorido mais brilhante; todas as formas, todas as sombras ultrapassam, em esplendor, de tal modo tudo o que o europeu jamais viu em seu próprio país que ele não sabe como expressar sua emoção.

Os pequenos enclaves de Mata Atlântica que restaram ainda abrigam uma biodiversidade fora do comum, e atualmente as organizações não governamentais, com destaque para a SOS Mata Atlântica, que completa 30 anos de existência em 2016, estão fazendo um trabalho relevante. Cabe notar que muitos desses enclaves promovem a estabilidade de bacias de rios importantes que abastecem grandes centros como São Paulo e Rio de Janeiro. No Rio de Janeiro temos também uma particularidade: o Parque Nacional da Tijuca, o maior parque urbano do mundo, que se encontra ameaçado pelo avanço de favelas e de loteamentos irregulares, e o Jardim Botânico, que apresenta uma variedade deslumbrante de plantas.

O potencial das ervas medicinais da Mata Atlântica pode ser apreciado pelo resultado de um estudo recente da Unicamp mostrando que se utilizam hoje 710 espécies para a fabricação de 1.200 tipos diferentes de medicamentos, por sua vez empregados no tratamento de 147 tipos de doenças. Das espécies de vegetais da Mata Atlântica, 50% são endêmicas, além de 73 espécies de mamíferos, 160 de aves e 183 de anfíbios.

Das espécies de vegetais da Mata Atlântica, 50% são endêmicas, além de 73 espécies de mamíferos, 160 de aves e 183 de anfíbios

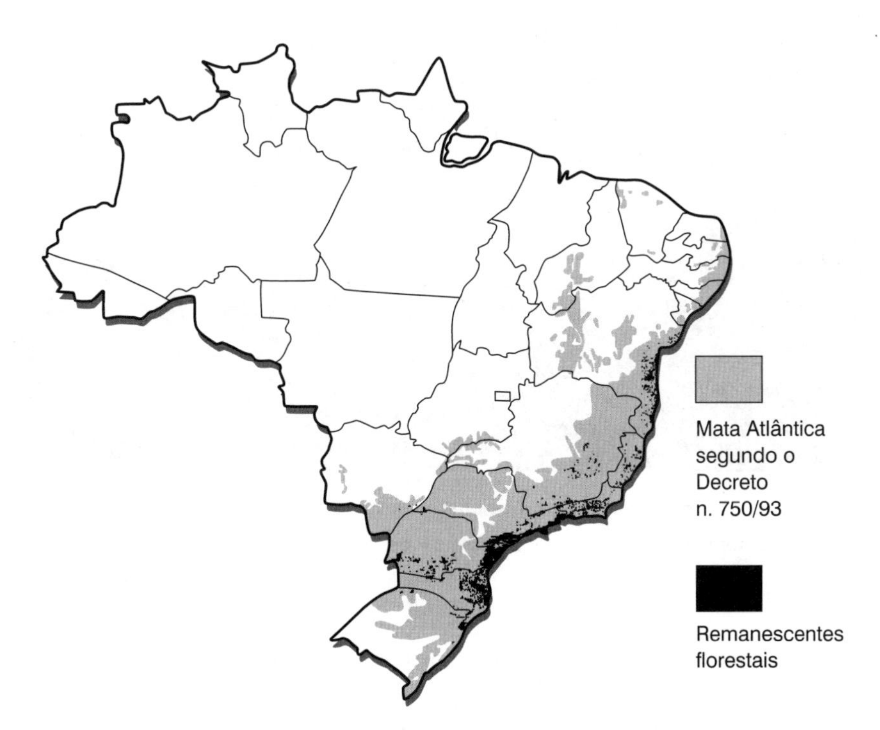

Figura 41. Remanescentes florestais da Mata Atlântica.

Fonte: Fundação SOS Mata Atlântica.

O Experimento de Grande Escala da Biosfera-Atmosfera na Amazônia (LBA em inglês) é um programa de cooperação científica internacional que tem como meta estudar as interações entre a Floresta Amazônica e as condições atmosféricas e climáticas, em âmbito regional e global. O programa começou formalmente em 1998, como continuidade de trabalhos iniciados em 1975, quando o climatologista Luiz Carlos Molion, do Inpe, sugeriu que pelo menos 55% das chuvas da Amazônia eram provenientes de umidade gerada pela própria floresta, ou seja, reciclada internamente, sem cumprir toda a extensão do ciclo hidrogeológico. Hoje se sabe que, além de gerar umidade, a floresta emite partículas microscópicas de aerossol que garantem a formação de núcleos de condensação de nuvens baixas e, consequentemente, regulam a formação de chuvas. Num artigo de 2004 da revista *Science,* assinado por pesquisadores brasileiros e estrangeiros, os autores explicam como as queimadas na Amazônia causam um círculo vicioso, inibindo a formação de chuvas e deixando o solo ainda mais propício a queimadas.

Hoje se sabe que, além de gerar umidade, a floresta emite partículas microscópicas de aerossol que garantem a formação de núcleos de condensação de nuvens baixas e, consequentemente, regulam a formação de chuvas

Figura 42. Parque Nacional de Itatiaia, Rio de Janeiro.

No contorno da serra, o destaque para o Pico das Agulhas Negras à esquerda.

Foto: Rafael Pinotti.

O programa conta com financiamento de agências brasileiras de fomento, da Nasa e da Comissão Europeia. Os trabalhos conjuntos, em mais de 130 projetos de pesquisa, contam com cerca de 1.500 pesquisadores de 40 instituições brasileiras, além de organismos de países da bacia Amazônica, de colaborações e intercâmbios com instituições americanas e de oito países europeus. Durante os primeiros 10 anos de sua existência, o LBA foi gerenciado pelo Ministério da Ciência e Tecnologia (MCT) e coordenado pelo Inpe e pelo Instituto Nacional de Pesquisas da Amazônia (Inpa), tendo a Nasa e outras instituições dos Estados Unidos e Europa como parceiros, os quais cobriram cerca de metade dos US$ 100 milhões (R$ 300 milhões, considerando a variação do dólar) investidos nesse período. Hoje, transformado em programa governamental – regulamentação aprovada desde setembro de 2007 pelo MCT –, o LBA inicia sua segunda fase. O plano científico atual consolidou as 7 áreas de estudo do programa em três grandes áreas integradas: a interação biosfera-atmosfera, o ciclo hidrológico e as dimensões sociopolíticas e econômicas das mudanças ambientais.

O papel da floresta amazônica no balanço do CO_2 atmosférico também tem sido alvo de estudos de pesquisadores brasileiros e estrangeiros. Em 2014, um estudo publicado na *Nature*, de autoria de Luciana Vanni Gatti e coautores, mostrou que a floresta amazônica pode ser um emissor líquido de CO_2 em anos secos (como o de 2010) e que, aparentemente, a disponibilidade de água é um fator mais importante do que a temperatura para o balanço de carbono. No outro ano estudado pelos autores, de 2011, as chuvas ficaram acima da média e o balanço ficou próximo a neutro, ou seja, a floresta absorveu mais ou menos do que emitiu. Nos dois anos estudados, a temperatura estava acima da média dos últimos trinta anos. Finalmente, o relatório *O Futuro Climático da Amazônia*, divulgado em 2014, reforça o papel da floresta na circulação de umidade, afetando climas tão distantes quanto o sudeste do Brasil e alertando para futuras alterações neles caso o desmatamento continue.

Projetos de preservação patrocinados por ONGs e empresas também apresentam um impacto considerável, talvez até preponderante, nas mais diversas frentes de trabalho do Brasil. Um dos exemplos mais bem-sucedidos de programas patrocinados por empresas é o Projeto Tamar, financiado pela Petrobras, que se dedica ao estudo e à preservação de espécies de tartarugas marinhas que vivem ao longo da nossa costa.

Quanto ao governo federal, que possui inúmeras áreas de proteção ambiental sob sua responsabilidade (ver Tabela 43), cabe protegê-las devidamente com recursos humanos e materiais suficientes. O aumento das áreas de proteção, que é desejável, não tem muita valia sem que sejam acionados os meios necessários para torná-las efetivamente protegidas. No final de 2004, por exemplo, o Ibama pretendia fazer uma consulta pública para a criação do que será o segundo maior parque nacional do País, situado entre o norte do Mato Grosso e o sudeste do Amazonas. Entretanto, sabe-se que o governo dispõe de um número insuficiente de fiscais para patrulhar toda a área dos parques já existentes.

Tabela 43. Área total dos biomas, quantidade e área das unidades de conservação federais

BIOMAS	TOTAL			PROTEÇÃO INTEGRAL	
	Área Total (km²)	Quantidade	Área (km²)	Quantidade	Área (km²)
Total	8.532.306	299	712.660	119	303.720
Amazônia	3.688.960	98	560.413	32	239.187
Caatinga	736.831	15	13.428	7	2.863
Cerrado	1.967.761	42	50.522	19	34.602
Pantanal	136.845	2	1.503	2	1.503
Mata Atlântica	1.106.266	73	34.908	38	11.049
Campos do Sul	171.377	3	4.652	2	1.481
Costeiro	50.568	30	10.544	5	1.754
Ecotono Caatinga-Amazônia	144.583	4	16.440	2	126
Ecotono Cerrado-Amazônia	414.007	2	3.528	1	3.436
Ecotono Cerrado-Caatinga	115.108	2	5.828	2	5.828
Mais de um bioma	–	6	3.544	2	377
Marinhos	–	22	7.350	7	1.514

Fonte: IBGE, 2008.

Por exemplo, no início de 2005 os jornais noticiaram a existência de uma cidade clandestina dentro da maior reserva ambiental de Rondônia, a Floresta Nacional do Bom Futuro, de quase 250 mil hectares. Erguida em 1999 por agricultores, madeireiros e grileiros, já causou um dano substancial.

Em termos de conservação de biodiversidade a nível internacional, a décima Conferência das Partes da Convenção sobre Diversidade Biológica, que ocorreu em Nagoya em 2010, chegou a um acordo com a aprovação dos 193 países representados, o qual envolve três frentes: um protocolo para acesso e repartição de benefícios dos recursos genéticos da biodiversidade, um plano estratégico para o período de 2011-2020 com metas para a redução de perda de biodiversidade, e o compromisso dos países desenvolvidos com o financiamento de ações de preservação da biodiversidade. Esse acordo é um descendente da Convenção da Diversidade Biológica criada na ECO-92 no Rio de Janeiro.

O FUTURO DA VIDA

A presente extinção em massa promovida pelo homem pode ser a mais intensa, mas quase certamente não foi a primeira. Há 20 mil anos, no auge da última era glacial, o continente americano abrigava cerca de 70 espécies de animais gigantescos, incluindo os mamutes, mastodontes, preguiças gigantes de 4 m de altura, aves de 100 kg que não voavam, ursos com o dobro do peso dos atuais *grizzlies*, o bisão gigante e o famoso tigre-dentes-de-sabre. No entanto, há 11 mil anos, pouco tempo depois da chegada do homem ao continente, toda essa coleção, chamada de megafauna, havia desaparecido. A suspeita de que a caça fora a causa da extinção sempre competiu com duas outras teorias. Uma delas postulava que o fim da era glacial e as consequentes mudanças climáticas destruíram os *habitats* da megafauna. A outra também seria causada pela presença do homem, mas indiretamente: eles teriam trazido agentes patológicos, em seus corpos ou talvez nos de seus cães, que se disseminaram rapidamente e mataram os organismos despreparados da megafauna.

Há 20 mil anos, no auge da última era glacial, o continente americano abrigava cerca de 70 espécies de animais gigantescos

Mas a teoria da extinção pela caça ganhou força em 2001, com a publicação de dois artigos científicos. Um deles demonstra, com simulação por computador, que, matando os animais numa taxa ligeiramente maior do que a taxa de nascimento, os homens conseguiriam exterminar a megafauna em apenas mil anos. A taxa de reprodução da megafauna era lenta, como a dos atuais elefantes. O outro artigo mostra, com uma nova técnica de datação, que a extinção da megafauna australiana, composta por 55 espécies, incluindo cangurus e aves gigantes, ocorreu há cerca de 46.400 anos, cerca de 5 mil a 10 mil anos depois da chegada do homem.

Essas evidências tendem a nos incutir a ideia de que a presença do homem sempre foi nociva ao meio ambiente, causando destruição generalizada. Somadas ao modelo atual de civilização industrial, oferecem um quadro desalentador sobre o nosso passado, e uma perspectiva sombria quanto ao nosso futuro.

Existe, porém, o outro lado da moeda. Recentemente, um estudo científico na região do rio Juruá, uma parte da Amazônia localizada no Acre, mostrou que ali se concentra o mais alto índice de biodiversidade da Amazônia, e provavelmente do mundo. O motivo não seria o isolamento da região, mas justamente o fato de ela ser povoada, desde o século XIX, por caboclos que vivem dos seringais. Os vilarejos comportam atualmente cerca de 8 mil pessoas, que, segundo acreditam os cientistas, ao desempenharem as suas atividades rotineiras, gerando roçados e abrindo trilhas, produzem pequenas perturbações ambientais que simulam catástrofes naturais de pequeno porte. Tais catástrofes são um estímulo à biodiversidade porque quebram a hegemonia de certas espécies, permitindo o florescimento de outras. Ou seja, as perturbações da presença do homem, desde que não adquiram uma proporção exagerada, são um instrumento da natureza para a diversificação da vida, e, portanto, nossa existência pode ser entendida de um ponto de vista mais integrado e "natural".

Figura 43. Tartaruga-cabeçuda na costa brasileira.

Foto: Projeto Tamar.

Esse fato crucial nunca deve ser esquecido: nós mesmos somos parte integrante da natureza, que extingue e cria novas espécies. Se estamos agora passando por um período de expansão e agressividade descontroladas, foi-nos concedido um "antídoto" para reverter esse processo, que é a inteligência. Podemos, se tivermos suficiente resolução e sagacidade, transformar nossa sociedade num sistema harmonizado com os processos naturais, retirando e utilizando recursos sustentáveis e em níveis módicos. Ao contrário do que se pensa frequentemente, não é mais possível, nem mesmo desejável, que abandonemos o nosso conhecimento científico e tecnológico por uma vida bucólica baseada em realidades de séculos atrás. Sem a nossa ciência e tecnologia, nunca conseguiríamos alimentar tantos bilhões de pessoas, e muito menos elevar a expectativa e a qualidade de suas vidas. O que precisamos fazer é simplesmente alterar a nossa mentalidade, reconhecendo que o homem e o meio ambiente não são estranhos um ao outro, mas profundamente interligados.

Sem a nossa ciência e tecnologia, nunca conseguiríamos alimentar bilhões de pessoas, e muito menos elevar a expectativa e a qualidade de suas vidas

---

Se a nossa capacidade de adaptação e inovação são um experimento equivocado da natureza, só nós mesmos poderemos responder. Eventualmente, a vida na Terra se extinguirá de forma natural pelo envelhecimento do Sol ou, mesmo antes, por uma colisão com asteroide ou por uma causa não prevista, e então caberá aos nossos descendentes longínquos, se existirem até lá, levar a bandeira da vida para outro lugar. A inteligência terá então justificado plenamente a sua existência.

EPÍLOGO

DESAFIOS AMBIENTAIS

DESAFIOS AMBIENTAIS

Quando eu tinha uns 9 ou 10 anos de idade, assisti a um desenho japonês no qual o mocinho, um garoto que morava nas cercanias de uma área industrial, tentava desesperadamente construir uma nave espacial para ir embora da Terra. Ao ser questionado por um amigo sobre o motivo de tal intento, respondeu que a Terra tinha uma extensão finita, e que, com o aumento da população humana e as suas atividades predatórias, esse não seria um planeta habitável por muito tempo.

A lógica me pareceu direta e irrefutável, e pela primeira vez fiquei preocupado com o futuro, particularmente um futuro no qual eu estaria presente. Com o passar dos anos e dos estudos, fui percebendo que o fatalismo daquela previsão não era de forma alguma justificável, mas que havia, sim, o perigo real de que num futuro muito distante a humanidade se visse encurralada pela degradação generalizada do meio ambiente.

E, numa época em que o perigo de uma hecatombe nuclear causada pelas superpotências suplantava qualquer outro, as vozes dos ambientalistas, salvo em casos excepcionais como o problema do DDT e da diminuição da camada de ozônio, eram geralmente relevadas pelo grande público como catastrofismo sem fundamento, baseado em cálculos imprecisos e em uma carga emotiva exacerbada.

Hoje o cenário é diferente. Estamos cada vez com mais frequência nos defrontando com problemas ambientais em âmbito mundial e já podemos, graças ao avanço da ciência e tecnologia, quantificar com mais precisão as consequências do curso de ação que a sociedade contemporânea vai tomando. Apesar de a humanidade estar mais sadia, mais educada e menos sujeita ao holocausto nuclear do que há 20 anos, chegamos a um ponto em que nossas decisões estratégicas quanto à relação entre o homem e o meio ambiente podem comprometer a qualidade de vida das próximas gerações.

Esse é o ponto crucial de toda a lógica dos que se dedicam à questão do meio ambiente: pensar e planejar no longo prazo. Citando o famoso ambientalista Edward O. Wilson:

> A relativa indiferença ao meio ambiente advém, acredito eu, do fundo da natureza humana. O cérebro humano evoluiu evidentemente para se comprometer emocionalmente apenas a uma pequena extensão geográfica, a um bando limitado de parentes e a duas ou três gerações no futuro. Não olhar longe demais nem no tempo nem no espaço é elementar no sentido darwiniano. Nós somos inatamente inclinados a ignorar qualquer possibilidade distante que ainda não requeira exame. Isto é, como as pessoas dizem, apenas bom senso. Por que pensamos dessa maneira limitada? A resposta é simples: é uma parte intrínseca da nossa herança paleolítica. Por centenas de milhares de anos, aqueles que trabalharam pelo ganho a curto prazo dentro de um círculo pequeno de amigos e parentes viveram mais e deixaram mais descendentes, mesmo quando os seus esforços coletivos causaram as suas desgraças e a queda de impérios ao seu redor. A visão de longo prazo que poderia ter salvo os seus descendentes longínquos requeria uma visão e um consequente altruísmo, inapropriados instintivamente.
>
> O grande dilema da argumentação ambiental vem desse conflito entre valores de curto e de longo prazo. Selecionar valores para o futuro próximo de uma tribo ou país é relativamente fácil. Selecionar valores para o futuro distante abarcando todo o planeta também é fácil, pelo menos em teoria. Combinar as duas visões para criar uma ética ambiental universal é, por outro lado, muito difícil. Mas combiná-las nós devemos, porque uma ética ambiental universal é o único guia pelo qual a humanidade e o resto da vida podem ser conduzidos seguramente através do gargalo no qual a nossa espécie tolamente nos colocou.

Nos capítulos do livro, tentei passar uma visão imparcial sobre a situação do meio ambiente no mundo, mostrando também que podemos lidar com todos os problemas que criamos. Temos recursos suficientes, e tecnologias suficientes. O que falta é a vontade de agir baseada numa visão de longo prazo.

Apesar de a ECO-92 ter sido um marco, as suas três principais realizações, a saber, a Agenda 21 e os Tratados sobre Biodiversidade e Mudança Climática, não renderam muitos efeitos práticos. O Tratado sobre Mudança Climática evoluiu para o Protocolo de Kyoto, que não obteve muito sucesso, a despeito da sua ratificação com a adesão da Rússia. Esperava-se que, em 2009, na Dinamarca, a convenção das Nações Unidas para Mudança Climática produzisse um acordo eficaz e abrangente, mas o evento foi um fiasco retumbante. Em dezembro de 2015, uma nova Convenção, a COP-21, ocorreu na França, e um acordo finalmente foi feito, com a aprovação de 195 países; esse acordo tem como meta a limitação do aumento médio da temperatura global em menos de 2 °C, com esforços no sentido de atingir 1,5 °C até o ano de 2100. Para isso, o acordo prevê o financiamento de 100 bilhões de dólares por ano em tecnologia limpa e em incentivos para os países em desenvolvimento, até 2020, com perspectiva de aumento do valor, além de metas voluntárias de redução de emissão dos países, que, embora insuficientes para se atingir o objetivo de limitação do aumento de temperatura, são sujeitas a revisões periódicas. O acordo representa, segundo Barack Obama, "a melhor chance para salvar o único planeta que temos". E, de fato, trata-se de um passo importante, com a adesão não apenas dos Estados Unidos, mas também da China e de outros grandes emissores de gases de efeito estufa.

O Tratado de Biodiversidade evoluiu com o resultado da reunião em Nagoya, como vimos no Capítulo 10, mas efeitos práticos precisam ser acelerados em vista da perda alarmante de biodiversidade, mencionada no mesmo capítulo. E a Agenda 21, um plano de ação de quarenta capítulos para alcançarmos o desenvolvimento sustentável cobrindo uma variedade de assuntos, como a estrutura das economias, a preservação de recursos e problemas sociais tem sido levada a cabo por meio de programas das Nações Unidas, especialmente pelo "Objetivos de Desenvolvimento do Milênio" que, como vimos no Capítulo 9, apresenta uma evolução expressiva em algumas áreas, mas mostra também muitos pontos de melhoria.

O tempo não para e, desde a ECO-92, muitos problemas continuaram – como o desmatamento, a pobreza extrema, o crescimento populacional e o efeito estufa – e outros novos surgiram ou tomaram proporções inesperadas – como o crescimento acelerado da perda de recifes de coral, secas persistentes na Califórnia e no Sudeste do Brasil, migrações forçadas devido à mudança climática e a desastres ambientais, e perda expressiva de biodiversidade na América do Sul, Central e Caribe.

Finalmente, em fevereiro de 2013, o IPCC emitiu novo relatório, que não deixa mais dúvidas de que o aquecimento global é causado pelas atividades humanas. Grandes nomes da ciência como James Lovelock advogam que, sem mudanças rápidas e radicais na matriz energética mundial, entre elas a adoção maciça de energia nuclear, dentro de poucas gerações só restarão poucas terras habitáveis, localizadas próximo dos polos. O cientista James Hansen, que chefiou o Instituto Goddard de Estudos Espacias, da Nasa entre 1981 e 2013, e antigo porta-voz dos perigos do efeito estufa causados pelo homem, recentemente declarou que a concentração mais segura de dióxido de carbono na atmosfera, de forma a evitar mudanças rápidas e imprevisíveis, seria de 350 ppm (partes por milhão). Ocorre que já superamos esse patamar (ver Tabela 9, Capítulo 5), o que significa que precisaremos não apenas estabilizar as emissões, que acompanham o aumento populacional e o crescimento econômico, mas cortá-las rapidamente, o que se traduz num desafio muito difícil, num mundo ainda altamente dependente de combustíveis fósseis.

Com tais perspectivas sombrias presentes na mídia e nas mentes dos pesquisadores, os chamados projetos de geoengenharia – um campo que trata da alteração artificial e intencional do clima global – ganharam as manchetes recentemente. Tais projetos abrangem estratégias diversificadas. Um deles, por exemplo, recorre à injeção na estratosfera, por meio de balões ou de aviões, de milhões de toneladas de dióxido de enxofre, o qual reage no ar úmido e forma gotículas minúsculas de água, ácido sulfúrico e poeira (também chamadas de aerossóis de sulfato), tendo a propriedade de refletir a luz solar de volta ao espaço. A efetividade dessa abordagem foi demonstrada com a erupção do vulcão Pinatubo, em 1991, quando 30 milhões de toneladas de dióxido de enxofre lançadas na estratosfera provocaram um esfriamento de cerca de 0,5 °C na superfície da Terra por quase um ano. Outros projetos de geoengenharia incluem a colocação de trilhões de discos refletores de menos de um metro de diâmetro cada em órbita baixa ao redor da Terra, novamente com o intuito de refletir luz solar incidente de volta ao espaço, e o estímulo ao crescimento de algas nos oceanos por meio da deposição, na superfície marinha, de elementos essenciais e escassos para a sua reprodução, como o ferro. O crescimento da massa de algas funcionaria como um sequestro de carbono, já que elas absorvem gás carbônico, como as plantas terrestres, e ao morrerem depositam-se no fundo dos oceanos. Entretanto, a maioria dos projetos de geoengenharia é cara e arriscada, pois podem ocorrer efeitos colaterais indesejáveis e mesmo imprevisíveis. Assim, a maioria dos pesquisadores mantém a opinião de que o controle de emissões deve permanecer o foco das atenções, e que ainda há tempo de reverter a situação sem que precisemos apelar a medidas radicais.

É quase certo que problemas ambientais novos aparecerão nos próximos anos, e que outros problemas ambientais conhecidos, mas subestimados, ganharão importância. Todavia, nunca estivemos tão preparados para atacá-los. Os desafios ambientais do século XXI podem ser vencidos, e tudo dependerá da visão que prevalecerá nessa época crítica para a vida na Terra.

REFERÊNCIAS

ANEEL – AGÊNCIA NACIONAL DE ENERGIA ELÉTRICA. Disponível em: <https://www.aneel.gov.br>. Acesso em: 10 out. 2008.

AJANOVIC, Amela. Biofuels versus food production: does biofuels production increase food prices? *Energy*, n. 36, 2011.

ALLEY, Richard B.; BENDER, Michael L. Greenland ice cores: frozen in time. *Scientific American,* Feb. 1998.

ANDREAE, Meinrat. O. et al. Smoking rain clouds over the amazon. *Science,* v. 303, p. 1337-1342, Feb. 27 2004.

APPLEBY, A. John. The electrochemical engine for vehicle. *Scientific American,* Jul. 1999.

ARCHER, David; RAHMSTORF, Stefan. *The climate crisis*: an introductory guide to climate change. Cambridge: Cambridge University Press, 2012.

ARRUDA, Moacir Bueno. *Ecossistemas brasileiros*: biomas e ecorregiões. [S.l.]: Ibama, [s.d.]. Disponível em: <https://www.ibama.gov.br>. Acesso em: 5 fev. 2005.

ARTAXO, Paulo; SILVA DIAS, Maria Assunção Faus da; ANDREAE, Meinrat. O mecanismo da floresta para fazer chover. *Scientific American Brasil*, Abr. 2003.

ASSADOURIAN, Erik. *The Rise and fall of consumer cultures*: state of the world 2010. The Worldwatch Institute, 2010.

BAIRD, Colin. *Environmental chemistry*. 2. ed. New York: W. H. Freeman and Company, 1999.

BARBOSA, Tânia da Silva; OLIVEIRA, Wilson Barbosa. *A terra em transformação*. Rio de Janeiro: Qualitymark, 1992.

BARD, Edouard; FRANK, Martin. Climate Change and Solar Variability: what's new under the Sun? *Earth and planetary science letters*, v. 248, p. 480-493, 2006.

BAUM, Dan. Mudança de estação: seca pode fazer a Califórnia ficar como o Arizona. *Scientific American Brasil*, set. 2015.

BIELLO, David. A frágil promessa dos biocombustíveis. *Scientific American Brasil*, set. 2011.

BINDSCHADLER, Robert A.; BENTLEY, Charles R. On thin ice? *Scientific American*, Dec. 2002.

BIODIVERSITY Report 2008. *Convenção para a Diversidade Biológica*. Disponível em: <https://www.cbd.int>. Acesso em: 10 ago. 2008.

BLAUSTEIN, Andrew R.; JOHNSON, Pieter T. J. Deformidade de anfíbios e mudanças ambientais. *Scientific American Brasil*, mar. 2003.

BOYD, Claude E.; CLAY, Jason W. Shrimp aquaculture and the environment. *Scientific American*, Jun. 1998.

BRASIL. Ministério da Agricultura, Pecuária e Abastecimento. [S.l.], [s.d.]. Disponível em: <https://www.agricultura.gov.br>. Acesso em: 10 set. 2008.

______. Ministério da Ciência e Tecnologia. Disponível em: <https://www.mct.gov.br>. Acesso em: 10 jul. 2008.

______. Ministério das Minas e Energia. [S.l.], [s.d.]. Disponível em: <https://www.mme.gov.br>. Acesso em: 10 out. 2008.

______. Ministério do Meio Ambiente. [S.l.], [s.d.]. Disponível em: <https://www.mma.gov.br>. Acesso em: 10 set. 2008.

BRITISH Antarctic Survey. Disponível em: <https://www.antarctica.ac.uk>. Acesso em: 10 set. 2008.

BP – BRITISH Petroleum. *Statistical Review of World Energy*, Jun. 2008.

______. *Statistical Review of World Energy*, Jun. 2014.

______. *Statistical Review of World Energy*, Jun. 2015.

BRUMFIEL, Geoff. Quebra-cabeças da fusão nuclear. *Scientific American Brasil*, Jul. 2012.

CAMPBELL, Colin J.; LAHERRÈRE, Jean. H. The end of cheap oil. *Scientific American*, Mar. 1988.

CAPOZZOLI, Ulisses. Floresta ameniza o aquecimento da Terra. *Scientific American Brasil*, nov. 2002.

FONSECA, Roberto Carlos et al. Metamorfose ambulante. *Scientific American Brasil*, maio 2008.

CARNEIRO, Paulo. *O empreendimento Angra 2*. [S.l.], [s.d.] [Palestra apresentada em 10 out. 1998.] Disponível em: <https://www.eletronuclear.gov.br>. Acesso em: 10 jan. 2005.

CIA – CENTRAL INTELLIGENCE AGENCY. *World factbook*. Disponível em: <https://www.cia.gov/library/publications/the-world-factbook/>. Acesso em: 10 out. 2008.

COMPTON'S Encyclopedia online. Version 3.0 [S.l.], [s.d.]. Disponível em: <https://www.comptons.com/encyclopedia>. Acesso em: 10 ago. 2004.

CONAB – COMPANHIA NACIONAL DE ABASTECIMENTO. *Acompanhamento da Safra Brasileira: grãos*, v. 2, Safra 2014-2015, n. 12, set. 2015.

CORTE, Dione Angélica. *Ecossistemas brasileiros*: amazônia. [S.l.]: Ibama, [s.d.]. Disponível em: <https://www.ibama.gov.br>. Acesso em: 10 fev. 2005.

COUSTEAU, Jacques-Yves; RICHARDS, Mose. A *Expedição de Jacques Cousteau na Amazônia*. São Paulo: Record, 1992.

DAVIES, Paul. *The fifth miracle*: the search for the origin and meaning of life. New York: Simon & Schuster, 1999.

DEMOGRAPHIC YEARBOOK 2006. Disponível em: <http://unstats.un.org/unsd/Demographic/products/dyb/dyb2006.htm>. Acesso em: 10 nov. 2008.

DUNN, Seth. Decarbonizing the energy economy. In: THE WORLDWATCH INSTITUTE. *State of the world 2001*. New York: W. W. Norton & Company, 2001. p. 83-102.

EFEI energy news: dossiê semanal de notícias sobre energia da Escola Federal de Engenharia de Itajubá sobre energia. [S.l.], [s.d.]. Disponível em: <https://www.energynews.efei.br>. Acesso em: 10 out 2004.

ENERGY information administration. [S.l.], [s.d.]. Disponível em: <https://www.eia.doe.gov>. Acesso em: 10 jul. 2008.

ENGELMAN, Robert et al. Rethinking population, improving lives. In: THE WORLDWATCH INSTITUTE. *State of the world 2002*. New York: W. W. Norton Company, 2002. p. 127-148.

EPA – ENVIRONMENTAL PROTECTION AGENCY. Disponível em: <https://www.epa.gov>. Acesso em: 10 set. 2004.

EPSTEIN, Paul R. Is global warming harmful to health? *Scientific American*, Aug. 2000.

FAGAN, Brian. *The little ice age:* how climate made history 1300-1850. New York: Basic Books, 2002.

FALCOMER, Júlio. *Ecossistemas brasileiros*: cerrado, pantanal e campos sulinos. [S.l.]: Ibama, [s.d.]. Disponível em: <https://www.ibama.gov.br>. Acesso em: 10 fev. 2005.

FERRIS, Timothy. *O despertar na via láctea*. Rio de Janeiro: Campus, 1990.

FIBL; IFOAM. *The world of organic agriculture*: statistics and emerging trends. International Trade Center, 2015.

FLAVIN, Cristopher. Rich planet, poor planet. In: THE WORLDWATCH INSTITUTE. *State of the world 2001*.New York: W. W. Norton Company, 2001. p. 3-20.

______. Building a low-carbon economy. In: THE WORLDWATCH INSTITUTE. *State of the world* 2008. New York: W. W. Norton & Company, 2008. p. 75-90.

______. *State of the World 2011*: Innovations That Nourish The Planet. The Worldwatch Institute, 2011.

FAO – FOOD AND AGRICULTURE ORGANIZATION OF THE UNITED NATIONS. Agriculture Department. *The state of the world fi sheries and aquaculture 2002*. Disponível em: <https://www.fao.org>. Acesso em: 10 nov. 2008.

FOUDA, Safaa A. Liquid fuels from natural gas. *Scientific American,* Mar. 1998.

FRENCH, Hillary. Reshaping global governance. In: THE WORLDWATCH INSTITUTE. *State of the world 2002*. New York: W. W. Norton Company, 2002.

FUNDAÇÃO Biodiversitas. Disponível em: <https://www.biodiversitas.org.br>. Acesso em: 10 set. 2008.

FUNDAÇÃO SOS Mata Atlântica. *Atlas da evolução dos remanescentes florestais e ecossistemas associados no domínio da Mata Atlântica.* São Paulo, 2009. Disponível em: <http://mapas.sosma.org.br/site_media/download/atlas%20mata%20atlantica-relatorio2005-2008.pdf>. Acesso em: 22 fev. 2016.

GALILEI, Galileo. *Dialogue concerning the two chief world systems*. 2. ed. London: University of California Press, 1967.

GARCIA, Rafael. A volta do desmatamento na Amazônia. *Scientific American Brasil*, jun. 2015.

GARDNER, Gary. The challenge for Johannesburg: creating a more secure world. In: THE WORLDWATCH INSTITUTE. *State of the world 2002.* New York: W. W. Norton Company, 2002. p. 3-23.

GARDNER, Gary; ASSADOURIAN, Erik; SARIN, Radhika. The state of consumption today. In: THE WORLDWATCH INSTITUTE. *State of the World 2004.* New York: W. W. Norton Company, 2004. p. 3-21.

GIBBS, W. Wayt. On the termination of species. *Scientific American*, Nov. 2001.

GLEICK, Peter H. Safeguarding our water. *Scientific American*. Feb. 2001.

GLENN, Edward P.; BROWN, J. Jed; O'LEARY, James W. Irrigating crops with seawater. *Scientific American*, Aug. 1998.

GORE, Al. *Uma verdade inconveniente.* São Paulo: Manole, 2006.

GOYANO, Jussara. O tesouro vivo da mata atlântica. *Scientific American Brasil*, out. 2002.

GUIMARÃES, Maria. A dança da chuva. *Pesquisa FAPESP*, São Paulo, n. 226, dez. 2014.

HALWEIL, Brian. Farming in the public interest. In: THE WORLDWATCH INSTITUTE. *State of the world 2002.* New York: W. W. Norton Company, 2002. p. 51-74.

HALWEIL, Brian; NIERENBERG, Danielle. Watching what we eat. In: THE WORLDWATCH INSTITUTE. *State of the world 2004.* New York: W. W. Norton Company, 2004. p. 68-85.

HANSEN, James. Desarmando a bomba-relógio do aquecimento global. *Scientific American Brasil*, Edição Especial n. 12, 2008.

HAWKEN, Paul; LOVINS, Amory; LOVINS, Hunter. *Natural capitalism:* creating the next Industrial Revolution. Washington, DC: US Green Building Council, 2000.

HOLLOWAY, Marguerite. Sounding out science. *Scientific American*, Oct. 1996.

HUGGINS, R. David; REGANOLD, P. John. Plantio direto, uma revolução na preservação. *Scientific American Brasil,* Ago. 2008.

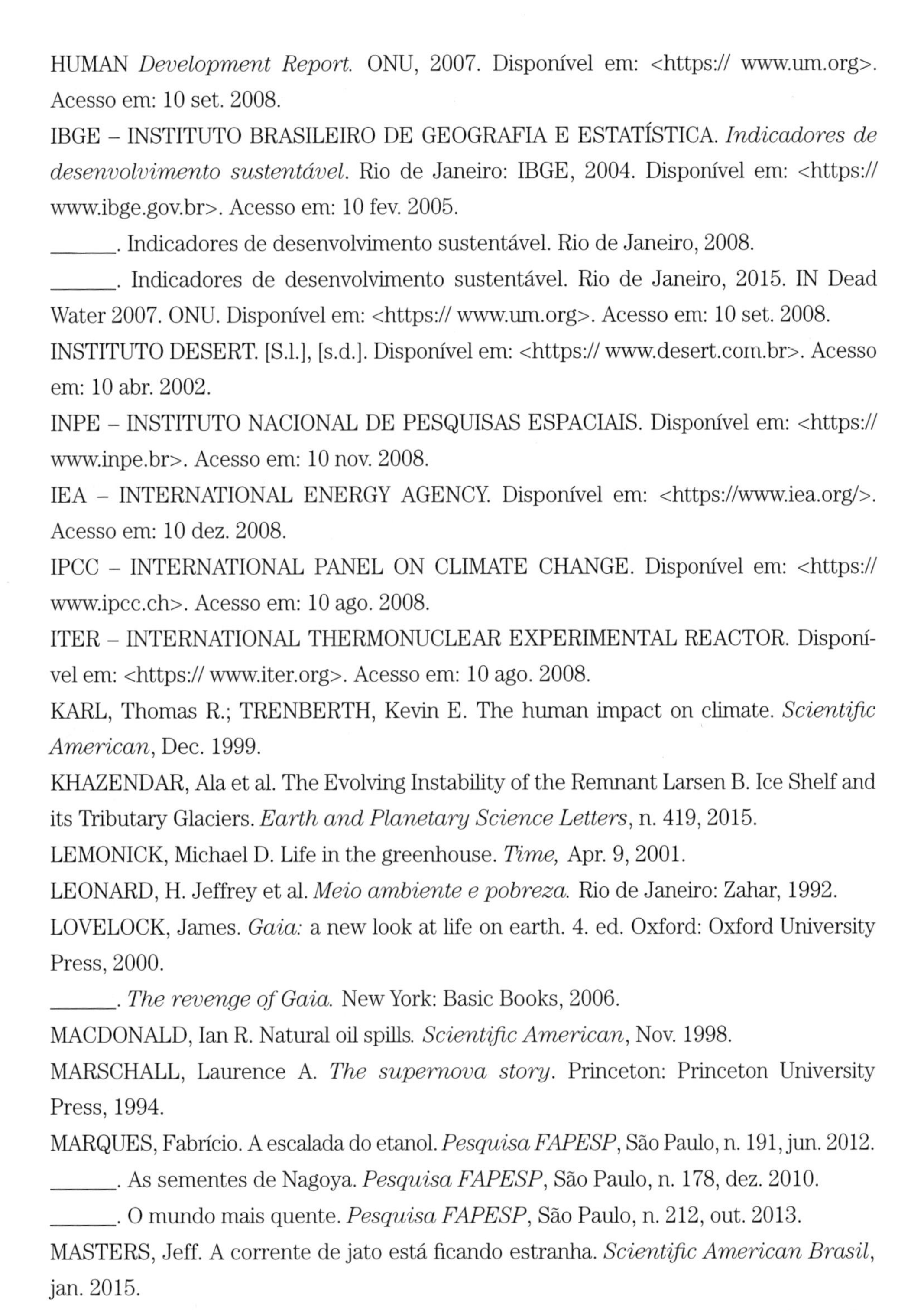

HUMAN *Development Report.* ONU, 2007. Disponível em: <https:// www.um.org>. Acesso em: 10 set. 2008.

IBGE – INSTITUTO BRASILEIRO DE GEOGRAFIA E ESTATÍSTICA. *Indicadores de desenvolvimento sustentável.* Rio de Janeiro: IBGE, 2004. Disponível em: <https:// www.ibge.gov.br>. Acesso em: 10 fev. 2005.

______. Indicadores de desenvolvimento sustentável. Rio de Janeiro, 2008.

______. Indicadores de desenvolvimento sustentável. Rio de Janeiro, 2015. IN Dead Water 2007. ONU. Disponível em: <https:// www.um.org>. Acesso em: 10 set. 2008.

INSTITUTO DESERT. [S.l.], [s.d.]. Disponível em: <https:// www.desert.com.br>. Acesso em: 10 abr. 2002.

INPE – INSTITUTO NACIONAL DE PESQUISAS ESPACIAIS. Disponível em: <https:// www.inpe.br>. Acesso em: 10 nov. 2008.

IEA – INTERNATIONAL ENERGY AGENCY. Disponível em: <https://www.iea.org/>. Acesso em: 10 dez. 2008.

IPCC – INTERNATIONAL PANEL ON CLIMATE CHANGE. Disponível em: <https:// www.ipcc.ch>. Acesso em: 10 ago. 2008.

ITER – INTERNATIONAL THERMONUCLEAR EXPERIMENTAL REACTOR. Disponível em: <https:// www.iter.org>. Acesso em: 10 ago. 2008.

KARL, Thomas R.; TRENBERTH, Kevin E. The human impact on climate. *Scientific American*, Dec. 1999.

KHAZENDAR, Ala et al. The Evolving Instability of the Remnant Larsen B. Ice Shelf and its Tributary Glaciers. *Earth and Planetary Science Letters*, n. 419, 2015.

LEMONICK, Michael D. Life in the greenhouse. *Time,* Apr. 9, 2001.

LEONARD, H. Jeffrey et al. *Meio ambiente e pobreza.* Rio de Janeiro: Zahar, 1992.

LOVELOCK, James. *Gaia:* a new look at life on earth. 4. ed. Oxford: Oxford University Press, 2000.

______. *The revenge of Gaia.* New York: Basic Books, 2006.

MACDONALD, Ian R. Natural oil spills. *Scientific American*, Nov. 1998.

MARSCHALL, Laurence A. *The supernova story.* Princeton: Princeton University Press, 1994.

MARQUES, Fabrício. A escalada do etanol. *Pesquisa FAPESP*, São Paulo, n. 191, jun. 2012.

______. As sementes de Nagoya. *Pesquisa FAPESP*, São Paulo, n. 178, dez. 2010.

______. O mundo mais quente. *Pesquisa FAPESP*, São Paulo, n. 212, out. 2013.

MASTERS, Jeff. A corrente de jato está ficando estranha. *Scientific American Brasil*, jan. 2015.

MASTNY, Lisa. Purchasing for people and the planet. In: THE WORLDWACTH INSTITUTE. *State of the world 2004*. New York: W. W. Norton Company, 2004. p. 122-141.

MAYOR, Michel; FREI, Pierre-Yves. *New worlds in the cosmos*. New York: Cambridge University Press, 2003.

MCGINN, Anne Platt. Reducing our toxic burden. In: THE WORLDWACTH INSTITUTE. *State of the world 2002.* New York: W. W. Norton Company, 2002. p. 75-100.

MICKLIN, Philip; ALADIN, V. Nicolay. O retorno do mar de Aral. *Scientific American Brasil*, maio 2008.

MORAES, Hélbio Fernandes. *SUCAM:* sua origem, sua história. 2. ed. Brasília, [s.n.], 1990. v. 1.

NOAA – NATIONAL OCEANIC AND ATMOSFERIC ADMINISTRATION. Disponível em: <https://www.noaa.gov>. Acesso em: 10 ago. 2008.

MOYER, Michael. O futuro incerto da fusão nuclear. *Scientific American Brasil*, edição especial.

NASA News. Third of Big Groundwater basins in Distress, 2015. Disponível em: <http://www.jpl.nasa.gov/news/news.php?feature=4626>. Acesso em 16 fev. 2016.

NÓBREGA, Ricardo Campos da. *Ecossistemas brasileiros*: cartografi a digital. [S.l.]: Ibama, [s.d.]. Disponível em: <https://www.ibama.gov.br>. Acesso em: 10 fev. 2005.

OMS – ORGANIZAÇÃO MUNDIAL DE SAÚDE. Disponível em: <https://www.who.int>. Acesso em: 10 jul. 2008.

OVERBYE, Dennis. *Corações solitários do cosmo*. São Paulo: Mercuryo, 1993.

PAULINO, Janaina et al. Situação da agricultura irrigada no Brasil de acordo com o censo agropecuário de 2006. *Irriga*, v. 16, 2011.

PAULY, Daniel; WATSON, Reg. Contando os últimos peixes. *Scientific American Brasil*, Ago. 2003.

PAVEL, Bakulin et al. *Curso de astronomia*. Moscou: Mir, 1988.

PERRY, Alex; APAC. Battling a Scourge. *Time Magazine*, New York, n. 28, jun. 2010.

PETROBRAS. Gás Natural. *Conpet*: programa nacional de racionalização do uso dos derivados de petróleo e do gás natural: informações técnicas. [S.l.]: Petrobras, [s.d.]. Disponível em: <https://www.petrobras.com.br/conpet/Brmain.htm>. Acesso em: 10 nov. 2004.

PIVETTA, Marcos. Extremos do clima. *Pesquisa FAPESP*, São Paulo, n. 210, ago. 2013.

PIVETTA, Marcos; ZORZETTO, Ricardo. Na trilha do carbono. *Pesquisa FAPESP*, São Paulo, n. 217, mar. 2014.

PONTING, Clive. *Uma história verde do mundo*. Rio de Janeiro: Civilização Brasileira, 1995.

PORTAL do Agronegócio. Disponível em: <https://www.agronegocio.com.br>. Acesso em: 10 ago. 2008.

POSTEL, Sandra. Safeguarding freshwater ecosystems. In: THE WORLDWATCH INSTITUTE. *State of the world 2006.* New York: W. W. Norton & Company, 2006. p. 41-60.

WORLDWATCH INSTITUTE; VICKERS, Amy. Boosting water productivity. In: THE WORLDWATCH INSTITUTE. *State of the world 2004*. New York: W. W. Norton Company, 2004. p. 46-65.

RELATÓRIO Etanol. *World Wildlife Fund*. Disponível em: <https://www.wwf.org.br>. Acesso em: 10 jul. 2008.

RENNER, Michael. Moving toward a less consumptive economy. In: THE WORLDWATCH INSTITUTE. *State of the world 2004*. New York: W. W. Norton Company, 2004. p. 96-119.

RICE, Gullison Reid. Can sustainable management save tropical forests? *Scientific American*, Abr. 1997.

ROGERS, Peter. Preparando-se para enfrentar a crise da água. *Scientific American Brasil*, Set. 2008.

ROODMAN, David Malin. Ending the debt crisis. In: THE WORLDWATCH INSTITUTE. *State of the world 2004*. New York: W. W. Norton Company, p. 2004. 143-165.

ROSA, Antônio Vítor. *Agricultura e meio ambiente*. São Paulo: Atual, 1998.

SACHS, Jeffrey D. et al. The geography of poverty and wealth. *Scientific American*, Mar. 2001.

SACHS, Jeffrey D. *Investing in development*: a practical plan to achieve the millennium development goals, UN millennium. [S.l.]: Project Development, 2005. Disponível em: <https://www.unmillenniumproject.org>. Acesso em: 10 fev. 2005.

SAGAN, Carl. *Cosmos*. Rio de Janeiro: Francisco Alves, 1989.

SAMPAT, Payal. Uncovering groundwater pollution. In: THE WORLDWATCH INSTITUTE. *State of the world 2001*. New York: W. W. Norton Company, 2001. p. 21-42.

SAWIN, Janet. Making better energy choices. In: THE WORLDWATCH INSTITUTE. *State of the world 2004*. New York: W. W. Norton & Company, 2004. p. 24-43.

______. Charting a new energy future. In: THE WORLDWATCH INSTITUTE. *State of the world 2003*. New York: W. W. Norton & Company, 2003. p. 85-109.

SCARANO, Fábio R.; BAIÃO, Patrícia C.; e MITTERMEIER, Russel A. Um acordo global para proteção da biodiversidade. *Scientific American Brasil*, jan. 2011.

SCHNEIDER, David. The rising seas. *Scientific American*, Mar. 1997.

SHCHERBAK, Yuri M. Confronting the nuclear legacy: ten years of the chornobyl era. *Scientific American*, Apr. 1996.

SHEEHAN, Molly O'Meara. Uniting divided cities. In: THE WORLDWATCH INSTITUTE. *State of the world 2003*. New York: W. W. Norton Company, 2003. p. 130-151.

SIMPSON, Sarah. Fishy business. *Scientific American*, Jul. 2001.

STAINFORTH, David A. et al. Uncertainty in predictions of the climate response to rising levels of greenhouse gases. *Nature*, v. 433, p. 403-406, 2005.

STEIG, Eric J. et al. Warming of the Antarctic ice sheet surface since the 1957. International Geophysical Year. *Nature*, Jan. 2009.

STOLARSKI, Richard S. The Antarctic ozone hole. *Scientific American,* Jan. 1988.

STURM, Matthew. Plantas do Ártico sofrem com o calor. *Scientific American Brasil*, jun. 2010.

UN – UNITED NATIONS. *Water for a sustainable world*: the United Nations World Water Development Report. Genève, 2015.

UNAIDS – JOINT UNITED NATIONS PROGRAM ON HIV/AIDS. *How AIDS Changed Everything*. Genève, 2015.

UNICEF – UNITED NATIONS CHILDREN'S EMERGENCY FUND. *The state of the world´s children 2005*. Nova York, 2004. Disponível em: <www.unicef.org>. Acesso em: jan. 2005.

______. *The state of the world's children 2009*. Disponível em: <https://www.unicef.org/sowc09/report/report.php>. Acesso em: 22 fev. 2016.

______. *The state of the world's children 2015:* executive summary: reimagine the future innovation for every child. New York, 2014. Disponível em: <http://www.unicef.org/publications/files/SOWC_2015_Summary_and_Tables.pdf>. Acesso em: 8 abr. 2016.

UNITED NATIONS SECRETARIAT OF THE CONVENTION TO COMBAT DESERTIFICATION (UNCCD). Disponível em: <https://www.unccd.int/main.php>. Acesso em: 10 ago. 2004.

WARD, Peter D.; BROWNLEE, Donald. *Rare earth*. New York: Copernicus, 2000.

______. *The life and death of planet earth*. New York: Times Books, 2003.

WATER: Facts and Trends, 2006. *World business council for sustainable development.* Disponível em: <https://www.wbcsd.org>. Acesso em: 10 set. 2008.

WILSON, Edward O. *O futuro da vida.* Rio de Janeiro: Campus, 2002.

______. *The diversity of life*. 2. ed. New York: W. W. Norton & Company, 1999.

WOOD, Richard O. et al. Changing spatial structure of the thermohaline circulation in response to atmospheric CO2 forcing in a climate model. *Nature*, v. 399, p. 572-575, 1999.

WMO – WORLD METEOROLOGICAL ORGANIZATION. Disponível em: <https://www.wmo.ch>. Acesso em: 10 ago. 2008.

WORLD POPULATION PROSPECTS: THE 2008 REVISION. Disponível em: <http://esa.un.org/unpp/index.asp?panel=1>. Acesso em: 10 jun. 2008.

WWEA – WORLD WIND ENERGY ASSOCIATION. Disponível em: <https://www.wwindea.org/home/index.php>. Acesso em: 10 maio 2009.

ZULLO JÚNIOR, Jurandir; ASSAD, Eduardo Delgado; PINTO, Hilton Silveira. Alterações devem Deslocar Culturas Agrícolas. *Scientific American Brasil*, jul. 2008.

ANEXO 1
BACIAS HIDROGRÁFICAS DO BRASIL

BACIA AMAZÔNICA

A grande quantidade de areia depositada na planície amazônica levou ao desenvolvimento dos rios de águas pretas, os mais característicos da Amazônia. Os solos arenosos da bacia são muito pobres em nutrientes, e os rios que nascem sobre eles estão entre os mais puros da Terra, quimicamente falando. Suas características químicas são muito semelhantes às da água destilada. O mais famoso deles é o principal tributário do Amazonas, o rio Negro, também o segundo maior do mundo em volume d'água. Por causa da cor, a água do rio Negro poderia passar por chá preto, mas é mais ácida que Coca-Cola, sendo, porém, mais saudável. Uma das características dessa água é a ausência de mosquitos, o que é um alívio para os pescadores.

O igapó, como a mata inundada sazonalmente é conhecida, é uma das características mais peculiares dos rios da Amazônia. Vastas extensões de florestas são invadidas anualmente pelas águas dos rios, ocupando uma área de pelo menos 100 mil km^2 e talvez mais outra metade disso se sua extensão ao longo de milhares de pequenos igarapés for considerada. Embora a área de matas inundadas corresponda a apenas cerca de 2% do total da área de florestas da Amazônia, isso representa uma área maior que a da Inglaterra.

Apesar de ficar inundada até 10 m de profundidade durante 5 a 7 meses por ano, a vegetação do igapó é sempre exuberante. Os animais, desde os diminutos invertebrados, até os peixes, anfíbios, répteis e mamíferos, também desenvolveram incríveis adaptações para viver nessas áreas inundadas. Como a maioria das árvores da várzea frutifica durante as inundações, para um grande número de espécies, principalmente os peixes, o igapó é um pomar natural. Diferentemente de qualquer outra parte do mundo, frutos e sementes são os principais alimentos de cerca de 200 espécies de peixes da Amazônia, que invadem os igapós todos os anos.

Os rios amazônicos, com suas praias, restingas, igarapés, matas inundadas, lagos de várzea e matupás (ilhas de vegetação aquática), assim como o estuário, são colonizados por uma enorme diversidade de plantas e animais. A bacia Amazônica possui a maior diversidade de peixes do mundo, cerca de 2,5 mil a 3 mil espécies.

Entre as espécies de peixes esportivos da bacia Amazônica, encontram-se apapá, aruanã, bicuda, cachorra, caparari e surubim, dourada, jaú, piraíba, jatuarana e matrinxã, jurupoca, piranhas, pirapitinga, pirarara, tambaqui, traíra e trairão, pescadas, tucunarés e muitos outros. A pesca esportiva, famosa pela quantidade e variedade de peixes, geralmente é praticada nos lagos, igarapés, furos e nos igapós. Os rios mais conhecidos e com infraestrutura para a pesca amadora são os rios Negro, Madeira e Uatumã.

BACIA ARAGUAIA-TOCANTINS

A bacia Araguaia-Tocantins drena 767 mil km^2, dos quais 343 mil km^2 correspondem à bacia do rio Tocantins, 382 mil km^2, ao Araguaia (seu principal afluente) e 42 mil km^2, ao Itacaiúnas (o maior contribuinte do curso inferior). Limitado pelas bacias do Paraná-Paraguai (sul), do Xingu (oeste), do São Francisco (leste) e Parnaíba (nordeste), o rio Tocantins, o tributário mais a sudeste da bacia Amazônica, integra a paisagem do planalto Central, composta por cerrados que recobrem 76% da bacia. O curso inferior do rio Tocantins e o rio Itacaiúnas são cobertos por Floresta Amazônica. Entre essas duas grandes regiões, a bacia cruza uma zona de transição, com ambientes pré-amazônicos.

Os rios Tocantins e Araguaia são bastante diferentes. O rio Tocantins é do tipo canalizado, com estrita planície de inundação. Nasce no escudo brasileiro e flui em direção norte por cerca de 2.500 km até desaguar no estuário do Amazonas (baía de Marajó), nas proximidades de Belém. Os principais formadores do rio Tocantins são os rios Paranã e Maranhão. Este último nasce na Reserva Biológica de Águas Emendadas, no Distrito Federal, onde as bacias Amazônica, do Paraná e do São Francisco permanecem em comunicação. Corredeiras e cachoeiras são os *habitats* mais comuns ao longo de seu curso: dominam a paisagem do curso superior, encontram-se espalhadas no curso médio e formavam um importante *habitat* reprodutivo no curso inferior, hoje submerso pela represa de Tucuruí. As lagoas marginais são raras no rio Tocantins, mas integram importantes planícies de inundação no seu curso superior, na confluência com o Araguaia e logo abaixo na represa de Tucuruí.

O rio Tocantins é do tipo canalizado, com estrita planície de inundação. Nasce no escudo brasileiro e flui em direção norte por cerca de 2.500 km até desaguar no estuário do Amazonas (baía de Marajó), nas proximidades de Belém. Os principais formadores do rio Tocantins são os rios Paranã e Maranhão

---

O rio Araguaia nasce nos contrafortes da serra dos Caiapós e flui quase paralelo ao Tocantins por cerca de 2.115 km. Apesar de ser um rio de planície, apresenta quatro trechos de cachoeiras e corredeiras. Nos trechos de planície, encontram-se a ilha do Bananal (a maior ilha fluvial do mundo) e um número incontável de lagoas marginais. Durante a época de cheia, a enorme planície inundada integra as águas do rio Araguaia às de seus principais afluentes, rio das Mortes e Cristalino, formando a paisagem mais notável da bacia.

O rio Araguaia nasce nos contrafortes da serra dos Caiapós e flui quase paralelo ao Tocantins por cerca de 2.115 km. Apesar de ser um rio de planície, apresenta quatro trechos de cachoeiras e corredeiras

---

O regime hidrológico da bacia é bastante definido. No rio Tocantins, a época de cheia estende-se de outubro a abril, com pico em fevereiro no curso superior, e março nos cursos médio e inferior. No Araguaia, as cheias são maiores e um mês atrasadas em decorrência do extravasamento da planície do Bananal. Ambos os rios secam entre maio e setembro, com picos de seca em setembro. Os rios da bacia correm sobre solos pobres em nutrientes e foram classificados como rios de águas claras.

Cerca de 300 espécies de peixes já foram identificadas na bacia. Algumas são típicas da Amazônia central, embora espécies dominantes naquela região, como o tambaqui, não ocorram. No curso superior verificam-se algumas espécies não amazônicas, das quais a tubarana (*Salminus hilarii*) é o exemplo mais conhecido. A bacia Araguaia-Tocantins também apresenta muitas espécies endêmicas, principalmente no curso superior. De modo geral, há uma diminuição da abundância e diversidade de peixes da foz em direção às cabeceiras, relacionadas principalmente à ausência de áreas de inundação.

O rio Araguaia, entre Aruanã e Luiz Alves, recebe anualmente cerca de 18 mil pescadores amadores. As principais espécies capturadas pela pesca amadora são pacu, caranha, matrinxã, pirarucu, piau, sardinha, corvina, traíra, entre os peixes de escama; e filhote, cachara, barbado, pirarara, jaú, mandubé, surubim-chicote, bico-de-pato, mandi, entre os peixes de couro. O rio Tocantins também já é um destino de pescadores amadores. O reservatório de Tucuruí, no baixo Tocantins, promove anualmente o Torneio de Pesca da Amazônia (Topam), e o recém-formado reservatório de Serra da Mesa, no Alto Tocantins, está atraindo grande número de pescadores amadores. Outros reservatórios estão previstos para a bacia, principalmente no rio Tocantins.

BACIA DO SÃO FRANCISCO

A bacia do rio São Francisco é a terceira bacia hidrográfica do Brasil e a única totalmente brasileira. Drena uma área de 640 mil km^2 e ocupa 8% do território nacional. Cerca de 83% da bacia encontra-se nos estados de Minas Gerais e Bahia, 16% em Pernambuco, Sergipe e Alagoas e 1% em Goiás e Distrito Federal. Entre as cabeceiras, na serra da Canastra, em Minas Gerais, e a foz, no oceano Atlântico, localizada entre os estados de Sergipe e Alagoas, o rio São Francisco percorre cerca de 2.700 km. Sua calha está situada na depressão são-franciscana, entre os terrenos cristalinos a leste (serra do Espinhaço, Chapada Diamantina e planalto Nordeste) e os planaltos sedimentares do Espigão Mestre a oeste, conferindo diferenças quanto aos tipos de águas dos afluentes. Os rios da margem direita, que nascem nos terrenos cristalinos, possuem águas mais claras, enquanto os da margem esquerda, terrenos sedimentares, são mais barrentos.

Entre as cabeceiras, na serra da Canastra, em Minas Gerais, e a foz, no oceano Atlântico, localizada entre os estados de Sergipe e Alagoas, o rio São Francisco percorre cerca de 2.700 km

O rio São Francisco tem 36 tributários de porte significativo, dos quais apenas 19 são perenes. Os principais contribuintes são os da margem esquerda, rios Paracatu, Urucuia, Carinhanha, Corrente e Grande, que fornecem cerca de 70% das águas em um percurso de apenas 700 km. Na margem direita, os principais tributários são os rios Paraopeba, das Velhas, Jequitaí e Verde Grande. A bacia do São Francisco é dividida em quatro regiões: Alto São Francisco, das nascentes até Pirapora-MG; Médio São Francisco, entre Pirapora e Remanso-BA; Submédio São Francisco, de Remanso até a Cachoeira de Paulo Afonso; e Baixo São Francisco, de Paulo Afonso até a foz no oceano Atlântico.

Desde as nascentes e ao longo de seus rios, a bacia do São Francisco vem sofrendo degradações com sérios impactos sobre as águas e, consequentemente, sobre os peixes. A maioria dos povoados não possui nenhum tratamento de esgotos domésticos e industriais, lançando-os diretamente nos rios. Os despejos de garimpos, mineradoras e indústrias aumentam a carga de metais pesados, incluindo o mercúrio, em níveis acima do permitido. Na cabeceira principal do rio São Francisco, o maior problema é o desmatamento para produção de carvão vegetal utilizado pela indústria siderúrgica de Belo Horizonte, o que tem reduzido as matas ciliares a 4% da área original. O uso intensivo de fertilizantes e defensivos agrícolas também tem contribuído para a poluição das águas. Além disso, os garimpos, a irrigação e as barragens hidrelétricas são responsáveis pelo desvio do leito dos rios, redução da vazão, alteração da intensidade e época das enchentes, transformação de rios em lagos etc. com impactos diretos sobre os recursos pesqueiros.

Na cabeceira principal do rio São Francisco, o maior problema é o desmatamento para produção de carvão vegetal utilizado pela indústria siderúrgica de Belo Horizonte, o que tem reduzido as matas ciliares a 4% da área original

As barragens hidrelétricas e para irrigação transformaram o rio São Francisco e alguns de seus tributários. Atualmente, o rio São Francisco possui apenas dois trechos de águas correntes: 1.100 km entre as barragens de Três Marias e Sobradinho, com vários tributários de grande porte e inúmeras lagoas marginais; e 280 km da barragem de Sobradinho até a entrada do reservatório de Itaparica. Daí para baixo, transforma-se em uma cascata de reservatórios da Companhia Hidrelétrica do Rio São Francisco (Chesf) (Itaparica, Complexo Moxotó com Paulo Afonso I, II, III, IV e Xingó). Esses dois trechos e os grandes tributários, onde existem as lagoas marginais, ainda permitem a existência de espécies de peixes migradores, importantes para as pescarias comerciais e amadoras.

Já foram identificadas 152 espécies de peixes nativos da bacia. Entre as espécies nativas mais importantes nos rios e lagoas naturais da bacia, destacam-se as migradoras, curimatã-pacu (*Prochilodus marggravii*), dourado (*Salminus brasiliensis*), surubim (*Pseudoplatystoma corruscans*), matrinxã (*Brycon lundii*), mandi-amarelo (*Pimelodus maculatus*), mandi-açu (*Duopalatinus emarginatus*), pirá (*Conostome conirostris*) e piau-verdadeiro (*Leporinus elongatus*); e as sedentárias, pacamão (*Lophiosilurus alexandri*), piau-branco (*Schizodon knerii*), traíra (*Hoplias malabarieus*), corvinas (*Pachyurus francisci* e *P. squamipinnis*), piranha-vermelha (*Serrasalmus piraya*) e piranha-preta (*Pygocentrus nattereri*). Muitos gêneros de peixes encontrados na bacia do São Francisco são comuns às bacias Amazônica e do Prata. O dourado (*Salminus brasiliensis*) é um pouco maior que a espécie da bacia do Prata, alcançando 30 kg e 1,5 m de comprimento. Os pintados são famosos pelo tamanho que atingem, mais de 100 kg, embora peixes desse porte não sejam muito comuns.

Muitos gêneros de peixes encontrados na bacia do São Francisco são comuns às bacias Amazônica e do Prata. O dourado (Salminus brasiliensis) *é um pouco maior que a espécie da bacia do Prata, alcançando 30 kg e 1,5 m de comprimento. Os pintados são famosos pelo tamanho que atingem, mais de 100 kg, embora peixes desse porte não sejam muito comuns*

Vale ressaltar que muitas espécies de outras bacias hidrográficas, ou mesmo espécies exóticas, já foram introduzidas na bacia, quando do povoamento de seus reservatórios e açudes. Entre elas, encontram-se o tucunaré (*Cichla spp.*), introduzido nos reservatórios de Três Marias e Itaparica, em 1982 e 1989, respectivamente, mostrando aumento acentuado de ano para ano; a pescada do piauí (*Plagioscion squamosissimus*), introduzida em Sobradinho pelo Departamento Nacional de Obras contra a Seca (DNOCS) no final da década de 1970 e, posteriormente, também em Itaparica, com abundância crescente com o passar dos anos, além de diversas outras espécies introduzidas no sistema a partir de experimento de cultivo como carpas, tilápias, tambaqui (*Colossoma macropomum*), pacu-caranha (*Piaractus mesopotamicus*), apaiari (*Astronotus ocellatus*) e o bagre-africano (*Clarias lazera*).

Apesar dos sérios problemas ambientais que se observam na bacia do São Francisco, algumas áreas ainda oferecem condições para uma boa pescaria. Dourados, surubins, matrinxãs, piaparas, curvinas, traíras, mandis, pirá (um bagre endêmico da bacia), tucunarés (introduzidos em alguns reservatórios e no baixo São Francisco) e outras espécies introduzidas e bem-sucedidas podem ser capturados em suas águas, frequentadas principalmente por pescadores de Minas Gerais, São Paulo, Goiás e do Distrito Federal.

BACIA DO PRATA

A bacia do Prata é a segunda maior da América do Sul. É formada pelos rios Paraguai e Paraná, que, juntos, drenam uma área correspondente a 10,5% do território brasileiro, com 3,2 milhões de km^2. Das cabeceiras até a foz, atravessa quatro países: Brasil, Paraguai, Argentina e Uruguai. No Brasil, abrange os estados de Mato Grosso, Mato Grosso do Sul, São Paulo, Paraná e Rio Grande do Sul.

O rio Paraguai é um dos mais importantes rios de planície do Brasil, superado apenas pelo Amazonas. De sua nascente, na chapada dos Parecis, nas proximidades da cidade de Diamantino (MT) até sua confluência com o rio Paraná, na fronteira do Paraguai com a Argentina, ele pecorre 2.621 km, sendo 1.683 km em território brasileiro. Os principais tributários do rio Paraguai são os rios Jauru, Cuiabá, São Lourenço, Piquiri, Taquari, Negro, Miranda, Aquidauana, Sepotuba e Apa. A bacia do Alto Paraguai possui uma área de 496 mil km^2: 396.800 km^2 pertencem ao Brasil e 99 mil km^2 ao Paraguai e à Bolívia. Da porção brasileira, 207.249 km^2 fazem parte do estado do Mato Grosso do Sul e 189.551 km^2, do Mato Grosso. Desta área, 64% correspondem a planaltos e 36% ao Pantanal Mato-Grossense, uma extensa planície sedimentar, levemente ondulada, situada na região Centro-Oeste do Brasil. Com uma área de cerca de 17 milhões de hectares, o Pantanal abrange, além do estado do Mato Grosso do Sul e parte do Mato Grosso, áreas menores na Bolívia e Paraguai. Ao norte, leste e sul, o Pantanal é limitado pelas terras altas dos planaltos Central e Meridional, e a oeste, pelo rio Paraguai, que, junto com 132 tributários principais, drena todo o sistema. Os períodos de seca (maio a setembro) e enchentes (outubro a março) podem ser muito severos. A superfície da área inundada pode variar de 10 mil km^2 a 70 mil km^2. O clima é predominantemente tropical, com umidade relativa entre 60% e 80%, temperatura média anual de 25 °C, podendo, durante curtos períodos, apresentar temperaturas próximas a 0 °C. Janeiro é o mês mais chuvoso.

A bacia do Alto Paraguai possui uma área de 496 mil km^2: 396.800 km^2 pertencem ao Brasil e 99 mil km^2 ao Paraguai e à Bolívia. Da porção brasileira, 207.249 km^2 fazem parte do estado do Mato Grosso do Sul e 189.551 km^2, do Mato Grosso

As cheias do Pantanal ocorrem em consequência das chuvas locais e estão relacionadas a problemas de drenagem, que dificultam o escoamento das águas. Junto às margens do rio Paraguai, as cheias formam um lençol contínuo que chega a atingir 4 m de profundidade; mais para leste, para o interior do Pantanal, as inundações se limitam às áreas mais deprimidas do terreno chamadas baías, e entre uma baía e outra há escoamento de água através de cursos denominados vazantes que podem ter muitos quilômetros de extensão. As vazantes de caráter permanente, que ligam baías contíguas, são conhecidas como corixos. Essas terras mais baixas estão separadas por elevações, denominadas cordilheiras, que não ultrapassam 6 m de altura. Existem também as salinas, depressões sem ligação com os rios, que armazenam água de chuva, salobra, e não possuem peixes. A vegetação da região é conhecida como Complexo Pantanal por conter diversas formações vegetais: matas, cerrados, campos limpos e vegetação aquática. O Pantanal é famoso pela grande quantidade e diversidade de animais, principalmente animais aquáticos (aves pernaltas e mergulhadoras, jacarés e peixes). As espécies mais capturadas pelos pescadores amadores são: pacu, pintado, cachara, piranha, piavuçu, barbado, dourado, jaú, curimbatá, piraputanga, jurupescém, jurupoca e tucunaré (peixe da bacia Amazônica introduzido em algumas áreas do Pantanal).

Em virtude da abundância e diversidade de peixes, a pesca sempre foi uma atividade econômica tradicional no Pantanal. A partir de meados da década de 1980, o setor turístico se estruturou para oferecer transporte, hospedagem e serviços especializados para o pescador amador, que se tornou seu principal cliente. Cerca de 46.161 pescadores amadores, principalmente de São Paulo, Paraná e Rio de Janeiro, visitaram o Mato Grosso do Sul entre 1994 e 1995. Dados do mesmo período indicam que a maior captura ocorreu nos meses de outubro a novembro (época de cheia), nos rios Paraguai, Miranda, Taquari e Aquidauana.

O rio Paraná, principal formador da bacia do Prata, é o décimo maior do mundo em descarga e o quarto em área de drenagem, drenando todo o centro-sul da América do Sul, desde as encostas dos Andes até a Serra do Mar, nas proximidades da costa atlântica. De sua nascente, no planalto Central, até a foz, no estuário do Prata, percorre 4.695 km. Em território brasileiro, drena uma área de 891 mil km^2. Os principais tributários do rio Paraná são o Grande e o Paranaíba (formadores), Tietê, Paranapanema e Iguaçu.

O rio Paraná, principal formador da bacia do Prata, é o décimo maior do mundo em descarga e o quarto em área de drenagem, drenando todo o centro-sul da América do Sul, desde as encostas dos Andes até a Serra do Mar, nas proximidades da costa atlântica

A bacia do Paraná, em seu trecho brasileiro, é a que apresenta a maior densidade demográfica do País, levando a um enorme consumo de água para abastecimento, e também para indústria e irrigação. A poluição orgânica e inorgânica (efluentes industriais e agrotóxicos) e a eliminação da mata ciliar também contribuem para elevar o nível de degradação da qualidade da água de grandes extensões dos principais afluentes do trecho superior do rio Paraná, tornando-a imprópria para uso do homem e para a vida aquática. De certa forma, as barragens ao longo dos rios têm contribuído para a autodepuração e retenção de poluentes, sendo constatada melhoria da qualidade da água a jusante das barragens.

Entre as principais bacias hidrográficas da América do Sul, a bacia do Paraná é a que sofreu maior número de represamentos para geração de energia. Existem mais de 130 barragens na bacia, considerando apenas aquelas com alturas superiores a 10 m, que transformaram o rio Paraná e seus principais tributários (Grande, Paranaíba, Tietê, Paranapanema e Iguaçu) em uma sucessão de lagos. Dos 809 km originais do rio, somente 230 km ainda são de água corrente. Com a construção de Ilha Grande, a última porção lótica do rio irá desaparecer, e os últimos 30 km, ainda em território brasileiro, abaixo do reservatório de Itaipu, também irão desaparecer com a construção do reservatório de Corpus (Argentina/Paraguai).

Com a construção de Ilha Grande, a última porção lótica do rio irá desaparecer, e os últimos 30 km, ainda em território brasileiro, abaixo do reservatório de Itaipu, também irão desaparecer com a construção do reservatório de Corpus (Argentina/Paraguai)

O último trecho não represado do rio Paraná apresenta um amplo canal, ora com extensa planície fluvial com pequenas ilhas (mais de 300), ora com grandes ilhas e uma planície alagável mais restrita. A planície chega a 20 km de largura, apresentando numerosos canais secundários e lagoas. As flutuações dos níveis da água, embora com duração prolongada pelos represamentos, ainda mantêm a sazonalidade e uma amplitude média de 5 m. Esse remanescente de várzea tem importância fundamental na manutenção das espécies de peixes, já eliminadas dos trechos superiores da bacia, especialmente espécies de grande porte que realizam extensas migrações reprodutivas. Cerca de 170 espécies de peixes são encontradas nesse trecho do rio Paraná.

BACIAS DO ATLÂNTICO SUL

Ao longo do litoral brasileiro, existem pequenas bacias hidrográficas denominadas bacias do Atlântico Sul, divididas em três trechos: Norte-Nordeste, Leste e Sudeste.

O trecho Norte-Nordeste compreende 10 sub-bacias, iniciando pela sub-bacia do rio Oiapoque, no extremo norte, e passando pelo rio Araguari, ambos no estado do Amapá. Compreende também as áreas de drenagem dos rios Guamá, Pindaré, Parnaíba, Jaguaribe, Açu e Paraíba. O Amapá é o único estado brasileiro onde o tarpon (pirapema ou camurupim) ocorre em grandes quantidades dentro dos lagos, gerando condições únicas para a pesca esportiva dessa espécie.

O trecho Leste também compreende 10 sub-bacias, abrangendo as áreas de drenagem dos seguintes rios: das Contas, Jequitinhonha, Doce e Paraíba do Sul.

O trecho Sul-Sudeste, com 10 sub-bacias, compreende as bacias dos rios Ribeira do Iguape, Itajaí, Mampituba, Jacuí, Taquari, Jaguarão e a bacia do Arroio Chuí, incluindo a lagoa dos Patos e a lagoa Mirim, no Rio Grande do Sul.

O trecho Sul-Sudeste, com 10 sub-bacias, compreende as bacias dos rios Ribeira do Iguape, Itajaí, Mampituba, Jacuí, Taquari, Jaguarão e a bacia do Arroio Chuí, incluindo a lagoa dos Patos e a lagoa Mirim, no Rio Grande do Sul

Nos trechos Leste e Sul-Sudeste, a truta arco-íris foi introduzida nos rios que despencam das regiões serranas (Serra do Mar, Serra da Mantiqueira, Serra da Bocaina, Campos de Cima da Serra no Rio Grande de Sul), apresentando uma ótima adaptação. Esses rios correm em terrenos acidentados e pedregosos, possuem águas frias, bastante oxigenadas e livres de poluição e são excelentes áreas para a pesca com mosca (*fly fishing*). Vale ressaltar que a região dos Campos de Cima da Serra, dadas as suas condições geográficas, pode ser considerada a "Patagônia" brasileira. Nessa região, os rios não são encaixados, o que permite a pesca com mosca em todas as suas técnicas.

Fonte: Página do Ministério do Meio Ambiente (www.mma.gov.br)
Página do Ibama (www.ibama.gov.br)

ANEXO 2
PRINCIPAIS REGIÕES FITOGEOGRÁFICAS DO BRASIL

A AMAZÔNIA

A Floresta Amazônica, também chamada de Hileia, ocupa a região Norte do Brasil, abrangendo cerca de 47% do território nacional. É a maior formação florestal do planeta, condicionada pelo clima equatorial úmido. Possui uma grande variedade de fisionomias vegetais, desde as florestas densas até os campos. Florestas densas são representadas pelas florestas de terra firme, as florestas de várzea, periodicamente alagadas, e as florestas de igapó, permanentemente inundadas, e ocorrem por quase toda a Amazônia central. Os campos de Roraima se verificam sobre solos pobres no extremo setentrional da bacia do Rio Branco. As campinaranas desenvolvem-se sobre solos arenosos, espalhando-se em manchas ao longo da bacia do rio Negro. Ocorrem ainda áreas de cerrado isoladas do ecossistema do Cerrado do planalto Central brasileiro.

Cerca de 60% da Hileia situa-se no Brasil, estendendo-se também por Bolívia, Colômbia, Equador, Guiana, Guiana Francesa, Peru, Suriname e Venezuela. A chamada Amazônia Legal brasileira abrange os estados do Amazonas, Amapá, Mato Grosso, Mato Grosso do Sul, oeste do Maranhão, Pará, Rondônia, Roraima e Tocantins. Sua superfície aproximada é de 5 milhões km^2, ou seja, 60% do território nacional, e inclui florestas não densas, vegetação aberta, como cerrados e campos naturais, e áreas com vegetação secundária e atividades agropecuárias.

O clima é quente e úmido, com temperaturas variando pouco, com média mensal de 26 °C. As precipitações acumulam mais de 2 mil mm ao ano, com média em torno de 2.400 mm. A nebulosidade média é superior a 50%, atingindo 70% nos períodos chuvosos. Metade da água das chuvas é proveniente de vapor d'água do oceano Atlântico, trazido pelos ventos, e a outra metade é oriunda da própria floresta, a partir do processo de evapotranspiração.

A floresta se mantém praticamente por meio da reciclagem de nutrientes da biomassa, visto que o solo, geralmente lixiviado e pobre em nutrientes minerais essenciais às plantas, tem um papel preponderante de sustentação física dos vegetais. É por isso que, quando a floresta é aberta para pecuária e agricultura, essas duas atividades não se sustentam a longo prazo.

O SEMIÁRIDO (CAATINGA)

A área nuclear do semiárido compreende todos os estados do Nordeste brasileiro, além do norte de Minas Gerais, ocupando cerca de 11% do território nacional. Seu interior, o sertão nordestino, é caracterizado pela ocorrência da vegetação mais rala do semiárido, a Caatinga. As áreas mais elevadas sujeitas a secas menos intensas, localizadas mais próximas do litoral, são chamadas de agreste. A área de transição entre a Caatinga e a Amazônia é conhecida como Meio-Norte ou Zona dos Cocais. Grande parte do sertão nordestino sofre alto risco de desertificação por causa da degradação da cobertura vegetal e do solo.

A Zona da Mata é uma faixa que se estende do Rio Grande do Norte ao sul da Bahia, com largura variável entre 100 km e 200 km. O clima é quente, úmido e semiúmido, com precipitações que atingem até 2 mil mm por ano. A vegetação original era a floresta tropical úmida, com pequenos encraves de cerrados. Os solos têm fertilidade natural reduzida, relevo ondulado em morros arredondados e suaves platôs litorâneos. É nessa faixa em que se concentram as atividades agroexportadoras, notadamente as culturas de cana-de-açúcar (principalmente em Pernambuco e Alagoas) e de cacau (na Bahia).

A Zona da Mata é uma faixa que se estende do Rio Grande do Norte ao sul da Bahia, com largura variável entre 100 km e 200 km. O clima é quente, úmido e semiúmido, com precipitações que atingem até 2 mil mm por ano

O sertão apresenta um clima seco e quente, com chuvas que se concentram nos meses de verão e outono. A pluviometria média fica em torno de 700 mm por ano, embora existam áreas com 250 mm e 1.000 mm por ano. O relevo do sertão é marcado pela presença de depressões interplanálticas, transformadas em verdadeiras planícies de erosão. Os solos são em geral pedregosos e pouco profundos.

A Caatinga, vegetação xerófita aberta, de aspecto agressivo pela abundância de cactáceas colunares e frequência de arbustos e árvores com espinhos, confere uma distinção fisionômica. No entanto, encontram-se encravadas nessa extensa região áreas privilegiadas por chuvas orográficas, isto é, causadas pela presença de serras e outras elevações topográficas, que permitem a existência de matas úmidas, regionalmente conhecidas como brejos.

Como faixa de transição entre a Zona da Mata e o sertão, o agreste caracteriza-se por uma diversidade paisagística, contendo feições fisionomicamente semelhantes à mata, à Caatinga e às matas secas. Essa faixa estende-se desde o Rio Grande do Norte até o sudeste da Bahia, e é nela que se desenvolvem atividades agropastoris caracterizadas por sistemas de produção gado-policultura. Essa zona é responsável por boa parte do abastecimento do Nordeste, produzindo hortaliças, frutas, ovos, leite e derivados, além de gado de corte e aves.

O CERRADO

O Cerrado ocupa a região do planalto Central brasileiro. A área nuclear contínua do Cerrado corresponde a cerca de 22% do território nacional, e há grandes manchas dessa fisionomia na Amazônia e algumas menores na Caatinga e na Mata Atlântica. Seu clima é particularmente marcante, com duas estações bem-definidas. O Cerrado apresenta fisionomias variadas, indo de campos limpos desprovidos de vegetação lenhosa a cerradão, uma formação arbórea densa. Esta região é permeada por matas ciliares e veredas, que acompanham os cursos d'água.

O Cerrado apresenta fisionomias variadas, indo de campos limpos desprovidos de vegetação lenhosa a cerradão, uma formação arbórea densa. Esta região é permeada por matas ciliares e veredas, que acompanham os cursos d'água

As áreas de Cerrado incluem a Bahia (oeste e Chapada Diamantina), o Ceará (encraves nas chapadas do Araripe e Ibiapaba), o Distrito Federal, Goiás, sul e leste do Maranhão, sul do Mato Grosso, centro-leste do Mato Grosso do Sul, Minas Gerais (centro-oeste e serra do Espinhaço), sudoeste e encraves no sudeste do Pará, sudoeste e norte do Piauí, Rondônia (pequena área no centro-oeste), encraves no centro-oeste de São Paulo e Tocantins.

Os cerrados se caracterizam por uma região tropical, dominada por amplos planaltos, situando-se metade da área entre 300 m e 600 m acima do nível do mar, com apenas 5,5% ocorrendo acima de 900 m. A precipitação varia entre 600 mm e 2.200 mm anuais, e dois terços da região apresentam 5 a 6 meses de seca durante o inverno.

A MATA ATLÂNTICA

A Mata Atlântica, incluindo as florestas estacionais semideciduais, originalmente foi a floresta com a maior extensão latitudinal do planeta, indo de cerca de 6 °S a 32 °S. Ela já cobriu cerca de 11% do território nacional. Hoje, porém, a Mata Atlântica possui apenas 4% da cobertura original. A variabilidade climática ao longo de sua distribuição é grande, indo de climas temperados superúmidos no extremo sul a tropical úmido e semiárido no nordeste. O relevo acidentado da zona costeira adiciona ainda mais variabilidade a esse ecossistema. Nos vales, geralmente as árvores se desenvolvem muito, formando uma floresta densa. Nas encostas a floresta é menos densa, pela frequente queda de árvores. Nos topos dos morros, geralmente aparecem áreas de campos rupestres. No extremo sul, a Mata Atlântica gradualmente se mescla com a Floresta de Araucárias.

Ela já cobriu cerca de 11% do território nacional. Hoje, porém, a Mata Atlântica possui apenas 4% da cobertura original

A área de distribuição da Mata Atlântica estende-se ao longo das encostas e serras da costa atlântica, desde uma pequena extremidade no sudeste do Rio Grande do Norte, passando pelos estados de Paraíba, Pernambuco, Alagoas, Sergipe, Bahia, Espírito Santo, Minas Gerais, Rio de Janeiro, São Paulo, Paraná, Santa Catarina, até uma estreita faixa no Rio Grande do Sul. As florestas tropicais úmidas que cobriam essa imensa faixa constituíam, pois, um bioma sazonal, perpassando um largo espectro de latitudes. As condições climáticas favoráveis a essas florestas úmidas são determinadas, fundamentalmente, pela interação das brisas úmidas do oceano Atlântico com as elevações costeiras do País.

As precipitações variam entre 1.100 mm e 4.500 mm anuais, associadas a climas tropicais e tropicais úmidos, dependendo da latitude. O relevo é predominantemente constituído por morros arredondados e "pães-de-açúcar", além de serras como a Mantiqueira, do Mar e Geral. Na serra da Mantiqueira, no Caparaó, encontram-se os pontos culminantes de toda a metade oriental do continente sul-americano (Pico da Bandeira, com 2.897 m, e Pico do Calçado, com 2.840 m).

Florestas tropicais recobriam originalmente 95% do espaço total desse bioma, ocorrendo também pequenos encraves de matas de araucárias e cerrados. Dessa massa florestal contínua, que se estendia do Rio Grande do Norte ao Rio Grande do Sul, já não existe quase nenhum remanescente acima da Baía de Todos-os-Santos (BA). No sul da Bahia ainda é possível vislumbrar algumas massas mais volumosas de florestas, muitas delas abrigando plantações de cacau, principalmente nas regiões de Ilhéus e Itabuna. Quase todas elas já foram desfalcadas do jacarandá e de todas as espécies arbóreas mais valiosas, sendo chamadas de matas catadas, ainda existentes em grande extensão na região entre a foz do rio Jequitinhonha e Porto Seguro.

No sul da Bahia ainda é possível vislumbrar algumas massas mais volumosas de florestas, muitas delas abrigando plantações de cacau, principalmente nas regiões de Ilhéus e Itabuna

Entre Porto Seguro e a foz do rio Doce, já no estado do Espírito Santo, um pouco afastadas da costa, começam a surgir formações rochosas que, agrupadas em algumas regiões, dão lugar a uma das mais belas paisagens do nosso país. A sucessão de escarpas que caracterizam essa região propiciou, pela declividade acentuada, a proteção de alguns remanescentes que precisam ser preservados. Aí ainda existem consideráveis remanescentes na faixa litorânea que continuam a ser assediados por carvoeiros e outros agentes devastadores. As demais partes dessa região, as partes baixas de terrenos mais férteis que correspondem à sua maior área, não contêm mais quase nenhuma árvore, nem mesmo ao longo de seus córregos, pois tudo foi praticamente aniquilado, de forma impiedosa, em tempos mais recentes.

A região do maciço de Itatiaia, na serra da Mantiqueira, situado na divisa entre Rio de Janeiro, Minas Gerais e São Paulo, ainda conserva um razoável conjunto contínuo de matas de altitude que é fundamental preservar. Ao norte do estado do Rio de Janeiro, junto à foz do rio Paraíba do Sul, tem início a Serra do Mar, onde começa uma faixa contínua de matas primárias e secundárias que segue até o seu final, ao norte de Santa Catarina, entrecortada apenas em alguns trechos de ocupação mais antiga ou de passagem de estradas. Em sequência à Serra do Mar, tem início a Serra Geral e, nela, uma massa de floresta contínua sem interrupção até o norte do estado do Rio Grande do Sul. Essa grande faixa de floresta, com cerca de 1.500 km de extensão, é o maior conjunto remanescente da Mata Atlântica, representando a mais importante massa florestal desse bioma. Ela se estende da região litorânea, com suas adaptações específicas ao solo arenoso, até 2 mil m de altitude, transformando-se, nos picos mais altos, em floresta temperada e campos de altitude.

O PANTANAL MATO-GROSSENSE

O Pantanal Mato-grossense representa uma extensa área transicional entre os domínios do cerrado, no Brasil central, do chaco na Bolívia e no Paraguai, e amazônico ao norte, não sendo o Pantanal propriamente um domínio morfoclimático. Mesmo assim, seus parentescos florísticos o aproximam nitidamente dos cerrados brasileiros, podendo ser considerado uma tipologia do último. Geomorfologicamente, o espaço onde está situado o Pantanal subdivide-se em terras altas, formadas por regiões serranas e planícies onduladas, e em planícies deprimidas, alagáveis, com altitudes que variam entre 75 m e 650 m metros. Esse conjunto constitui a bacia do Alto Paraguai e deve ser considerado integralmente quando se trata da conservação do Pantanal, uma vez que as intervenções nas terras altas têm seus efeitos propagados na planície pantaneira. A área total da bacia do Alto Paraguai é de 496 mil km^2, dos quais 393.597 km^2 situam-se no Brasil. A área brasileira é composta por 243.909 km^2 de terras altas, 139 mil km^2 de planícies alagáveis ou pantanais e 10.688 km^2 de planícies similares ao chaco.

A área total da bacia do Alto Paraguai é de 496 mil km^2, dos quais 393.597 km^2 situam-se no Brasil. A área brasileira é composta por 243.909 km^2 de terras altas, 139 mil km^2 de planícies alagáveis ou pantanais e 10.688 km^2 de planícies similares ao chaco

As precipitações médias variam entre 1.000 e 2.000 mm por ano, com chuvas concentradas no verão. As temperaturas médias variam entre 17 °C no inverno e 24 °C no verão, podendo ocorrer mínimas de 0 °C durante a passagem de frentes frias. Os solos, de modo geral, apresentam limitações à lavoura.

Com área transicional entre três domínios morfoclimáticos, a região do Pantanal ostenta um mosaico de ecossistemas terrestres, com afinidades sobretudo com os cerrados e, em parte, com a Floresta Amazônica, além de ecossistemas aquáticos e semiaquáticos, interdependentes em maior ou menor grau. Os planaltos e as terras altas da bacia superior são formados por áreas escarpadas e testemunhos de planaltos erodidos, conhecidos localmente como serras. Essas serras são cobertas por vegetação predominantemente aberta, como campos limpos, campos sujos, cerrados e cerradões, e por florestas úmidas, prolongamentos do domínio amazônico nas terras baixas.

A planície inundável, que é o Pantanal propriamente dito, representa uma das áreas úmidas mais importantes da América do Sul. São terras baixas, que formam uma extensa depressão coberta por sedimentos trazidos dos planaltos a montante. Nesse espaço podem ser reconhecidas planícies de alta, média e baixa inundação, destacando-se os ambientes de inundação fluvial, generalizada e prolongada. Esses ambientes periodicamente inundados, recebendo fluxos de nutrientes, apresentam alta produtividade biológica, que se manifestam pelas grandes densidade e diversidade da fauna. É a região com maior densidade faunística das Américas, representada por 650 espécies de aves, 230 de peixes, 80 de mamíferos, 50 de répteis e, entre os insetos, são mais de mil espécies de borboletas até hoje catalogadas.

A planície inundável, que é o Pantanal propriamente dito, representa uma das áreas úmidas mais importantes da América do Sul. São terras baixas, que formam uma extensa depressão coberta por sedimentos trazidos dos planaltos a montante

OUTRAS FORMAÇÕES

Os Campos do Sul (Pampas)

No clima temperado do extremo sul do País, desenvolvem-se os Campos do Sul ou Pampas, que já representaram 2,4% da cobertura vegetal do Brasil. O termo "pampas" é de origem indígena e significa "região plana", porém tal denominação corresponde a apenas um dos tipos de campo, o encontrado mais ao sul do Rio Grande do Sul, atingindo Uruguai e Argentina.

As formações denominadas de "campos" abrangem as regiões da Campanha, planalto das Missões, depressão Central, serra do Sudeste e litoral.

A vegetação campestre mostra uma aparente uniformidade, apresentando, nos topos mais planos, um tapete herbáceo baixo, ralo e pobre em espécies que se torna mais denso e rico em espécies nas encostas. Em linhas gerais, predominam gramíneas, compostas e leguminosas. As regiões campestres do Rio Grande do Sul podem ser divididas em três subtipos: os campos subarbustivos ou sujos, formados essencialmente por gramíneas, ciperáceas, ervas, subarbustos e plantas em roseta, que compõem um tapete baixo e contínuo; campos paleáceos, constituídos principalmente por gramíneas; e os gramados ou potreiros, formados por um tapete herbáceo baixo e denso, considerado uma das formas mais viçosas e verdes da vegetação dos campos brasileiros.

A Mata de Araucárias (Região dos Pinheirais)

No planalto Meridional brasileiro, destaca-se a área de dispersão do pinheiro-do-paraná, *Araucaria angustifolia*, que já ocupou cerca de 2,6% do território nacional. Nessas florestas coexistem representantes da flora tropical e temperada do Brasil, sendo dominadas, no entanto, pelo pinheiro-do-paraná.

A Mata de Araucárias, em sua fisionomia densa, ocorre nos estados do Rio Grande do Sul, Santa Catarina e Paraná, existindo também enclaves descontínuos e esparsos a partir do sul do estado de São Paulo até o sul de Minas Gerais, na serra da Mantiqueira, e no Rio de Janeiro, na serra dos Órgãos, sempre em áreas elevadas e mais temperadas.

A Mata de Araucárias, em sua fisionomia densa,
ocorre nos estados do Rio Grande do Sul, Santa Catarina e Paraná,
existindo também enclaves descontínuos e esparsos a partir
do sul do estado de São Paulo até o sul de Minas Gerais,
na serra da Mantiqueira, e no Rio de Janeiro, na serra dos Órgãos

O domínio morfoclimático da araucária estende-se por planaltos e áreas dissecadas na porção oriental da bacia do Rio Paraná, com altitudes variando entre 300 m e 1.800 m. O clima é subtropical úmido, com chuvas densas (1.400 mm/ano em média, atingindo 1.800 mm/ano nas áreas mais elevadas), sem uma estação seca. As temperaturas são predominantemente baixas, causando nevoeiros frequentes e eventual ocorrência de neve no inverno.

O bioma das araucárias não constitui uma formação vegetal homogênea, podendo conter formações de matas de araucárias e campo, araucárias e espécies pioneiras, araucárias com árvores de grande porte e araucárias com elementos da Mata Atlântica. As florestas densas de araucárias (chamadas de pinhais) são dominantes nos estados do Paraná, Santa Catarina e Rio Grande do Sul. Araucárias com elementos de Mata Atlântica são encontradas junto aos vales de alguns rios ou em pequenas elevações.

As florestas densas de araucárias (chamadas de pinhais) são dominantes
nos estados do Paraná, Santa Catarina e Rio Grande do Sul

Afora essas formações, encontram-se campos úmidos de baixada (com presença de turfeiras), vegetação secundária e vassourais intercalados com matas de araucárias, resultantes de derrubadas da floresta, afloramentos e paredões rochosos vegetados, formando carpas de até 300 m de queda livre, por exemplo, nos Aparados da Serra.

Ecossistemas costeiros e insulares

O litoral brasileiro tem uma extensão de 7.408 km, diversificando-se, entre o rio Oiapoque e o Arroio Chuí, numa gama de ecossistemas, como campos de dunas, ilhas, recifes, costões rochosos, baías, estuários, manguezais, restingas, brejos, falésias e baixios. Os ecossistemas costeiros geralmente estão associados à Mata Atlântica por sua proximidade. Nos solos arenosos dos cordões litorâneos e dunas, desenvolvem-se as restingas, que podem ocorrer da forma rastejante até a forma arbórea.

Os manguezais e os campos salinos de origem fluviomarinha desenvolvem-se sobre solos salinos. No terreno plano arenoso ou lamacento da plataforma continental, registram-se os ecossistemas bênticos. Na zona das marés, destacam-se as praias e os rochedos, estes colonizados por algas. As ilhas e os recifes constituem acidentes geográficos marcantes da paisagem superficial.

Os manguezais e os campos salinos de origem fluviomarinha desenvolvem-se sobre solos salinos. No terreno plano arenoso ou lamacento da plataforma continental, registram-se os ecossistemas bênticos

Litoral amazônico

Compreendido entre a foz do rio Oiapoque, no Amapá, e a do rio Parnaíba, no limite entre o Maranhão e o Piauí, estendendo-se por mais de 1.500 km e podendo ultrapassar os 100 km de largura, esse trecho está submetido às grandes amplitudes de marés, que chegam aos 7 m. Sua característica essencialmente lamosa deve-se à enorme quantidade de sedimentos descarregada pelo rio Amazonas, da ordem de 800 milhões a 900 milhões de toneladas ao ano, que é transportada pela corrente equatorial das Guianas.

Os principais ecossistemas encontrados nesse trecho são os manguezais, que se estendem do Amapá até o Maranhão, além do próprio mar, onde se encontram todas as espécies comerciais de camarões brasileiros. Outros ecossistemas muito característicos da região são os mundongos ou campos inundados da ilha de Marajó, e as matas de várzea de marés, que se estendem ao longo do baixo rio Amazonas na área influenciada diariamente pelas marés, que atinge cerca de 800 km rio acima, até a cidade de Óbidos.

Outros ecossistemas muito característicos da região são os mundongos ou campos inundados da ilha de Marajó, e as matas de várzea de marés, que se estendem ao longo do baixo rio Amazonas na área influenciada diariamente pelas marés, que atinge cerca de 800 km rio acima, até a cidade de Óbidos

Litoral nordestino ou das barreiras

Iniciando-se na foz do rio Parnaíba e avançando até o Recôncavo Baiano, esse trecho do litoral se caracteriza pela presença de depósitos sedimentares da formação de barreiras, de arenitos afogados e de recifes calcários paralelos à linha da costa, principalmente ao sul do Rio Grande do Norte. Nesse trecho há diferenças climáticas marcantes, predominando até o Piauí um regime semiárido que vai se tornando úmido e até superúmido em direção ao sul. Os últimos movimentos de transgressão e regressão marinhas moldaram as feições geomorfológicas distintas e depósitos arenosos que foram diferencialmente colonizados pela vegetação.

Vastos campos de dunas começam a surgir ainda no Maranhão, onde se configuram paisagens únicas, como a dos lençóis maranhenses, estendendo-se por todo o restante do litoral brasileiro. As dunas originais são, geralmente, alongadas na direção dos ventos e com certa fixação no solo promovida pela vegetação colonizadora. Quando a cobertura vegetal fixadora é eliminada, o vento remobiliza os sedimentos, originando dunas móveis de formato semilunar. Os principais ecossistemas nesse trecho são os manguezais, as restingas e as matas paludosas.

Vastos campos de dunas começam a surgir ainda no Maranhão, onde se configuram paisagens únicas, como a dos lençóis maranhenses, estendendo-se por todo o restante do litoral brasileiro

Litoral oriental

Estende-se do Recôncavo Baiano até o sul do Espírito Santo, assemelhando-se ao litoral de barreiras. Aqui, o planalto Atlântico avizinha-se do mar, tangenciando-o na altura de Vitória; a formação de barreiras é batida diretamente pelas ondas, formando falésias; há também recifes e arenitos afogados. Do desgaste natural da formação de barreiras, resultam sedimentos praiais ricos em monazita, ilmenita, zirconita e magnetita. Por muito tempo contrabandeadas para a Europa, essas areias monazíticas são, na atualidade, exploradas por capital nacional.

Basicamente, esse trecho comporta-se como litoral de barreiras, sendo ele, nesse particular, um prolongamento. Grande parte dos ecossistemas naturais, entretanto, já foi eliminada ou sofre sérias agressões, como as matas litorâneas, as restingas e os manguezais, pondo em risco espécies vulneráveis. Matas litorâneas, um pouco interiorizadas, por exemplo, são o *habitat* do mico-de-cara-dourada, ameaçado de extinção e hoje existente sob proteção apenas no município de Uma, na Bahia. A vegetação de restingas tem sido aqui tão drasticamente eliminada que a cidadezinha de Itaúnas, no Espírito Santo, jaz soterrada por areias remobilizadas de dunas que se tornaram móveis por falta do elemento vegetal fixador. Nesse trecho ocorrem os piaçavais caracterizados pela palmeira produtora da piaçava. Embora os manguezais já tenham sido degradados, as barreiras de arenito e os recifes de coral mantêm uma boa produtividade biológica.

A vegetação de restingas tem sido aqui tão drasticamente eliminada que a cidadezinha de Itaúnas, no Espírito Santo, jaz soterrada por areias remobilizadas de dunas que se tornaram móveis por falta do elemento vegetal fixador

Litoral sudeste ou escarpas cristalinas

A morfologia da costa oferece, nesse trecho, uma ampla concavidade que vai do sul do Espírito Santo ao cabo de Santa Marta, em Santa Catarina, e cuja porção mais interna é a baía do Paranaguá, no Paraná. O complexo cristalino pré-cambriano, representado pela Serra do Mar, é adjacente ao mar, evidenciando as porções mais baixas de sua escarpa frontal. A linha da costa apresenta-se intensamente recortada em inúmeras angras, baías, enseadas, sacos, esteiros e gamboas. Muitos desses recortes mais amplos acham-se preenchidos por sedimentos arenosos quaternários ou limitados por cordões de restingas que representam muitas lagunas e brejos, sobretudo no segmento que vai da região do delta do rio Paraíba do Sul até a baixada de Jacarepaguá, no Rio de Janeiro.

Litoral meridional ou subtropical

Compreendido entre a região de Laguna, em Santa Catarina, e o Arroio Chuí, no Rio Grande do Sul, esse trecho é constituído por planícies arenosas quaternárias que isolam grandes brejos e lagunas intercomunicantes com a denominação geral de banhados.

Há grandes lagunas, como a dos Patos e Mirim, e outras de pequeno tamanho, muitas das quais se comunicam com o mar por canais estreitos e rasos ou apenas por goletas.

Uma característica marcante é a ausência de manguezais, que têm seu último local de ocorrência na foz do rio Araranguá, em Laguna, Santa Catarina.

Fonte: Página do Ministério do Meio Ambiente (www.mma.gov.br)
Página do Ibama (www.ibama.gov.br)

BARBOSA, Tânia da Silva; OLIVEIRA, Wilson Barbosa. *A terra em transformação*. Rio de Janeiro: Qualitymark, 1992.

GRÁFICA PAYM
Tel. [11] 4392-3344
paym@graficapaym.com.br